Edizioni PensareDiverso
Cenacolo Jung Pauli

Bruno Del Medico
. Het boek is geïllustreerd door Elisabetta Del Medico.

Alle kleuren van kwantumverstrengeling

Dal mito della caverna all'universo olografico. Strane coincidenze, sincronicità, non-località quantistica

edizioni@delmedico.it

Samenvatting van het boek

Samenvatting van het boek 5
Inleiding 10

Eerste deel. De voorlopers. 13

Onverklaarbare fenomenen 14

Quantum-gerelateerde tweelingen 15
De tweeling Ross en Norris McWhirter 18
Viscountess Thelma Furness 19

Materie, enige materie, niets dan materie 23

Monisme en materialistisch reductionisme 24
Determinisme en causaliteit 25
De continuïteit en de pijl van de tijd 26
Het concept van "lokaliteit" 27
Objectiviteit. 28
Illusoire symptomen 29
Ja, echter, de volledigheidsstelling van Gödel 29
Geest en hersenen 30

De mythe van de grot 32

Hoe wordt een stoel gemaakt? 33
Plato en de zoektocht naar kennis. 36
Platonische filosofie. 37
De mythe van de grot. 38
Van Plato tot vitalisme. 42
Van Hans Driesch tot Carl Jung. 45

Ernst Schumacher's "bestaansgraden". ... *46*
Dromen die uitvindingen en successen suggereren. ... *52*
Van Plato tot Berkeley. ... *56*
De Berkeley-boom. ... *57*
Het universum bestaat omdat we ernaar kijken. ... *61*
De evolutionaire tegenstrijdigheden van het oog. ... *62*

Als de dingen niet zijn wat ze lijken. ... 65

Het vreemde geval van de twee presidenten. ... *66*
De verklaringen van de sceptici. ... *70*

De misleiding van de zintuigen. ... 70

Objectiviteit en subjectiviteit. ... *73*
Psychologie van de vorm. ... *76*

Toevalligheden, collectief onbewuste, synchroniciteit. ... 83

Krachtiger dan de krachtigste computers. ... *84*
Werkt het alleen met simpele prikkels? ... *86*

Carl Gustav Jung ... 88

Onenigheid en breuk met Sigmund Freud. ... *88*
Libido en symbolen. ... *91*
Het symbool. ... *92*
Archetypen, ideeën, concepten. ... *95*
De vierde uitgesloten. ... *96*
Archetypen als "oerbeelden". ... *98*
Het collectieve onbewuste. ... *100*

Het identificatieproces. ... 104

Eerste stop: het archetype van de schaduw. ... *105*
Tweede fase: het archetype van de Anima of de Animus. ... *106*
Derde fase: het archetype van de "Oude Wijze". ... *107*
Vierde fase: het archetype van het Zelf. ... *108*
Jung en alchemie: individuatie en Opus alchemicum. ... *108*

Synchroniciteit. ... 111

Geboorte van een synchroniciteit. ... 116

Philip en zijn huwelijk. ... *119*
Matthew en de frequentie van het getal 31 ... *123*

Het nummer, het archetype van de bestelling. ... 128

Cijfers en synchroniciteit. ... *129*
De Tetraktys van de Pythagoreeërs. ... *131*
De gulden snede. ... *132*

De vloek van de negende symfonie. *134*
De club van 27. .... *136*
Wolfgang Pauli en het getal 137. .... *137*
Het getal 108 in de oosterse cultuur. *138*
Het getal 666. .... *139*

Het determinisme van de dood en de opstanding. 140

Goddelijke gerechtigheid in Drynor Township. *141*
Bestaat er goddelijke gerechtigheid? *145*
Willekeur en het bovennatuurlijke teken. *146*
Kunnen we in de opstanding geloven? *150*
Het probleem van entropie. *152*
Reïncarnatie in oosterse religies. *156*
Reïncarnatie in het hindoeïsme. *156*
La reincarnazione nelle Upanishad *157*
Reïncarnatie in het boeddhisme. *159*
Reïncarnatie in het taoïsme. *160*
De opstanding in het christendom, ... *162*
De opstanding in het Nieuwe Testament. *164*

Het dualisme. Entropie en synchroniciteit. 167

Het dualisme. *168*
De entropische man. *170*
Entropie is niet wat het lijkt. *172*
Synchroniciteit als een intelligent evolutionair project. *175*
Culturele synchroniciteiten. *177*

Het antropische principe. 179

De rol van de mens in het universum. *180*
Het antropische principe. *180*
Brandon Carter *183*
Het "zwakke" antropische principe. *183*
Het "sterke" antropische principe. *186*
John David Barrow en Frank Tipler *187*
Het "ultieme antropische principe". *188*
Het "Participatief Antropisch Principe". *188*
Het antropische principe en tijd. *189*
The Omega Point door Frank Tipler. *190*
In het spirituele centrum van het universum. *192*

Tweede deel. wetenschappelijke bevestigingen. 193

Maar wat is materie?? 194

Op zoek naar bewijs. *195*

Filosofie en mystiek van de natuurkunde. *196*
De wagen van koning Milinda. *199*
De scheiding voorgesteld door Descartes. *202*
Waarom is er iets in plaats van niets? *203*
Het begint allemaal met de oerknal. *205*
Het atoom en zijn klassieke representatie. *208*
Kwantumfysica. *210*
Het gekwantiseerde atoom. *213*
De kwantumsprong *216*
De dualiteit van golven en deeltjes. *220*

Het dubbele spleten experiment. 222

Thomas Young *232*
Evolutie van het experiment met dubbele spleet *233*
Moderne versie van het dubbelspletenexperiment. *234*
Beschrijving van het experiment gebaseerd op de lancering van een enkel foton. *234*
Wordt bilocatie aannemelijk? *243*
De precognitieve vermogens van deeltjes. *244*

Het atoom en zijn meest actuele weergave. 248

"Baan" en "orbitaal". *248*
Dynamische weergave van het atoom. *251*
"Dingen" of gebeurtenissen? *252*
Plaats en niet-plaats. *254*

Kwantumverstrengeling. 256

Het superpositieprincipe. *257*
De correlatie. *260*
Superpositie van twee deeltjes. *262*
Niet-lokale en buitenzintuiglijke verschijnselen. *269*
Een "verstrikt" universum. *272*

De bevestigingen van kwantumverstrengeling. 275

"God dobbelt niet". *277*
De EPR-paradox. *279*
Schrödinger's kattenparadox. *282*
De ongelijkheid van John Stewart Bell. *284*
De experimenten die niet-lokaliteit bevestigen *288*

Deel drie. De vooruitzichten. **293**

Alles is "één ding" 294

David Bohm *295*

Het "kwantumpotentieel". *301*
De rol van de waarnemer. *306*
Geen fragmentatie. *308*

"De impliciete bestelling" en "de expliciete bestelling". .. 313

Een gigantisch kosmisch hologram. *322*

Het holografische universum. 328

Karl Pribram *331*
Bestaat de werkelijkheid niet?? *334*

Waar gaan we naartoe. 335

De studie van de ziel wordt onderdeel van de natuurkunde. *336*
Hendrik Stap. Kwantumtheorie en vrije wil. *337*
De energie van de Geest. *341*

Bibliografie. 345

Inleiding

Het boek is opgedeeld in drie delen. In het eerste deel (De intuïties) behandelt de auteur de meest relevante hypothesen over de illusoire werkelijkheid van de waarneembare wereld. Het bestaan van een bewustzijnsniveau dat de materie overstijgt, is door de grote denkers voorzien. We vinden dit idee in Plato's Myth of the Cave, in Berkeley's "Immaterialistic Theory", in "Psychology of Form" (Gestaltpsychologie). De meest gezaghebbende bron ligt in de werken over het collectieve onbewuste en over de synchroniciteitstheorie van Carl Jung.

In het tweede deel (Confirmations) beschrijft de auteur op een elementaire maar gedetailleerde manier het pad van de kwantumfysica, van Thomas Young's experiment met dubbele spleet tot de verschijnselen van de superpositie van toestanden en kwantumcorrelatie. Door middel van deze geprivilegieerde sleutels is het mogelijk om kwantumverstrengeling te begrijpen. In het derde deel (Perspectives) beschrijft de auteur de theorieën die zijn ontwikkeld door David Bohm over het "kwantumpotentieel" op het "geïmpliceerde en geëxpliceerde universum". en over de holografische visie van de kosmos. Alles wordt uitgelegd in absolute eenvoud, zonder het gebruik van wiskundige formules en met behulp van vele illustraties.

De mensheid wilde vanaf het allereerste begin de oorsprong en samenstelling van dingen onderzoeken, hun werking en hun intieme doel ontdekken.

De universeel gebruikte methode is om objecten in kleinere en kleinere delen op te splitsen en ze vervolgens met alle mogelijke technieken te analyseren, van visueel onderzoek tot chemische reacties. Dit gebeurt nog steeds. Als een wetenschapper bijvoorbeeld de chemische en fysische structuur van een granieten kubus wil ontdekken, zal hij deze in kleinere en kleinere stukjes breken totdat hij in afzonderlijke atomen is verdeeld.

Als de wetenschapper echter zelf de afzonderlijke deeltjes van het atoom wil onderzoeken, krijgt hij een ongelooflijke verrassing. Het granieten blokje gedraagt zich als een ijsblokje. De wetenschapper ziet de materie die mist wordt, verdampt, verdwijnt tussen zijn vingers. Vaste materie wordt energie die vibreert.

De afzonderlijke deeltjes worden omgezet in fluctuerende golven zonder enige vaste lichamelijkheid.

Op subatomair niveau is materie niet langer vaste materie, het wordt iets anders.

Elementaire deeltjes misleiden ons. Ze zien eruit als vaste stippen als iemand ze observeert, maar ze gedragen zich als trillende golven als ze niet worden waargenomen.

Atomen bevatten praktisch alleen vacuüm.

Oppervlakkig gezien geloven we dat we materie kunnen aanraken, wegen, manipuleren en meten. Maar in zijn meest intieme samenstelling wordt materie een golf van leegte, energie, informatie, golf of vibratie. Wat ons solide materiaal lijkt, is in zijn meest intieme essentie niet langer vast materiaal.

Op dit punt is het duidelijk dat we niet langer kunnen spreken van één enkele realiteit. Afhankelijk van de waarnemingsniveaus, van extreem klein tot oneindig groot, zijn er veel realiteiten, allemaal verschillend maar allemaal absoluut waar.

Of misschien zijn er veel aspecten van een hogere werkelijkheid die nog onbekend zijn. Alle filosofieën en religies hebben altijd de hypothese verondersteld dat een 'zone van de geest' materie overstijgt; niemand heeft echter ooit het bestaan ervan kunnen bewijzen. Tegenwoordig opent de kwantumfysica een enorm venster op horizonten die we ons tot de vorige eeuw niet hadden kunnen voorstellen. De bevestigingen zijn afkomstig van de met succes uitgevoerde experimenten, vooral die met betrekking tot het fenomeen van kwantumverstrengeling.

Tegenwoordig weten we dat er een realiteitsniveau is dat niet langer onderhevig is aan de beperkingen van de Newtoniaanse fysica. De fysica van materie is niet langer voldoende om het universum te beschrijven.

Kwantumfysica toont het bestaan aan van een niveau waarop energie en informatie materie overnemen. Dit is het zogenaamde "niet-lokale" niveau. We zouden het kunnen omschrijven als een psychisch of spiritueel niveau. Op dit niveau staat een universele intelligentie in wisselwerking met de mensheid. De communicatiewegen met het intelligente universum gaan door het collectieve onbewuste dat werd getheoretiseerd door Carl Jung.

Jungiaanse synchroniciteiten begeleiden ons in een cultureel evolutionair project. Het is een project waarvan we ons bewust beginnen te worden.

Eerste deel. De voorlopers.

Onverklaarbare fenomenen

Volgens sommige gerenommeerde luchtvaartteksten kan de horzel niet vliegen vanwege de vorm en het gewicht van zijn lichaam in relatie tot het oppervlak van zijn vleugels. Maar de horzel weet het niet en blijft daarom vliegen.

(Igor Ivanovich Sikorsky, Russische luchtvaartpionier)

Het Guinness Book of Records bevat veel eigenaardigheden. Onder dit ongewone nieuws is er een heel speciaal nieuws. Dit is de rangorde ten opzichte van paren van tweelingen die op verschillende tijdstippen zijn geboren. De Guiness somt de tweelingparen op die op een grotere afstand van de tijd worden geboren.

In tegenstelling tot wat je zou denken, bestaat dit interval niet uit uren of dagen, maar zelfs maanden. Bijvoorbeeld, in 2000 gaf Sandra Beveridge uit West Lothian, een Schotse provincie, een tweeling met 28 dagen uit elkaar. Peggy Lynn, een dame uit Pennsylvania, deed het zelfs nog beter. In 1995 beviel Peggy van een tweeling die 84 dagen uit elkaar werd geboren. Het huidige record is echter van Maria Jones-Elliot, die in 2013 in Ierland het leven schonk aan Amy en pas na 87 dagen de tweeling Katie kreeg.

De artsen geven aan dat dit zeer zeldzame gevallen zijn. Deze gevallen komen alleen voor wanneer de tweeling in afzonderlijke placentazakken groeit.

Quantum-gerelateerde tweelingen

Er is een interessant aspect, dat me overtuigde om het primaat van vertraagde tweelinggeboorten te noemen. Het is het feit dat het boek "The Guinness Book of Recods" is geboren uit de pen van twee auteurs. Hun namen waren Ross en Norris McWhirter, en ook zij waren een tweeling. Deze twee tweelingen waren, naast de auteurs van het boek, de hoofdrolspelers van een "onmogelijke" gebeurtenis.

Momenteel is Guinness het derde best verkochte boek ter wereld, na de Bijbel en de Koran. Dit boek vertegenwoordigt de praktische ontwikkeling van een idee dat op een volledig willekeurige manier is geboren tijdens een jacht die plaatsvond op 4 mei 1951.

Een van de deelnemers aan de jacht was Sir Hugh Beaver, directeur van de Guinness-brouwerijen in Dublin.

Hij kon geen enkele gouden plevier slaan. De vogels waren sneller dan zijn geweer en vluchtten met grote snelheid zodra ze de aanwezigheid van de jager voelden.

Dit ongemak gaf aanleiding tot een debat tussen Sir Beaver en de andere jagers, om vast te stellen welke de snelste vogel was.

De volgende dagen bleef Sir Beaver, die kennelijk niet erg bezig was met de rol van beheerder, over het probleem nadenken. Uiteindelijk kwam hij tot de conclusie dat velen, net als hij, geïnteresseerd zouden zijn om niet alleen te weten wat de snelste vogel was, maar ook om alle andere soorten uitmuntendheid in verschillende uitvoeringen. Hij besloot daarom een boek te maken waar iedereen toegang had tot dit soort informatie.

De inhoud van het boek moest een verzameling records in de verschillende activiteiten zijn. Als gevolg hiervan vroeg Sir Beaver om hulp van twee atletiekspecialisten, de broers Ross en Norris McWhirter en gaven hen de opdracht om het boek te schrijven.

Het boek werd voor het eerst op 27 augustus 1955 gepubliceerd met de handtekening van de twee broers. De titel was "The Guinness Book of Records". Het boek had meteen dat daverende succes dat vandaag de dag nog steeds voortduurt. (Fig.1).

Het is duidelijk dat de auteurs bekend werden, dus de gebeurtenissen in hun leven zijn zeer goed gedocumenteerd en er zijn getuigen van.

Afbeelding 1 - De tweeling Norris (links) en Ross McWhirter (rechts) auteurs van de eerste editie van "The Guinness Book of Records". De twee waren protagonisten van een ongelooflijk geval van extra-zintuiglijke communicatie.

De tweeling Ross en Norris McWhirter

Ross en Norris werden geboren op 12 augustus 1925 door William McWhirter, redacteur van Sunda Pictorial, en door Margaret Williamson. In 1950 werden ze allebei sportjournalisten. Een vriend van hen, de hardloper Christopher Chataway, was werkzaam bij de Guinness-brouwerij. Toen Christopher hoorde dat beheerder Hugh Beaver competente mensen zocht om een primatenboek te maken, raadde hij de tweeling aan. De twee kregen onmiddellijk de taak om het boek te schrijven.

In de jaren zestig werd Ross een politieke activist voor de conservatieve partij. Ongeacht moeilijke tijden steunde hij vele beperkende wetten die door Groot-Brittannië tegen de Ierse bevolking waren afgekondigd.

Hij promootte zelfs een beloning van £ 50.000 voor iedereen die nuttige informatie had verstrekt voor de arrestatie van een IRA-cel (Irish Republican Army). In die tijd pleegde de IRA veel aanvallen in Londen. De IRA beschouwde Ross McWhirter als een directe vijand.

Op 27 november 1975 liepen twee leden van de IRA de journalist in een hinderlaag. Ze wachtten op hem toen hij naar huis terugkeerde, om 18.45 uur, en schoten twee schoten op hem met een .357 revolver.

Op hetzelfde moment dat Ross werd gedood, was tweeling Norris ongeveer 30 mijl afstand en sprak met sommige mensen. Plots om 18.45 uur greep hij zijn hoofd in zijn handen, alsof het barstte. Tot verbazing van de aanwezigen verloor hij bijna zijn verstand.

De aanwezigen waren getuige van het feit. De getuigenis is gedocumenteerd door de geleerde Guy Lyon Playfair in zijn boek "Twin Telepathy":

> 'Aan het begin van de avond van 27 november 1975 werd de schrijver en televisiepersoon Ross McWhirter door twee gewapende mannen in het hoofd en de borst geschoten terwijl hij voor de deur van zijn huis in

> Noord-Londen stond. Hij werd in het ziekenhuis opgenomen, maar werd kort na aankomst dood verklaard. Een ooggetuige die bij zijn tweelingbroer Norris McWhirter was, gaf me dit getuigenis. Norris reageerde dramatisch, bijna alsof een onzichtbare kogel hem had geraakt. '

Dit is niet het enige geval van een tweeling die op grote afstand reageert op gebeurtenissen waarbij de andere tweeling betrokken is.

Viscountess Thelma Furness

Thelma Morgan, geboren op 23 augustus 1904 in Zwitserland, was de dochter van Harry Hays Morgan, een Amerikaanse diplomaat die als Amerikaanse consul in Buenos Aires en Brussel diende. Thelma en haar tweelingzus Gloria werden door Laura Delphine Kilpatrick ter wereld gebracht. (Fig.2).

Laura Delphine was de neef van een generaal van de Unie en, via haar grootmoeder van moeders kant, was een afstammeling van het Spaanse koninklijke huis van Navarra.

Daarom hadden de tweelingzusters alle geloofsbrieven om de beste samenleving van die tijd bij te wonen. Thelma werd de minnaar van de Prins van Wales, de toekomstige koning Edward VIII.

Daarom ging Wallis Simpson vooraf. Later trad Edward ter wille van Wallis af en werd hij hertog van Windsor.

Tijdens zijn relatie met Prins Edward in 1929 trouwde Thelma met burggraaf Marmaduke Furness. Het huwelijk duurde niet lang, maar stond haar toe om te roemen voor het hele leven van de titel van Viscountess Furness. Tijdens het korte huwelijk beviel Thelma van William Anthony.

Thelma's tweelingzus, Gloria, trouwde met Reginald Claypoole Vanderbilt.

Ondanks het gevarieerde en bewogen leven, hadden de twee zussen een sterke psychische band.

Deze band manifesteerde zich schaamteloos toen Thelma, zwanger van William, vroegtijdig beviel toen ze in Melton Mowbray, in het Verenigd Koninkrijk was.

In die tijd bevond zijn zus Gloria zich aan de andere kant van de oceaan, in New York, dus ze was zich helemaal niet bewust van de vroeggeboorte. Maar tegelijkertijd met wat er met haar tweeling gebeurde, ervoer Gloria hevige buikpijn, net alsof ze zelf beviel. Gloria werd snel geholpen, maar het was nooit mogelijk om de oorzaak van haar pijn te achterhalen. Pas later was het mogelijk om de pijnen van Gloria te koppelen aan de geboorte van Thelma die gelijktijdig plaatsvond.

Gloria merkte op mysterieuze wijze de moeilijkheid waar Thelma doorheen ging en deed mee alsof ze één met haar was geweest. De vereniging was niet alleen psychisch maar ook fysiek.

Ik wilde twee bekende gevallen noemen, waarop er overvloedige en zekere getuigenissen zijn. Deze gevallen bevestigen dat sommige tweelingen, op grond van een mysterieuze band die door gemeenschappelijke geboorte tot stand is gebracht, fysieke sensaties kunnen delen op een manier die in tegenspraak is met elke elementaire wet van de fysica. Dit is duidelijker als we kijken naar de afstand van de tweeling wanneer de feiten zich voordoen.

De bekendheid en de getuigenissen van deze gevallen maken het moeilijk te volhouden dat dit verzonnen verhalen zijn. Deze afleveringen zijn zo goed gedocumenteerd dat ze ook worden vermeld op de CICAP-website (Italian Committee for the Control of Claims on Pseudo-sciences).

Deze vereniging heeft de missie op zich genomen om elke claim met betrekking tot buitenzintuiglijke fenomenen uit te dagen en in diskrediet te brengen. De CICAP catalogiseert echter de gevallen die worden beschreven als "sensorische toevalligheden" en definieert deze "beslist sensationele gevallen".

In werkelijkheid vertonen de verhalen van deze tweeling een grote overeenkomst met enkele typische aspecten van subatomaire deeltjes. De kwantumfysica heeft aangetoond dat twee gecorreleerde deeltjes, die worden verbonden door bepaalde omstandigheden (meestal werden ze geboren uit een gemeenschappelijke gebeurtenis) het vermogen verwerven om "bewust" verbonden te blijven op elke afstand, alsof ze een enkel deeltje waren. We zullen er in het tweede deel van het boek over praten

Figuur 2 - Thelma Morgan, burggraaf Furness (rechts) met haar tweelingzus Gloria. Terwijl Thelma in het Verenigd Koninkrijk leed aan de pijn van een vroeggeboorte, ervoer haar zus Gloria in New York dezelfde pijn.

Materie, enige materie, niets dan materie

"Materialisten en dwazen hebben nooit twijfels."
(Gilbert Keith Chesterton).

Volgens de huidige wetenschap zijn er dingen die kunnen zijn, en anderen die niet kunnen zijn.

De eerste zijn al die dingen die in het laboratorium kunnen worden gewogen, gemeten en gereproduceerd. Onder deze dingen begrijpen we ook de gerelateerde effecten, zoals magnetisme en zwaartekracht.

Alle andere gevallen, beginnend met buitenzintuiglijke verschijnselen, zijn het resultaat van illusie of bijgeloof, en hun aanhangers zijn valsspelers of, in het beste geval, lijden aan psychische stoornissen en moeten worden onderworpen aan medische behandeling. Ter ondersteuning van dit proefschrift wordt gezocht naar absurde verklaringen die grenzen aan het belachelijke. In elk geval wordt het bestaan van deze fenomenen bij voorbaat ontkend.

Het moet gezegd worden dat het wetenschappelijke forum deze houding berust op ogenschijnlijk solide basissen, dat wil zeggen op de bekende fysische wetten. Deze wetten zijn al enkele eeuwen bevestigd en geconsolideerd. Dit zijn de wetten die we zelf kunnen verifiëren door de wereld om ons heen te observeren met onze misleidende zintuigen. Ik zal proberen de materialistische theorieën kort samen te vatten.

Monisme en materialistisch reductionisme

Het concept van monisme is heel oud, daterend uit de 5e eeuw voor Christus, specifiek naar de filosofie van Parmenides. De echte term van het monisme werd in 1734 gebruikt door de Duitse filosoof Christian Wolff, die in zijn werk "Rationele psychologie" "monisten" definieert als degenen die "één soort substantie toelaten".

Monisme onderscheidt zich van dualisme of pluralisme, volgens welke het geheel kan worden toegeschreven aan twee of meer soorten substanties. Sommige typische dualismen zijn geest / materie, of geest / lichaam.

Materialistische wetenschap reduceert alle realiteit tot één soort substantie, materie. Tegelijkertijd sluit materialisme elke psychische of spirituele aanwezigheid uit. Alleen alles wat fysiek is, is echt. De geest, de gedachte, het bewustzijn zijn slechts de resten van chemische processen die plaatsvinden in de hersenen.

Overigens geven we aan dat er niet alleen materialistisch monisme is; er is bijvoorbeeld ook een monisme dat idealist wordt genoemd. Dit wordt "mentalisme" genoemd, en het zegt precies het tegenovergestelde: alleen het mentale aspect is echt.

Beide posities worden niet gecorrigeerd in het licht van recente ontdekkingen in de kwantumfysica, zoals we later in het boek zullen zien. Beide ontkennen in feite dat er een universum kan bestaan waarin materie en psyche (of geest) harmonieus samenwerken in een groot creatief project.

Determinisme en causaliteit

Volgens deze principes is het universum een machine die werkt als een klok. Alles is vastgesteld, alles is bepaald. Elke gebeurtenis, elke verandering van een object is functioneel voor zijn positie, zijn beginsnelheid en de aanwezige materiële krachten.

Een zaad absorbeert voedingsstoffen uit de grond en produceert een zaailing. Het zaad duwt de knop met een bepaalde kracht omhoog. Als de kracht voldoende is, breekt de scheut de korst van de grond en komt tevoorschijn, anders sterft deze ondergronds. Zodra een spruit verschijnt, duwt de kracht die uit de wortels komt, deze omhoog.Op dat moment kan hij concurreren met de omringende planten in het absorberen van zonlicht en regen.

Alles werkt als een klok, de plant groeit door een reeks mechanismen, waarvan de plant zich niet absoluut bewust is.

Als ik een steen gooi, zal dit een pad volgen dat wordt bepaald door zijn gewicht en de kracht waarmee ik het gooide. Als de steen een object raakt, geeft het het getroffen object een boost evenredig met de bezeten energie. Het zal nooit gebeuren dat een steen zichzelf uit zichzelf werpt, of dat een object beweegt, als het niet door een ander object wordt gevraagd.

Daarom wordt elke actie veroorzaakt door een andere actie. Elke actie neemt kracht over van de actie die deze heeft veroorzaakt en verdeelt kracht over de volgende acties.

Dit is zeer nuttig voor de huidige wetenschap omdat het ons in staat stelt om op elk moment de positie van elk object in het universum te bepalen en het gedrag van machines en industriële apparatuur te voorspellen. De machines, als ze de juiste energieën ontvangen, kunnen precieze functies uitvoeren tot op de duizendste van een millimeter om de gewenste resultaten te verkrijgen.

René Descartes splitste de realiteit in het dualisme van geest en materie en anticipeerde daarmee op het concept van determinisme, dat de behoefte aan een geest uitsluit. Het concept van uitsluiting van de geest ten gunste van het unieke van de materie werd vervolgens ontwikkeld door Isaac Newton en Pierre Laplace, in zijn boek over hemelmechanica. (Mécanique céleste, 1805).

Dit was het eerste boek waarin God niet werd genoemd als de oorzaak van de schepping. De keizer Napoleon zelf was verbaasd en vroeg Laplace: "Waarom hebt u God niet genoemd in uw werk?"

Laplace antwoordde: "Het is een hypothese die ik niet nodig had".

Causaliteit ontkent absoluut de mogelijkheid van een creatief project waaraan de mens deelneemt. Menselijke intelligentie is een nutteloos bijproduct van materie. Alles werkt heel goed zonder enige vorm van intelligentie.

De continuïteit en de pijl van de tijd

De verklaring van de wetenschap is dat elke gebeurtenis wordt veroorzaakt door een andere gebeurtenis. Op zijn beurt veroorzaakt elk evenement anderen. Dit impliceert het concept dat alle veranderingen en alle dynamiek van het universum elkaar continu volgen, zonder enige pauze, in een carrousel die begon met de Big Bang en nooit zal eindigen. Bovendien vindt al deze voortdurende evolutie plaats in slechts één richting, volgens de pijl van de tijd die alleen vooruit gaat.

We noemen "time arrow" een fenomeen zodat een fysiek systeem kan evolueren van een initiële status naar een latere status, in een bepaalde tijd, maar het kan nooit terugkeren naar de oorspronkelijke status.

De realiteit zoals we die waarnemen, wordt de realiteit van het macroscopische niveau genoemd. Op dit niveau zijn we onderworpen aan de wet van entropie. Deze wet zegt dat wanorde alleen maar kan toenemen met de tijd. Dus als u een glas breekt, kunt u elk stuk zeker nog verder breken.

Vergeet echter dat de verschillende stukken opnieuw worden verbonden om opnieuw het gezonde glas te vormen.

Vreemd genoeg kunnen we zien dat dit alleen op macroscopisch niveau waar is. In plaats daarvan zijn op microscopisch niveau bijna alle fysische processen symmetrisch. Dat wil zeggen, de vergelijkingen die ze beschrijven laten zien dat ze heel goed zouden werken, zowel vooruit als terug in de tijd.

Vreemd genoeg kan de wetenschap volgens het causaliteitsbeginsel precies het gedrag voorspellen van het universum dat ons omringt. Tegelijkertijd ontkent de wetenschap echter dat we van tevoren kunnen weten wat er in ons persoonlijk leven zal gebeuren. Dus verwerpt de wetenschap het bestaan van de voorgevoelens. Dat wil zeggen, de wetenschap beweert de toekomst voor het universum te voorspellen, maar ontkent de mogelijkheid om de toekomst voor het individu te voorspellen.

Het concept van "lokaliteit"

Alle fenomenen en hun effecten zijn alleen gelokaliseerd, dat wil zeggen, ze komen voor in een precies deel van de ruimte. Bovendien verspreiden ze zich met een snelheid en tijd die nauwkeurig kunnen worden gemeten.

Een actie op afstand tussen twee objecten zonder de bemiddeling van een "fysieke kracht" die ze verbindt, is onmogelijk. Het is noodzakelijk dat "iets" de twee objecten verenigt door de ruimte die ze in een bepaalde tijd scheidt. Deze kracht vervaagt volgens de lengte van het pad.

Materiële objecten hebben een limietsnelheid van ongeveer 300.000 kilometer per seconde. Niets kan deze snelheid overwinnen. Dit bepaalt bijvoorbeeld dat de communicatie tussen ruimtesatellieten en het aardoppervlak zelfs veel kan worden vertraagd.

Als er een uitbarsting op het oppervlak van de zon optreedt, kunnen we deze pas na acht minuten zien. Dit is de tijd die het licht van de explosie nodig heeft om naar de aarde te reizen. Dus als je toevallig naar de zon kijkt, weet dan dat dat acht minuten geleden de zon is. Ondertussen is de zon misschien ontploft, maar we weten het pas na acht minuten.

Deze functie voorkomt dat een bepaalde actie op de ene plaats hedendaagse effecten op een andere plaats heeft.

Dus, om een ruimtelijk voorbeeld te geven, kunnen we aannemen dat als een gekke asteroïde de wolk van Oort ontsnapt en rechtstreeks naar planeet Aarde wijst, we minstens een paar jaar de tijd hebben om defensieve strategieën te ontwikkelen.

In die zin heeft de wetenschap Einsteins bevestiging enthousiast aanvaard, volgens welke het concept van de lokaliteit geldig blijft, zelfs in de context van de relativiteitstheorie.

Gelukkig voorkomt de snelheid van de lichtlimiet dat de ontsnapping van de asteroïde samenvalt met een onmiddellijke impact op onze planeet.

Op macroscopisch niveau, dat wil zeggen in de dimensies van het universum, voorkomen de bekende fysische wetten dit. Zelfs ons dagelijks leven speelt zich af op macroscopisch niveau.

Lokale wetten garanderen dat als de echtgenoot in het kader van een familiegeschil een kom naar ons gooit, we tijd hebben om te bewegen voordat we worden geraakt.

Zoals we zullen zien, is op subatomair niveau in plaats daarvan de "wet van niet-lokaliteit" van toepassing. Op dit niveau raakt de kom ons op hetzelfde moment dat deze wordt gelanceerd, ongeacht onze afstand.

Objectiviteit.

De materiële wereld is absoluut onafhankelijk van het menselijk denken, dat wil zeggen van het bewustzijn. Bewustzijn heeft geen gewicht of massa en kan daarom een object niet op afstand laten bewegen, zoals een biljartbal zou kunnen doen. Geen uitwerking van het bewustzijn kan de materie wijzigen of beïnvloeden.

Toch zijn er situaties, op subatomair niveau, waarin de waarnemer, met zijn wil en dus met zijn geweten, de realiteit bepaalt. Met zijn observatiemethode kan de waarnemer de aard van een subatomair object vaststellen, dat wil zeggen dat hij kan bepalen of dat object een golf of een deeltje is. Niet alleen dat, de waarnemer kan het gedrag van het object bepalen. Op subatomair niveau zien we dus een objectiviteit die het tegenovergestelde doet. We zullen dit aspect verifiëren in het hoofdstuk gewijd aan het experiment met dubbele spleet.

Illusoire symptomen

Nogmaals, volgens aanhangers van het materialisme is alles wat niet materieel is een ongewenst product van de materie.

Bewustzijn, gedachte, gevoelens, liefde of vroomheid zijn bijkomende manifestaties, "vals" van materie, en hun aanwezigheid of afwezigheid heeft geen invloed op de uitvoering van echte fenomenen. De fenomenen kunnen alleen bestaan als ze fysiek verband houden met de materie zelf. Spiritualiteit en alle mentale uitwerkingen zijn afvalproducten van de chemische processen die plaatsvinden in hersenmaterie.

Ja, echter, de volledigheidsstelling van Gödel ...

Zoveel wetenschappelijke veiligheid wordt onmiddellijk in twijfel getrokken door de wetenschap zelf. Kurt Friedrich Gödel was een naturalistische Amerikaanse wiskundige, logicus en filosoof, vooral bekend om zijn werk over de onvolledigheid van wiskundige theorieën.

De stelling die zijn naam draagt, zegt eigenlijk één ding. Elk algoritmisch systeem dat wordt gebruikt om een wiskundig principe te testen, blijkt onvolledig of tegenstrijdig te zijn, omdat het zeker een deel zal bevatten dat niet kan worden bewezen.

Dit gebeurt wanneer het algoritme voldoende is verwerkt.

Fysieke wetten zijn ook wiskundig. Daarom zijn ze gebaseerd op wiskundige algoritmen die onvermijdelijk een logisch onbewijsbaar deel bevatten, wat echter werkt.

Dit betekent dat wanneer een wiskundige een algoritme uitwerkt, hij het logische systeem verlaat om een wiskundige waarheid vast te leggen die de context overschrijdt waarin de logische procedure en de demonstratie geldig zijn.

Deze waarheid bestaat al, maar kan niet worden "gekooid" in de formule. De realiteit wordt instinctief waargenomen en gebruikt zonder deze "systematisch" te kunnen maken.

Daarom, als de natuurwetten het gedrag van materie sturen, moet worden erkend dat ze elementen bevatten die a priori bestaan, die de materiële wereld overstijgen.

Dit idee wordt "wiskundig platonisme" genoemd, omdat Plato al had begrepen dat het gedrag van de materiële wereld onderworpen is aan wiskundige symbolen die niet tot het logische proces behoren, maar tot de archetypische wereld.

Geest en hersenen

Is het universum niets anders dan een warboel van materie, of heeft het zijn eigen bewustzijn, zoals de oudste culturen altijd hebben bevestigd?

Is ons bewustzijn een bijproduct van hersenchemie of komt het van universeel bewustzijn?

De theorie van heel veel culturen is dat 'universeel bewustzijn' de bron is waaruit de hele schepping vloeit. Alles leeft en alles is één.

Deze opvatting die we als mystiek kunnen definiëren, is door de wetenschappelijke cultuur van de laatste eeuwen ontkend en verworpen. Het is een cultuur die zich nobel ontwikkelde in de Verlichting, maar vervolgens corrupt werd in het materialisme.

Momenteel geloven de meeste wetenschappelijke kringen dat de geest slechts een hersencreatie is. de mens zou slechts een machine zijn die als secundair effect het vermogen heeft gekregen om gedachten en gevoelens te verwerken.

Als we machines hadden die in staat waren om de hersenen diepgaand te analyseren, zouden we met zekerheid kunnen vaststellen welke chemische reactie in ons het gevoel genereert een ziel te hebben, onze moeder lief te hebben of te geloven in het bestaan van het eeuwige leven.

De hoop van het materialisme is dat op een dag een "hersendetergens" kan worden ontwikkeld die de vorming van deze lastige chemische reacties remt en de mensheid van alle bijgeloof bevrijdt.

Aldus beschouwt de wetenschap het fenomeen van het leven dat begint bij de bodem, dwz van materie als de primaire basis. De materie wordt geaggregeerd in moleculen en cellen, die evolueren en op evolutieschaal stijgen onder leiding van een spontaan geboren DNA.

Het bij toeval gegenereerde DNA genereert willekeurig de hersenen. In de hersenen genereren elektrochemische stimuli de disposities die ervoor zorgen dat de lichaamsmachine werkt. Als secundair product genereert het brein ook dromen, gevoelens, emoties, creativiteit en alles wat we de activiteit van de geest noemen.

Omgekeerd beschouwen alle grote spirituele tradities het fenomeen van het leven dat van boven begint, niet van beneden. In de eerste plaats is er een universeel geweten waaruit alles voortkomt, allereerst het leven.

In elke vorm van leven blijft het universele bewustzijn aanwezig en heeft elke levensvorm zijn eigen individuele bewustzijn. Individueel bewustzijn is een fragment van universeel bewustzijn. De hele schepping komt voort uit universeel bewustzijn, inclusief materie. Materie is ook doordrongen van universeel bewustzijn. Dankzij dit is het materiaal harmonieus gecombineerd volgens een project dat absoluut niet het geval is.

De mythe van de grot

We kunnen een kind vergeven als hij bang is in het donker. De echte tragedie van het leven is wanneer een man bang is voor licht.
(Plato).

Hoe wordt een stoel gemaakt?

Er is altijd een culturele stroming geweest die, door de verschillende disciplines van het denken te kruisen, van filosofie over spiritualiteit tot moderne wetenschap, de illusie heeft ondersteund van de realiteit waarin we leven. Er zijn theorieën gemaakt van de meest uiteenlopende genres. In het gedicht "On Nature" stelt Parmenides dat de veelheid en veranderingen van de fysieke wereld een illusie zijn. Zoals we zullen zien, stelt Plato in de "Republiek" de beroemde mythe van de grot voor. Later zal George Berkeley beweren dat we het gevoel hebben dat dingen echt bestaan, maar in werkelijkheid zijn dingen slechts abstracties. Volgens Berkeley zijn er geen materiële objecten, alleen verzamelingen van ideeën.

Tot een paar decennia geleden werden deze beschouwd als merkwaardige en volledig fantasierijke theorieën. Tegenwoordig heeft de kwantumfysica aangetoond dat dit ideeën zijn met absoluut hun eigen waardigheid. In feite onderzoeken we op ons macroscopisch niveau "dingen" en beschouwen we ze als concreet. 'Dingen' veranderen echter hun uiterlijk volledig als we ze in het oneindig kleine onderzoeken.

Een stoel lijkt ons ongetwijfeld een solide object. De stoel zelf, onderzocht op het niveau van de atomen en subatomaire deeltjes waaruit hij bestaat, wordt een reeks trillingen die verspreid worden in een immense leegte.

Alle materie, onderzocht in zijn subatomaire samenstelling, heeft deze kenmerken. Alles wat ons tastbaar, weegbaar en meetbaar lijkt, is slechts een functie van wat door onze zintuigen wordt waargenomen. Daarom laten de zintuigen ons een illusoire en denkbeeldige kosmos zien. De zintuigen werken op deze manier om ons in staat te stellen te leven en te communiceren met de omgeving om ons heen. Dit belet niet dat alle dingen een gigantische illusie zijn, gedimensioneerd over onze lichamelijkheid. Kortom, we leven in een poppenhuis met alle meubels en meubels op maat gemaakt volgens onze behoeften en behoeften.

Buiten het huis is alles heel anders. Zoals de hoofdrolspeler van een beroemde Shakespeare-tragedie zegt: "Er zijn meer dingen in de hemel en op aarde, Horatius, dan je filosofie denkt." (Hamlet, bedrijf I, scène V).

Volgens enkele verrassende experimenten zou alles wat we als 'realiteit' waarnemen, inclusief ons eigen lichaam, het resultaat kunnen zijn van de interacties die plaatsvinden tussen ons bewustzijn en de prikkels van welke aard dan ook die door onze zintuigen worden waargenomen.

Figuur 3 - Plato (Athene, 428/427 v.Chr. - Athene, 348/347 v.Chr.), Was een oude Griekse filosoof. In de Timaeus bespreekt hij de relatie tussen de wereld van de natuur en de wereld van ideeën.

In de praktijk wordt de visie van de werkelijkheid die ons omringt volledig herwerkt door ons bewustzijn. We weten heel weinig over deze realiteit, over hoe het werkelijk is.

Dus wat is de werkelijkheid eigenlijk? Als we verwijzen naar wat we kunnen aanraken, ruiken, proeven of zien, bevinden we ons op een verkeerd pad. Al deze "gewaarwordingen" zijn slechts chemische, elektrische of andere signalen. Onze zintuigen nemen deze signalen waar en sturen ze naar de hersenen. De hersenen construeren vervolgens een beeld volgens weinig bekende procedures.

Als we naar een boom voor ons kijken, neemt de aanblik zijn vorm waar en stuurt deze naar de hersenen. Het beeld van de boom is in de hersenen gebouwd. De hersenen schrijven hun kleuren, geuren, textuur en andere kenmerken toe aan de vorm van de boom. Afgezien van de verwerking die door de hersenen wordt geproduceerd, weten we niet hoe de boom is gemaakt, noch wat zijn kleuren zijn, en we weten ook niet of hij in werkelijkheid gekleurd is.

Plato en de zoektocht naar kennis.

Plato was een oude Griekse filosoof. Samen met zijn leraar Socrates en zijn leerling Aristoteles legde hij de fundamenten van het westerse filosofische denken. (Afb. 3). Hij werd geboren in Athene uit aristocratische ouders: zijn vader Aristone had onder zijn voorouders de laatste koning van Athene, Codro, terwijl er wordt gezegd dat zijn moeder, Perictione, afstamt van de wetgever Solon.

Zijn vader gaf hem de naam Aristocles, zijn gymnastiekleraar. Aristocles zelf gaf hem de bijnaam Plato, zowel vanwege de breedte van zijn schouders als om te voorkomen dat de student dezelfde naam had als de leraar.

Volgens de getuigenis van Apollodorus van Athene werd Plato geboren aan het begin van de 88ste Olympiade, dat wil zeggen eind mei 428 v.Chr.

Plato had twee broers, Adimanto en Glaucone, die worden genoemd in zijn werk "Republic". Hij had ook een oudere zus, met de merkwaardige naam Potone.

Speusippus, zoon van Potone, prees de intelligentie en het wonderbaarlijke geheugen van Plato toen hij nog een kind was.

Plato nam tijdens de Peloponnesische oorlog deel aan drie militaire expedities naar Tanagra, Korinthe en Delio.

Nadat hij Socrates had ontmoet, vernietigde Plato al zijn poëtische composities en wijdde hij zich volledig aan de filosofie.

De ontmoeting met Socrates was fundamenteel. Plato leed omdat de Atheense democratische regering zijn leraar beschuldigde van godslastering en corruptie van de jongeren.

Socrates werd in 399 voor Christus ter dood veroordeeld.

Na de verdwijning van Socrates verlieten zijn discipelen, waaronder Plato, Athene om hun toevlucht te zoeken in Megara.

Vanaf 395 begon Plato met het schrijven van de eerste "dialogen". In deze geschriften wordt hij geconfronteerd met het culturele probleem dat wordt vertegenwoordigd door de figuur van Socrates en zijn onrechtvaardige veroordeling. Plato bekritiseert scherp de functie van de sofisten. De sofisten waren "meesters van deugd" die werden betaald om hun leringen te geven, waarvoor ze "prostituees van de cultuur" werden genoemd.

In 387 keerde Plato terug naar Athene; en kocht een park gewijd aan Academo. In dit park stichtte hij een school die hij de Academie noemde.

De Academie had zijn wortels in de wetenschap. Hij implementeerde een bepaalde lesmethode, dialectiek genaamd. Het onderwijs vond plaats door middel van debatten, waaraan de leerlingen zelf deelnamen, onder leiding van Plato of door de oudere leerlingen. Soms hield de academie lezingen van illustere mensen die door Athene trokken. Plato stierf in 347 voor Christus.

Platonische filosofie.

Volgens Plato bestaat de mens uit twee delen. Het eerste deel bestaat uit een lichaam dat onherstelbaar verbonden is met de gevoelige wereld. Daarom volgt het eerste deel hetzelfde lot als alles wat tot deze wereld behoort, zoals planten en dieren.

Het tweede deel van de mens is de ziel, bestaande uit geweten en rede. Dit deel is niet gemaakt van materie en is daarom onsterfelijk, omdat het niet in ontbinding kan vervallen.

Plato bevestigt het bestaan van de World of Ideas. Deze wereld bestaat als de wereld van materiële dingen. De wereld van ideeën is de bevoorrechte plek voor het bestaan van de ziel en kan door de mens worden waargenomen door middel van de rede.

Zielen pauzeren in de World of Ideas, wachtend om hun intrek te nemen in een lichaam. In dit wachten rijpen de zielen een volmaakte kennis van de Ideeën. Wanneer de zielen echter in een lichaam afdalen, vergeten ze deze kennis, of beter gezegd, ze houden er slechts een vage herinnering aan vast. Daarom is elke vorm van leren die zich in het menselijk leven ontwikkelt, geen nieuwe verwerving van informatie, maar een proces van herinneringen ophalen aan dingen die al bekend zijn, zelfs als ze vergeten zijn

De conceptuele basis van Plato's filosofie wordt ontwikkeld in verschillende dialogen zoals de "Meno", de "Phaedo" en de "Teeteto". In deze werken ontkent hij dat het zoeken naar kennis onmogelijk is, zoals beweerd door de Eristi in hun aannames, die als volgt kunnen worden samengevat:

- Laten we aannemen dat u niet weet wat u zoekt. Als u het vindt, zult u het niet herkennen als het doel van uw zoekopdracht.

- Als u al weet wat u zoekt, heeft uw zoekopdracht geen zin.

Plato lost het probleem op door zijn ideeënfilosofie tegen deze vooronderstellingen te plaatsen. Het doel van het onderzoek is slechts gedeeltelijk onbekend, omdat de ziel van elke man de oorspronkelijke Ideeën voor de geboorte overweegt, maar ze vervolgens vergeet. Bijgevolg is het doel van het onderzoek van de mens kennis die al in hem aanwezig is, zelfs als deze vergeten wordt.

De mythe van de grot.

Voor Plato zijn ideeën perfect en onveranderlijk, en bestaan ze al met betrekking tot het lichaam, daarom kunnen ze niet voortkomen uit de zintuigen (zien, horen, ruiken, enzovoort). De zintuigen zijn onvolmaakte werktuigen van het lichaam. Hij gebruikt de mythe van de grot om dit concept uit te leggen. Dit is een gevangenis voor mannen die gedwongen worden naar een bedrieglijke realiteit te kijken, de schaduwen weerspiegeld op de achterwand. De echte beelden worden buiten de grot gevonden, in het licht van de zon, dat wil zeggen in het licht van rede en kennis die niet door de zintuigen worden gemedieerd; helaas weten de gevangenen het niet.

Plato stelt dit, de beroemdste van zijn mythen, voor in Boek VII van zijn werk "Republic" en legt het bloot door middel van een dialoog tussen Socrates en de leerling Glaucone.

- En nu, Glaucone, stel je de menselijke conditie voor die lijkt op een schilderij als dit dat ik je beschrijf. Stel je voor dat sommige mannen in een ondergrondse woning verblijven in de vorm van een grot. De ingang, open voor het licht, is zo breed als de hele monding van de hele grot. Van kinds af aan zitten mannen hier opgesloten met kettingen aan hun voeten en nek, zodat ze niet kunnen bewegen en alleen recht vooruit hoeven te kijken. Achter hen schijnt het licht van een vuur in de verte op een heuvel; tussen het vuur en die gevangenen loopt een weg omhoog, begrensd door een lage muur.

¬¬- Ik kan het me voorstellen, zei Glaucone.

- Stel je ook voor dat langs deze lage muur mensen passeren met gereedschappen en allerlei soorten voorwerpen die de hoogte van de muur overschrijden.

- Wat een vreemde foto en wat een vreemde gevangenen! Glaucone zei.

- Natuurlijk, de gevangenen zien er vreemd uit, maar ze lijken op ons. Denk je dat ze in hun leven iets anders hebben gezien dan de schaduwen van het vuur op de bodem van de grot? En hoe konden ze, gedwongen als ze zijn, hun hoofd voortdurend roerloos houden? En als ze over hun toestand zouden kunnen praten, is het dan niet waar dat het belangrijkste gespreksonderwerp de schaduwen zijn die op de bodem van de grot verschijnen?

- Ongetwijfeld.

- Dus, voegde Socrates eraan toe, ze zouden geloven dat de schaduwen van die objecten de enige bestaande werkelijkheid waren.

- Absoluut.

- Wat zou er met hen kunnen gebeuren als ze uit hun ketenen werden verlost en genezen van hun onwetendheid? Als iemand plotseling in staat zou zijn om op te staan en rond te kijken en naar het licht te kijken, wat zou er dan gebeuren? Waarschijnlijk vanwege de schittering zou hij niet in staat zijn om die objecten te aanschouwen, waarvan hij daarvoor alleen de schaduwen zag. Als hij met deze fout wordt geconfronteerd, denk je dan niet dat hij perplex zou zijn? Kon hij niet concluderen dat de schaduwen die voorheen zichtbaar waren, waarachtiger en handiger waren dan het licht dat hem nu verblindt?

De mythe van de grot vertegenwoordigt een perfecte analogie tussen de toestand van gevangenen en onze toestand. Door de symboliek van de mythe te analyseren, kunnen we enkele parallellen vaststellen:

- De geketende gevangenen vertegenwoordigen onszelf.
- Het interieur van de grot is onze empirische wereld, dat wil zeggen, de dagelijkse wereld van onze ervaring.
- De kettingen die ons gevangen houden, zijn de zintuigen. De zintuigen zijn absoluut onvolmaakte instrumenten die ons dwingen een valse realiteit te zien.
- De schaduwen die op de bodem van de grot verschijnen, zijn dromen, angsten, fantasieën en illusies. Deze zijn gebaseerd op de algemene onwaarheid van de situatie.
- Zich losmaken van de ketenen om de werkelijkheid en het zonlicht te kunnen zien, betekent zich bevrijden van de conditionering van de zintuigen.

Deze conditionering is niet filosofisch maar fysiek. We kunnen alleen horen en zien binnen de nauwe grenzen van mogelijke frequenties, we kunnen proeven binnen de grenzen van zoet en hartig. Daarom kunnen we slechts beperkte informatie over objecten hebben. We kunnen hun hardheid en hun warmte op een absoluut grove manier beoordelen. Tegelijkertijd kunnen we niets begrijpen van de fijnere essentie van de moleculen en atomen waaruit materie bestaat.

De bevrijding van de zintuigen van de ketenen kan niet fysiek zijn, omdat we de zintuigen niet kunnen dwingen anders te functioneren. We moeten tenslotte de zintuigen dankbaar zijn voor hun functioneren, omdat ze ons in staat stellen om te interageren met de macroscopische realiteit waarin we leven.

Daarom moet bevrijding intellectueel zijn. We moeten in onszelf het besef opbouwen dat er een realiteit "daarbuiten" is. De zintuigen laten ons deze realiteit niet zien. Deze realiteit kan echter met reden worden ervaren.

Op het niveau van bewustzijn kunnen we erkennen dat alle waarheden die worden ontkend door de zintuigen, spiritualiteit, de ziel, de psychische dimensie van ideeën en een intelligentie die de kosmos regelt, daar aanwezig zijn en in ons geweten kunnen breken. Dit kan gebeuren ondanks het feit dat we fysiek, in het dagelijks leven, geketend blijven door de gevangenis van de zintuigen.

De gevangenen hebben nooit iets anders gezien dan hun schaduwen, dus denken ze dat schaduwen werkelijkheid zijn. Een gevangene maakt zich echter los en kijkt rond. Hij ziet de objecten en gereedschappen die over de muur gaan en realiseert zich dat ze echter zijn dan de schaduwen. Hij komt uit de grot en wordt verblind door de zon. Hij voelt dat buiten de grot alles meer waar is. Hij vraagt zich af waar het licht vandaan komt, en realiseert zich dat het licht betekenis geeft aan het geheel. Licht staat voor kennis en het idee van goed en schoonheid.

Plato kent echter geen totaal negatieve waarde toe aan schaduwen. Het pad dat uit de grot leidt, begint direct vanuit de schaduw. Schaduwen zijn gerelateerd aan echte objecten. Volgens Plarone zijn er vooral de Ideeën waaruit de objecten van de zintuiglijke wereld voortkomen. Ideeën zijn archetypen, maw modellen. De echte objecten, die als schaduwen voor de gevangenen worden weerspiegeld, worden op deze modellen gevormd.

De hele filosofie van Plato veronderstelt het bestaan van een zuiver psychisch of spiritueel hoger niveau, de Wereld van Ideeën, en vertoont veel overeenkomsten met de theorie van archetypen en het collectieve onbewuste, vele eeuwen later ontwikkeld door Carl Jung.

Van Plato tot vitalisme.

Vitalisme ontwikkelde zich tussen de 18e en 19e eeuw, in het kielzog van neoplatonische ideeën en Renaissance-filosofie. Volgens deze stroming worden Plato's Ideeën uitgebreid naar de hele natuur en worden ze een wezenlijk onderdeel van elk organisme en van alles dat bestaat. Daarom wordt de hele kosmos bezield door een intelligent principe, de ziel van de wereld. (in het Latijn Anima Mundi).

Deze filosofische term duidt de vitaliteit van de natuur in zijn totaliteit aan, aangezien deze lijkt op een enkel groot levend organisme. Daarom is het het verenigende principe van de kosmos. Individuele organismen krijgen vorm van hem: deze, hoewel ze elk gearticuleerd en gedifferentieerd zijn volgens hun individuele specificiteit, zijn niettemin met elkaar verbonden door de gemeenschappelijke universele ziel.

Figuur 4 - Enkele persoonlijkheden die theorieën hebben verkondigd tegen materialisme (foto van het web).
Boven: Hans Driesch en Ernst Schumacher.
Onder: Gottfried W. Von Leibniz en Henri-Louis Bergson.

Gottfried von Leibniz schreef leven en denkvermogen zelfs toe aan inerte materie. Dit stond natuurlijk in schril contrast met het materialistische determinisme, dat nooit de mogelijkheid van een diepe eenheid van de hele natuur accepteerde.

Een groot voorstander van het vitalisme in de 20e eeuw was Henri-Louis Bergson (1859-1941), de Franse filosoof en Nobelprijs voor literatuur in 1927. In zijn geschriften, in strijd met het materialistische determinisme, bevestigt hij opnieuw dat biologisch leven, zoals het bewustzijn, het is geen willekeurige verzameling van chemische verbindingen die zich voortplanten, maar het is een eeuwige en onophoudelijke creatie.

Bergson stelt dat er aan de basis van alles een vitale impuls zit, die het materiaal naar steeds complexere realisaties duwt. Dit momentum breidt zich uit in verschillende richtingen en met verschillende intensiteiten. Op deze manier verklaart hij het bestaan van de plantenwereld gescheiden van de dierenwereld. Volgens Bergson hebben de materialistische stellingen van mechanisme en determinisme geen betekenis meer. De evolutie die Bergson bedacht gaat uit van de aanname dat niets vast of bepaald is, maar dat alles werkelijkheid in beweging is. Evolutie is zowel het subject als het object van zichzelf, omdat het een proces volgt dat een enkele oorsprong heeft. Dit proces vindt plaats in een voortdurende impuls naar het leven, daarom vertegenwoordigt het Bergsoniaanse proces een creatieve evolutie. In deze context is materie slechts het hoogtepunt van de ontwikkeling van een specifiek pad van creatieve impulsen. Daarom is materie volgens Bergson een manifestatie van de geest.

Bergson veroordeelt ook pogingen om het mysterie van het leven te ontrafelen door de individuele delen van een levend wezen te analyseren. In die zin deelt hij de verklaring van Mephistopheles in Faust:

> “Om een levende werkelijkheid te begrijpen en te beschrijven, gaat men allereerst te werk door haar te doden en in stukken te hakken.

Dan houd je alleen nog inerte fragmenten over die - helaas - elke verwijzing naar het leven missen ".

Het mysterie van het leven kan nooit worden begrepen door een levend wezen uit elkaar te halen. In feite zouden materialisten het graag doen, in navolging van een kind dat het speelgoed uit elkaar haalt om te begrijpen hoe het werkt. Met het speelgoed kan het worden gedaan, omdat het mysterie van hoe het werkt in een veer of versnelling ligt, dus het mysterie bevindt zich in het speelgoed. Het mysterie van het leven zit echter niet intern in het schepsel: het komt van buitenaf, het maakt deel uit van de ziel van de wereld.

Van Hans Driesch tot Carl Jung.

Een figuur van bijzonder belang op het gebied van vitalisme is die van Hans Driesch, (1867-1941) Duitse filosoof en bioloog, pionier op het gebied van onderzoek op het gebied van embryologie. Tussen 1891 en 1900 deed hij onderzoek naar de zee-egel in het zoölogisch station van Napels. Aanvankelijk probeerde hij de ontwikkeling van embryo's te verklaren op basis van mechanistische theorieën, maar al snel moest hij de ontoereikendheid van die theorieën erkennen. Hij omhelsde de stelling van een immaterieel levensprincipe, dat inherent is aan organismen maar van buitenaf komt. Dit principe valt samen met het doel van de natuur. Het door Driesch verondersteld principe is de oorzaak van de ontwikkeling en evolutie van levende wezens, zowel als soort als als individuen in de soort, elk met zijn eigen bijzonderheden.

Op basis van de studies van Aristoteles noemde Driesch dit principe "entelechie". Deze term duidt een realiteit aan die in zichzelf het uiteindelijke doel bevat waarnaar het neigt te evolueren. Toegepast op een soort of zelfs op een enkel individu, veronderstelt entelechie het bestaan van een "plaats" waar deze informatie zich bevindt.

Het is een "plaats" buiten de lichamelijkheid van het individu. Individuen kunnen echter informatie uit deze "plaats" halen.

Vooral de theorieën van Driesch waren fascinerend voor Carl Jung. In zijn in 1952 gepubliceerde werk "Synchroniciteit als een principe van toevallige verbindingen", waarmee hij officieel zijn theorie van synchroniciteit aan de wereld aankondigde, erkent de Zwitserse psycholoog sinds 1925 beïnvloed te zijn door het lezen van Driesch 'geschriften. Jung schrijft in een notitie van zijn werk:

> “De psychische finaliteit is gebaseerd op een 'reeds bestaand' gevoel dat pas later problematisch wordt, wanneer het een onbewuste aanpassing wordt. In dit geval is het in feite noodzakelijk om vóór elk geweten een soort "kennis" te veronderstellen. Hans Driesch kwam ook tot deze conclusie. "

Jungs beschouwingen over synchroniciteit waren al begonnen in 1916, maar de eerste expliciete formuleringen van de theorie worden rond 1925 geplaatst en vallen samen met de vergelijkingen met de theorieën van Driesch.

Ernst Schumacher's "bestaansgraden".

In zijn boek "The epochal winter. Current considerations" gaat Hanspeter Padrutt in op een speciale ranglijst die in de vorige eeuw door Ernst Friedrich Schumacher is opgesteld over de verschillende graden van zijn (afb. 5).
Ernst Schumacher was een invloedrijke Duitse filosoof en econoom, geboren in Bonn in 1911 (afb. 4). Hij emigreerde voor de Tweede Wereldoorlog naar Engeland om niet onder de nazi's te leven: desondanks werd hij bij het uitbreken van de oorlog als een "buitenlandse vijand" beschouwd en werd hij geïnterneerd in een afgelegen boerderij in het Verenigd Koninkrijk. In deze periode ontmoette hij de beroemde econoom John Keynes. Keynes waardeerde enkele van zijn werken en verkreeg zijn vrijlating. Op deze

manier kon Schumacher bijdragen aan het economische en financiële herstel van de Britse regering. Daardoor verwierf Schumacher een goede positie aan de Universiteit van Oxford
Ernst Schumacher raakte geïnteresseerd in de problemen van de kolenwinning en werd bekend door zijn kritiek op de westerse economieën en zijn voorstellen om meer humane industriële technologieën toe te passen.
In 1977 publiceerde hij "Een gids voor de perplexen". In dit essay bekritiseert hij het wetenschappelijk materialisme en duikt hij in de verkenning van de aard en organisatie van de kennis van het zijn. In deze kleine "gids om in de wereld te leven", doet Schumacher afstand van de paradigma's van de klassieke wetenschap en nodigt hij de lezer uit om naar zichzelf te verwijzen en bezit te nemen van zijn eigen leven en de betekenis van het bestaan, om subjectief te "leven" en niet "geleefd te worden". "objectief.

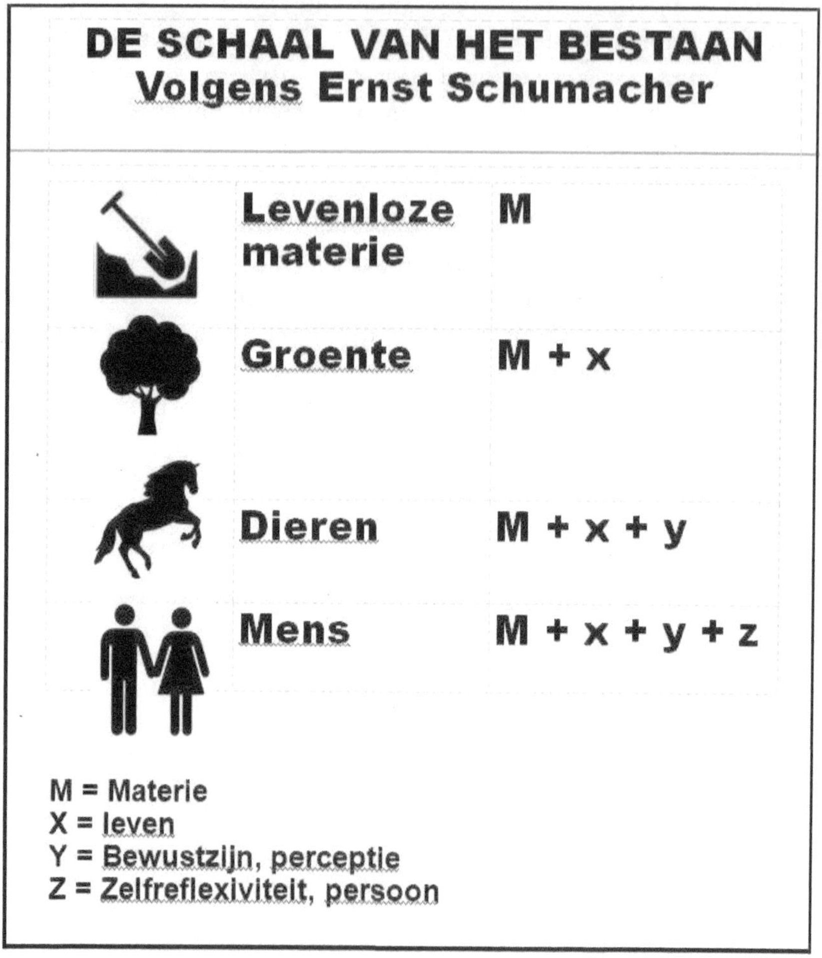

Figuur 5 - Volgens Ernst Schumacher, een invloedrijke Duitse filosoof en econoom, omvat elk realiteitsniveau het bestaan van een hoger niveau

Naast economie en filosofie was tuinieren zijn grote passie, waaraan hij zich met passie wijdde. Hij stierf in 1977 tijdens een reis door Zwitserland.

Een deel van zijn filosofisch onderzoek bracht hij over in een verklarende tabel. Hierin noteren we zijn opleiding tot econoom. Inderdaad, Schumacher drukt zijn idee over de verschillende niveaus van bewustzijn en kennis op een ongebruikelijke manier uit die meer doet denken aan wiskundige formules dan aan filosofische concepten. Deze methode geeft ongetwijfeld grote duidelijkheid aan de concepten.

Psycholoog en filosoof William James (voorzitter van de Society for Psychical Research van 1894 tot 1895) staat bekend om zijn verklaring:

> "Wat we weten is slechts een kleine druppel in de grote oceaan van onwetendheid".

Deze waarneming is twee eeuwen oud, maar is nog steeds waar en actueel, vooral vandaag de dag. In 1835 bevestigde Auguste Comte, een Franse filosoof die als de vader van het positivisme werd beschouwd, met klem dat we op geen enkele manier de chemische samenstelling van de sterren zouden kunnen bestuderen. Tegenwoordig wordt dit normaal gedaan.

Op wetenschappelijk gebied, vandaag meer dan gisteren, is het vrij duidelijk dat we heel weinig weten. Nog maar een paar decennia geleden werd aangenomen dat atomen het kleinste onderdeel van de materie waren en dat dit niet verder deelbaar was; in plaats daarvan worden er nog steeds nieuwe deeltjes ontdekt in versnellers en de kwantumfysica roept ernstige twijfels op over wat deeltjes zijn, en komt tot de hypothese dat ze helemaal niet bestaan, maar alleen uit vibrerende energie bestaan.

De horizon van de menselijke kennis gaat steeds verder: de relativiteitstheorie heeft zojuist onze zekerheden over de vastheid van tijd en ruimte verstoord, en we stellen nu al vast hoe dat universum, waarvan we dachten dat we het zo goed kenden, ons onbekend is.

minstens 90%. Donkere materie kan tot 90% van het universum waard zijn. Wat betreft donkere materie, het lijkt op de feniks van de dichter Metastasio: "dat er is dat iedereen het zegt, waar het is weet niemand". ("Iedereen zegt dat het er is, maar niemand weet waar het is")

Elke dag veroveren we een kleine ruimte van kennis, om dan te beseffen dat die ruimte een open venster is op nieuwe immense en onbekende gebieden. Tegenwoordig heeft de wetenschap honderden, zo niet duizenden vensters die uitkijken op landschappen waarvan alleen het bestaan zeker is, terwijl de inhoud volkomen onbekend blijft..

We weten dat we uit materie zijn gemaakt. We zijn een aggregatie van moleculen, die op hun beurt aggregaten zijn van atomen, die op hun beurt aggregaten zijn van elementaire deeltjes. Maar welke plaats heeft de levensvonk, waar bevindt hij zich? Waar bevindt de organisatie van deze samenvoegingen van materie zich? Ons lichaam is een voertuig, een uiterst efficiënte machine; maar de chauffeur, waar is hij?

Kwam het allemaal door toeval? Heeft de materie, nadat ze zich op wonderbaarlijke wijze in ons lichaam heeft verzameld, ook het vermogen verworven om zichzelf te leiden?

In 1981 wilden twee gerenommeerde astronomen, Fred Hoyle en Chandra Wickramasinghe, berekenen hoe waarschijnlijk het was dat het leven zomaar bij toeval werd geboren. Ze concludeerden dat er een kans zou zijn die gelijk is aan die van een orkaan die, door zijn kracht te lossen op een stortplaats van metalen en ze in de wervelwind van de wind te verplaatsen, een Jumbo Jet zou kunnen vormen die klaar is om te vliegen. Perfect. Maar zelfs als dit op wonderbaarlijke wijze zou gebeuren, waar zou de piloot dan vandaan komen die in staat was om tijdens de vlucht op te stijgen?

Ondanks de beste inspanningen van de materialisten, is het duidelijk dat materie alleen een bepaalde limiet niet kan overschrijden. Achter de perfectie van het universum moet een intelligentie zijn, een hoger bewustzijn dat alles leidt.

De mensheid wacht op de wetenschap, als een nabij en noodzakelijk doel, om zichzelf eindelijk het doel te stellen om het materialisme te verloochenen en de zoektocht naar een niet-materieel niveau, een 'Universeel Bewustzijn' onafhankelijk van tijd en ruimte, een 'Veld van energie en informatie' "met daarin het" Project ", het" Instructieboekje ", alle kennis waaruit het individuele geweten vandaag al, onbewust, put.

Ons individuele bewustzijn maakt deel uit van een groter bewustzijn, waaruit het informatie en wijsheid put.

Mijn lever weet waarschijnlijk niet dat het deel uitmaakt van een groter geheel, namelijk mijn lichaam. Evenzo maak ik deel uit van een groter geheel, zonder het te weten. Maar het grotere geheel waarvan ik deel uitmaak, kent mij en zorgt voor mij.

In die zin stelt Schumacher in zijn tabel verschillende stadia voor waarin een deel van het universum deel uitmaakt van een groter geheel, zelfs zonder het te weten; het grotere geheel omvat op zijn beurt de onderdelen die lager in de schaal staan en voegt iets meer toe (fig. 5).

Het laagste niveau (M) is dat van inerte materie die kan worden gewogen en gemeten. Het maakt deel uit van het hogere niveau, dat van de plantenwereld. Dit niveau omvat M maar voegt x toe, wat staat voor leven.

Daarom, als het mineraalniveau alleen M (materie) is, is het volgende niveau, het plantaardige niveau, M + x, materie + leven. Maar dit niveau is op zijn beurt onderdeel van een hoger niveau, het derde.

Het derde niveau, dat betrekking heeft op het dierenrijk, omvat het lagere (M + x) maar voegt y toe, dat wil zeggen bewustzijn en het waarnemingsvermogen. Het derde niveau wordt dus M + x + y.

Het hele derde niveau maakt dan deel uit van het vierde, dat met betrekking tot de mens, dat z toevoegt, dat wil zeggen het zelfbewustzijn van iemands "Zelf". Daarom is de mens in de "graden van zijn" M + x + y + z.

Schumacher stopt hier zijn ladder. Maar als elke stap van nature deel uitmaakt van een hogere stap, waar zal het menselijke niveau dan deel van uitmaken?

Waarom zou er niet ook een hoger niveau moeten zijn, waaronder M, x, y, z maar ook "iets meer"?

Het meest natuurlijke antwoord is ja. Er is het vijfde niveau, dat van "Universeel Bewustzijn", dat waarde toevoegt.

Omdat we niet weten hoe we deze waarde moeten aanroepen en definiëren, noemen we het "oneindig". Het symbool is ∞.

Het vijfde niveau van de schaal zou $M + x + y + z + \infty$ worden.

De schaal van de aldus voltooide zijnsniveaus maakt de mens onderdeel van een universeel bewustzijn dat het hele universum omvat: materie, leven, bewustzijn, zelfbewustzijn, energie en oneindige informatie.

Op deze manier zou het immateriële deel van onszelf, onze persoonlijke piloot, worden verenigd met de grote universele piloot waarvan hij het octrooi zou krijgen. Ons persoonlijk geweten zou in voortdurende dialoog zijn met het universele Bewustzijn en uiteindelijk zouden we weten waar onze diepe intuïties vandaan komen, onze a priori kennis, onze edelste gevoelens en absoluut vreemd aan die dierlijkheid waarin het materialisme ons zou willen dwingen.

Bovendien heeft de mens door de geschiedenis van de mensheid altijd intuïtief in iets hogers geloofd dat hij met de namen van oneindige godheden heeft genoemd. Er is zeker een Kosmische Intelligentie die ons begrip te boven gaat. We worden er voortdurend door beïnvloed.

Het lijkt erop dat de mens een aangeboren behoefte heeft om in iets groters te geloven. Immers, zelfs de overtuiging dat er niets groters is, is nog steeds een geloof, een daad van geloof.

Dromen die uitvindingen en successen suggereren.

De bevestiging dat boodschappen die nuttig zijn voor de ontwikkeling van individuen of zelfs de mensheid afkomstig zijn van Universeel Bewustzijn, wordt bevestigd door vele beroemde persoonlijkheden uit de kunsten en wetenschap die beweren de inspiratie voor hun creaties in een droom te hebben ontvangen. De geschiedenis zit vol met problemen die bij zonsopgang zijn opgelost. Friedrich Kekulé, een Duitse chemicus wiens naam wordt geassocieerd met de definitie van de structuur van benzeen en aromatische verbindingen, droomde bijvoorbeeld van een slang die in zijn staart bijt en bij het ontwaken besefte hij dat het benzeenmolecuul zeshoekig was.

Mendeleev's periodiek systeem.

In Russische wetenschappelijke kringen wordt beweerd dat Dmitri Ivanovitsj Mendelejev de samenstelling van de Tafel der Elementen kwam bepalen dankzij een droom. De beroemde chemicus (1834-1907) wilde de 65 chemische elementen die in zijn tijd bekend waren op een rationele manier organiseren. Hij had geraden dat het organisatiemodel gekoppeld moest worden aan het atoomgewicht, maar de exacte relatie kon hij niet bepalen. Volgens de Russische chemicus B.M. Kedrov verklaarde in zijn essay "Over de kwestie van wetenschappelijke creativiteit":

> "In een droom zag ik een plat oppervlak, waar alle elementen in de gewenste volgorde waren gerangschikt. Toen ik wakker werd, tekende ik die opstelling meteen op een vel papier".

Zo ontstond het periodiek systeem dat we vandaag de dag nog kennen. Mendelejev merkte op dat de opstelling die in een droom te zien was, zo nauwkeurig was dat het onthulde dat sommige elementen onnauwkeurig waren gemeten.

De Google-zoekmachine.

Larry Page, mede-oprichter van Google, zegt dat het idee van een zoekmachine met de kenmerken van Google bij hem opkwam tijdens een "levendige" droom. Na erover gesproken te hebben met zijn vriend Sergey Brin, begonnen ze samen met Backrub, de voorloper van het huidige Google.

Paul McCartney en "Yesterday".

Paul McCartney vertelt zijn biograaf Barry Miles dat hij op een ochtend in 1965 wakker werd met muziek in zijn hoofd. Hij stond op en speelde de melodie die "Gisteren" zou worden op de piano. Tegenwoordig staat dit uit een droom geboren nummer in het Guinness Book als het meest opgenomen nummer.

De overdracht van signalen in de hersenen.

Aan het begin van de 20e eeuw geloofden wetenschappers ten onrechte dat de overdracht van signalen in de hersenen elektrisch plaatsvond. In plaats daarvan suggereerde een droom van Otto Loewi de exacte theorie. Loewi was docent aan de Universiteit van Graz in Oostenrijk, maar verhuisde tijdens het naziregime naar de Verenigde Staten. Hier doceerde hij aan de Universiteit van New York, de stad waar hij in 1961 stierf. Zijn studie concentreerde zich op de farmacologie van stoffen die inwerken op het autonome zenuwstelsel, zowel op het sympathische als op het parasympathische, en ontdekte dat de bemiddelaars actief in het de werking van de zenuwen en spieren is chemisch en niet elektrisch.

Loewi kwam tot deze ontdekking na een droom. Hij werd wakker en krabbelde wat aantekeningen op een stuk papier. Bij het ontwaken besefte hij dat hij de grondslagen had geschreven van de theorie die de geschiedenis van de geneeskunde zou veranderen: dat wil zeggen dat informatie chemisch wordt overgedragen, via actieve chemische bemiddelaars. Dankzij deze ontdekking won Otto Loewi in 1936 de Nobelprijs voor fysiologie.

Niels Bohr en het atoom.

In een artikel geschreven aan het Massachusetts Institute of Technology (MIT) door Edwina Portocarrero met enkele van haar medewerkers, lezen we het volgende:

«Niels Bohr (1885–1962) ontwikkelde het atoommodel op basis van een droom van hem. In de droom zat Bohr op de zon terwijl alle planeten rondcirkelden, sisten en bewogen alsof ze aan snoeren bewogen ».

Inderdaad, het huidige atomaire model bestaat uit een centrale kern en een reeks elektronen die eromheen draaien. Portocarrero's artikel was gewijd aan dromen en had als titel "Lessen op het kussen: discontinue interface voor het oproepen en reproduceren van dromen".

Mary Shelley en Frankenstein.

In mei 1816 verbleef een groep schrijvers in een hotel in Genève. Onder deze schrijvers waren Lord Byron, zijn minnares Claire Clairmont met haar zus Mary Shelley, en andere mensen die van brieven houden. De dag was regenachtig en ze besloten de verveling te overwinnen door spookverhalen te lezen. Byron stelde toen voor om zelf een spookverhaal te schrijven: iedereen was het erover eens. Mary Shelley had geen idee hoe ze moest beginnen, maar in de loop van de nacht zag ze in een droom het moment waarop de gekke wetenschapper Frankenstein creëerde. De volgende ochtend ging hij aan de slag met het schrijven van het huiveringwekkende vervolg, en het boek was net zo succesvol als we het kennen. Wat zou horrorliteratuur vandaag zijn zonder Frankenstein?

"Misery hoeft niet te sterven"

Dit is een van Stephen King's meest populaire boeken, waarvan ook een film is gemaakt. De auteur zelf zegt dat het idee van de plot, gebaseerd op een fan die haar favoriete schrijver gevangen houdt om het einde van een verhaal te herschrijven, bij hem opkwam tijdens een droom in een vliegtuig.

De naaimachine van Elias Howe.

De uitvinding van de naaimachine wordt toegeschreven aan Elias Howe (1819-1867), die de verdienste had een aantal bestaande projecten aanzienlijk te verbeteren en de verbeterde versie ervan te patenteren. Howe zat lange tijd vast aan zijn project: in feite wist Howe niet waar hij het oog van de naald moest plaatsen.

Door dit probleem werd het werk stopgezet en verviel hij in armoede. Zijn oorspronkelijke idee was om de traditie te volgen en het oog van de naald op het bovenste uiteinde van de naald te plaatsen. Daarbij raakte de draad echter altijd verward. Hij had er nooit aan gedacht om het oog van de naald bij de punt van de naald te plaatsen.

In 1845 had Howe een vreemde droom. Enkele kannibalen hadden hem gevangen genomen en met hun speren neergestoken. Zijn geoefende oog merkte op dat de speren een gat hadden naast de punt. Gezegd en gedaan, hij paste dit idee toe op zijn uitvinding en de naaimachine was geboren.

Wolfgang Pauli's dromen.

Nobelprijswinnaar natuurkundige Wolfgang Pauli verklaarde herhaaldelijk dat hij de inspiratie in een droom ontving, nuttig voor het formuleren van zijn wetenschappelijke theorieën.

Een van de dromen die Pauli zich zijn hele leven herinnerde, was wat hij de "Wereldklok" noemde. In de droom zag Pauli twee concentrische wielen die niet-concentrisch draaien. Helaas waren de wielen verbonden door een onmogelijke centrale as. Op het moment van de droom werd Pauli geanalyseerd in de studio van Jung en hij begreep dat het beeld een boodschap bevatte die moest worden omgezet in zijn wetenschappelijk onderzoek. Voor Pauli vertegenwoordigden de twee wielen de psyche en materie, die moesten worden verenigd in een wetenschappelijke theorie. Ondanks het feit dat hij dit doel als een levenslange missie nastreefde, slaagde Pauli er helaas niet in een manier te vinden om wetenschappelijk materialisme te verzoenen met spiritualiteit. De moderne wetenschap verwerpt inderdaad elke verwijzing naar de psyche of de geest als melaatsheid..

Van Plato tot Berkeley.

In de mythe van de grot suggereert Plato dat alle dingen, zoals we ze zien, niets meer zijn dan een gigantische illusie, maar hij gaat niet zo ver om expliciet te stellen dat dingen niet bestaan. Dit concept wordt echter meerdere keren verkondigd in het menselijk denken en wordt de ruggengraat van de filosofie van George Berkeley (fig. 6). Berkeley was een Ierse Anglicaanse theoloog en bisschop. Met John Locke en David Hume was Berkeley een van de drie grote Britse empiristen. Volgens Berkeley zijn de enige objecten van menselijke kennis ideeën.

Wat we als een ding definiëren, is niets anders dan een reeks ideeën. Een appel is bijvoorbeeld niets meer dan de set van een bepaalde kleur, een bepaalde smaak, een bepaalde geur, een bepaalde vorm, een bepaalde consistentie.

Alle objecten waarvan we denken dat ze bestaan (omdat de zintuigen ons laten geloven dat ze bestaan) bestaan in feite helemaal niet: ze hebben geen consistentie, ze hebben geen lichaam, het zijn slechts ideeën die, overgebracht door de zintuigen in de hersenen, we configureren door ze een verkeerde indruk van materialiteit te geven.

We kennen helemaal geen objecten: we kennen alleen de ideeën van objecten die de zintuigen naar onze hersenen sturen. We leven als in een droom, zoals de gevangenen van de Platonische grot die de schaduwen observeren en geloven dat ze echt zijn. We hebben spatio-temporele percepties met betrekking tot veronderstelde objecten die echter niet bestaan.

De Berkeley-boom.

Het is handig om een oude vraag te herhalen: als een boom in een bos valt en er is niemand in de buurt, maakt hij dan geluid? Deze vraag werd gesteld door George Berkeley.

Figuur 6 - George Berkeley was een Ierse Anglicaanse filosoof, theoloog en bisschop. Het bevestigt dat de enige objecten van menselijke kennis ideeën zijn; dingen op zichzelf bestaan niet, het zijn slechts een reeks ideeën.

Berkeley werd geboren in Kilkenny, Ierland op 12 maart 1685 en stierf in Oxford op 14 januari 1753. Hij studeerde af in 1707, voltooide zijn undergraduate studies in wiskunde, logica, klassieke literatuur, theologie en filosofie aan het Trinity College Dublin. Hij verdiepte onmiddellijk zijn kennis van de grote denkers van zijn tijd door de werken van Locke, Gassendi, Descartes, Newton, Descartes, Hobbes en anderen te lezen, en gaf zo vorm en richting aan de evolutie van zijn denken, om zo te kunnen verkondigen het hoofdprincipe van zijn filosofie: immaterialisme.

In 1709 publiceerde hij het essay van een nieuwe theorie van visie en het jaar daarop de verhandeling over de principes van menselijke kennis. In 1713 schreef hij ook de dialogen tussen Hylas en Philonous.

In 1728 trouwde hij met Anne Forster, de oudste dochter van John Forster, president van het Ierse Lagerhuis. Nadat hij had geprofiteerd van een opvallende erfenis, bracht zijn geest van vurige religieuzen hem ertoe, met zijn vrouw, naar de nieuwe landen van Amerika te willen vertrekken, waar hij van plan was een zendingsactiviteit te ontplooien door een college op de Bermuda-eilanden op te richten.

In afwachting van het ontvangen van de beloofde fondsen, verhuisde Berkeley naar Amerika en vestigde zich in Rhode Island, waar Henry, zijn eerste zoon, werd geboren. Helaas werd de filosoof vervolgens gedwongen het initiatief te verlaten omdat de koningin zich niet aan de financieringsbelofte hield die in de eerste plaats was gedaan. Terug in Ierland werd hij benoemd tot bisschop van Cloyne (voor de Irish Church).

Berkley's filosofische denken is allemaal gecentreerd op idealisme dat hij sterk contrasteert met de "Verlichting" die opduikt tussen het einde van de 17e en het begin van de 18e eeuw. Berkeley verwerpt materialisme dat ontaardt in scepticisme en atheïsme. Over de verdiensten componeerde hij "Alcifrone", een polemische dialoog tegen de vrije denkers van die tijd.

Berkeley voerde aan dat objecten alleen bestaan zoals ze worden waargenomen. Daarom, als een boom valt in een bos waar niemand getuige is van de val, maakt hij geen geluid.

Vanuit het oogpunt van ons gezond verstand zouden we kunnen tegenwerpen dat de vallende boom natuurlijk zeker een geluid produceert, omdat het breken van de houtvezels en de botsing met de takken van andere bomen de luchtbewegingen veroorzaken die typisch zijn voor geluidsgolven.

Blijkbaar is dezelfde wetenschap echter tussenbeide gekomen en heeft zij Berkeley een gunstig advies gegeven. In feite ging een van de oudste en meest prestigieuze wetenschappelijke popularisatietijdschriften, "Scientific American", opgericht door Rufus Porter in 1845, het veld op in 1884 en toonde rationeel aan dat een vallende boom inderdaad geen geluid maakt, als er geen is. niemand die het geluid kan horen.

In de praktijk klopt het volgens het tijdschrift dat de val trillingen in de lucht veroorzaakt, maar deze zijn alleen te detecteren met een gehoorsysteem dat ze via de inwendige delen van het oor kan vertalen in geluiden. Daarom, bij afwezigheid van een auditief systeem dat in staat is om ruis te detecteren, is dit er niet. Vlekkeloze uitleg.

Op deze manier lossen we een vraag op die soms ten onrechte aan de zenfilosofie wordt toegeschreven: als de boom valt terwijl niemand hem hoort, maakt hij geen geluid.

Terugkerend naar Berkeley, om zijn stelling kracht bij te zetten, bedacht hij het gezegde "Esse est percipi" (Zijn betekent om gezien te worden). Het hele wezen van een object bestaat erin dat het wordt waargenomen, en niets anders. Het is de samenvatting van zijn immaterialistische theorie, volgens welke dingen niets meer zijn dan een reeks ideeën, en pas beginnen te bestaan wanneer ze worden waargenomen.

Dit is geen bijzonder verrassende openbaring voor een kwantumfysicus. Zoals we zullen zien, veranderen deze op het niveau van elementaire deeltjes hun gedrag als er iemand is die ze observeert, of niet: bovendien kunnen ze, afhankelijk van hoe ze worden waargenomen, de vorm veranderen waarin ze verschijnen.

Na eeuwen van ironisch gegiechel beginnen de theorieën van Berkeley een consistentie te krijgen die stevig verbonden is met de werkelijkheid.

Van dezelfde soort als de vallende boom is een meer technologisch dilemma: als we een gloeilamp aanzetten in een lege ruimte, waar niemand hem kan waarnemen, straalt hij dan licht uit? Normaal gesproken zou u ja antwoorden; behalve dat licht niets meer is dan een waarneming van het zenuwstelsel, dus als er geen systeem in de kamer is dat licht kan waarnemen, dat wil zeggen een oog, is er geen licht. Licht begint te bestaan wanneer iemand het kan zien: het heeft geen eigen bestaan, het is slechts de uitwerking van een visueel systeem. In feite, door de schakelaar te sluiten, stroomt een vorm van energie en verandert deze in een andere vorm van energie, die we echter niet kennen. Het krijgt alleen de schijn van licht als iemand het observeert.

Op dezelfde manier zouden we zeggen: hoe smaakt dat verleidelijke gerecht dat je voorgeschoteld werd? Niemand. Voedsel begint te smaken wanneer u het aan uw smaakpapillen onderwerpt. Op zichzelf is smaak een kwaliteit die totaal geen verband houdt met het voedsel dat u eet.

Op dit punt lijkt het redelijk om ons af te vragen of wij het zijn die ons aan de werkelijkheid aanpassen, of dat het niet de werkelijkheid is die zich aan ons aanpast.

Het universum bestaat omdat we ernaar kijken.

Laten we teruggaan naar het thema licht. Als het waar is dat de gloeilamp in een gesloten kamer geen licht uitzendt omdat niemand het kan zien, kunnen we op dezelfde manier zeggen dat als we er niet waren om naar het universum te kijken, het universum donker zou zijn. De sterren zouden niet schijnen, de zon zelf zou geen licht uitstralen als er niemand was om naar te kijken.

Om het universum te laten zijn wat het lijkt, moet er iemand zijn om ernaar te kijken. Zonder ogen die de fotonen die door de sterren worden uitgezonden in licht kunnen omzetten, zou het universum donker zijn.

In het tweede vers van de Bijbel (Genesis 1, 2) begint de auteur het scheppingsverslag met deze woorden:

> "En God zei:" Er zij licht ", en er was licht. En God zag dat het licht goed was, en Hij scheidde het licht van de duisternis. ..."

God zag dat het licht goed was. Nadat hij het had gemaakt, gaf hij toe dat het een goede zaak was. Licht wordt goed als God het ziet. Niet alleen dat, wanneer God de mens schept, hij hem schept "naar het beeld en de gelijkenis van God". Op deze manier kan ook de mens het licht zien, zodat de schepping een "goed ding" blijft zoals het een "ding waarnaar wordt gekeken" is.

Het belangrijkste bezwaar hiertegen zou moeten komen van de evolutietheorie, volgens welke alle levende wezens voortkomen uit een enkel voorouderlijk organisme waaruit alle huidige biologische diversiteit zich zou ontwikkelen, en voor elk levend wezen zouden de meest geschikte organen zich ontwikkelen. Alle organen (handen, benen, staart, veren, oren, huid, enzovoort) zouden het resultaat zijn van de geleidelijke verbetering van reeds bestaande organen, of in ieder geval ontwikkeld door de voorouderlijke voorouder.

Daarom kan een vin in een poot veranderen om de passage van vis naar landdieren te begeleiden: dat wil zeggen, een orgaan dat in een bepaalde toestand is ontwikkeld als nuttig om te overleven in die toestand, kan evolueren naar een ander orgaan om in een andere toestand te worden gebruikt. . Deze theorie is voor bijna alle organen geloofwaardig, maar niet voor het oog.

De evolutionaire tegenstrijdigheden van het oog.

Als er een probleem is dat darwinisten kwelt, is het precies dat van de evolutie van het oog. Darwin zelf stelt in zijn werk "The Origin of Species" in feite:

> "Om te veronderstellen dat het oog, met al zijn onnavolgbare mechanismen [...], gevormd zou kunnen

> zijn door middel van natuurlijke selectie, lijkt het, ik geef vrijelijk toe, in de hoogste mate absurd."

De eerste ogenschijnlijk effectieve poging om de geleidelijke ontwikkeling van het oog te verklaren dateert van 1994: dit is het beroemde werk van Nilsson en Pelger "Een pessimistische schatting van de tijd die een oog nodig heeft om te evolueren". Volgens deze geleerden evolueerde het oog uit een eerste laag lichtgevoelige cellen, waardoor het oerorganisme zich naar de lichtbron kon richten. Dit bevestigt in ieder geval dat de behoefte om te zien al inherent was aan het eerste organisme.

Vervolgens zouden de evolutionaire processen ervoor hebben gezorgd dat deze fotogevoelige cellen in een soort halfbolvormige put zouden zijn gestopt; toen de cockpit diep genoeg werd, verscheen er een vernauwend diafragma aan de randen. Uiteindelijk zou zich een dichter gebied hebben gevormd dat in staat is om als een lens te werken in de uitsparing die al is gevuld met transparante substantie.

Helaas is de evolutionaire keten die in deze passages wordt beschreven geenszins een geleidelijke en continue evolutie, en komt niet overeen met wat minimaal opeenvolgende modificaties van hetzelfde kenmerk zouden moeten zijn, aangezien het de toevoeging van andere volledig onafhankelijke organische structuren omvat: een 'proto -leerling "en een" proto-kristallijn ".

In feite vertegenwoordigt het oog niet de evolutie van een enkel primordiaal organisme, maar vereist het de toevoeging van verschillende en geavanceerde onderdelen, zoals lens, regulerende spieren, sensorische cellen en innervaties. Een lens zonder netvlies, evenals een netvlies zonder lens, is niet functioneel. Toch maken retina en lens geen deel uit van hetzelfde evolutieproces, omdat ze verschillende weefselkwaliteiten hebben die een verschillende oorsprong impliceren, zowel in de embryogenetische ontwikkeling als in de evolutie.

Dit bevestigt ongetwijfeld dat het oog het product is van een evolutionaire convergentie van verschillende delen in een enkele geïntegreerde functie: daarom, als we het over willekeur willen hebben, zou het een kans zijn die tot de nde graad is verhoogd.

Concluderend is het ondenkbaar dat een zo gespecialiseerd apparaat als het oog zou kunnen ontstaan uit willekeurige ontwikkelingen, aanvankelijk allemaal zonder specifieke evolutionaire voordelen, die vervolgens op wonderbaarlijke wijze in de visuele functie werden geïntegreerd.

We kunnen ons de ontwikkeling van een oeroog, verstoken van retina en kristallijn, alleen voorstellen als we het begrijpen als een verplichte overgang naar een toekomstige functie: dat wil zeggen, als onderdeel van een project dat al voorspelde wat het gebruik ervan in latere tijdperken zou zijn. Zeker geen blinde evolutie, maar een project geleid en bijgestaan door een universele intelligentie.

Als de dingen niet zijn wat ze lijken.

Een mens maakt deel uit van een geheel dat we "universum" noemen, een deel dat beperkt is in tijd en ruimte. Hij ervaart zichzelf, gedachten en gevoelens als iets dat los staat van de rest, in wat een soort optische illusie van bewustzijn is.
Deze illusie is een soort gevangenis die ons beperkt tot onze persoonlijke verlangens en genegenheid voor de weinige mensen die het dichtst bij ons staan. Het is onze taak om onszelf uit deze gevangenis te bevrijden, door ons mededogen te vergroten in concentrische centra om alle levende wezens en de hele natuur in haar schoonheid te omarmen.
(Albert Einstein, natuurkundige, Nobelprijswinnaar)

Het vreemde geval van de twee presidenten.

De laatste tijd is het in de roddelpers erg in de mode om op zoek te gaan naar de vreemde toevalligheden die beroemdheden verenigen. Met name de zoektocht naar feiten, gebeurtenissen en omstandigheden die Kate Middleton en Charlene van Monaco als hoofdrolspelers zien, wordt waanzinnig.

De toevalligheden zijn talrijk, maar ze lijken niet bijzonder significant. Er is bijvoorbeeld veel bewijs dat zowel Kate als Charlene geen blauw bloed hebben. Ze werden allebei geboren in januari, Kate op 9 en Charlene op 25. Wat de data betreft, zijn Kate en Charlene allebei in 2011 getrouwd.

Vanuit een meer persoonlijk oogpunt zijn de twee edelvrouwen allebei sportief en houden ze ervan om elk type wedstrijd bij te wonen, waarbij ze zich bezighouden met verschillende disciplines. Bovendien hebben ze allebei te maken met twee nogal "omvangrijke" schoonmoeders, Lady Diana voor Kate en Grace Kelly voor Charlene.

Zeker, het verhaal van de toevalligheden die twee van de beroemdste presidenten van de Verenigde Staten met elkaar verbinden, is intrigerend. We hebben het over John Fitgerald Kennedy (afb. 7) en Abraham Lincoln (afb. 8). De meest relevante toevalligheden houden verband met de modaliteit van hun overlijden. In feite werden beide presidenten in zeer vergelijkbare omstandigheden vermoord, Lincoln op 14 april 1865 en Kennedy op 22 november 1963. Hier zijn enkele van de meer beruchte toevalligheden met betrekking tot hun moord:

> - Beiden zijn vrijdag vermoord met een schot in het hoofd.
>
> - Beiden hadden hun vrouw naast zich, die niet werd geraakt.
>
> Kennedy kwam om terwijl hij in een Ford Lincoln Continental limousine zat; Lincoln tijdens het bijwonen van de show "Our American Cousins", in het Ford Theater in Washington.

- Op het moment van de aanval werden zowel Lincoln als Kennedy vergezeld door een stel: in beide gevallen raakte de man, die naast de president stond, gewond.

- Beide moordenaars (John Wilkes Booth voor Lincoln en Lee Harvey Oswald voor Kennedy) hadden drie namen voor in totaal vijftien letters.

- Beide moordenaars stierven onder onduidelijke omstandigheden voordat ze werden berecht. Hun dood viel min of meer op "hetzelfde tijdstip" als hun slachtoffers. Beiden stierven aan schotwonden

Er zijn ook toevalligheden met betrekking tot het privéleven of de politieke carrière.

- Beiden hadden een achternaam van zeven letters en waren met dezelfde naam gedoopt als hun respectievelijke grootouders. Bovendien waren beiden de tweede geborene uit hun eigen gezin.
- Ze hadden allebei in de oorlog gevochten; Lincoln in de Black Hawk-oorlog en Kennedy in de Tweede Wereldoorlog.
- Ze hebben allebei een kind verloren tijdens hun presidentiële termijn. Lincoln verloor William Wallace en Kennedy verloor Patrick Buovier.
- Op het moment van overlijden hadden ze allebei vier kinderen.
- Beiden werden voor het eerst in het Congres gekozen in de 46e van hun eeuw; eveneens in 1956 waren zij kandidaten voor het vice-voorzitterschap, maar werden niet gekozen omdat hun partij de verkiezingen verloor.
- Ze waren allebei bezig met het verdedigen van de rechten van de zwarte bevolking, Lincoln met betrekking tot de afschaffing van de slavernij en Kennedy met het bevorderen van burgerrechten.
- Beiden werden opgevolgd door een vice-president genaamd Johnson: Andrew Johnson voor Lincoln en Lyndon Johnson voor Kennedy.

Figuur 7 - Een ongelooflijke reeks toevalligheden verbindt twee van de beroemdste presidenten van de Verenigde Staten, Abraham Lincoln en John Fitgerald Kennedy, beide slachtoffers van aanslagen.

Figuur 8 - Abraham Lincoln, slachtoffer van een aanslag op 14 april 1865. Veel omstandigheden van zijn leven en dood vallen ongelooflijk samen met soortgelijke situaties waarbij president John Kennedy betrokken was.

Als dat nog niet genoeg is, kunnen degenen die willen honderden andere toevalligheden vinden die het leven van de twee presidenten met elkaar verbinden, door de website te raadplegen (in het Engels): https://www.near-death.com.

De verklaringen van de sceptici.

Terwijl de helft van de wereld ernaar streeft gevallen als deze te bestuderen om andere toevalligheden aan de lijst toe te voegen, doet de andere helft zijn uiterste best om aan te tonen dat sommige van de gepresenteerde toevalligheden vals zouden zijn en zou proberen om een of andere onnauwkeurigheid te gebruiken om alles te ontkennen.

Dan zijn er enkele algemene bezwaren die voor elke gelegenheid goed zijn, zoals dat het niet zo moeilijk is om toevalligheden te vinden tussen twee willekeurig gekozen feiten, als je alle details gaat onderzoeken.

Volgens de wet van de grote getallen, als je het leven en werk van twee beroemde mensen in detail evalueert, is het niet moeilijk om een lijst met toevalligheden op te bouwen. Als we bijvoorbeeld verwijzen naar Masaniello en generaal Lamarmora, is het waarschijnlijk dat ze allebei van Napolitaanse pizza hielden en dat ze allebei 44 aan de voet droegen, maar ik weet niet welke andere echt significante toevalligheden zouden kunnen worden gevonden.

De misleiding van de zintuigen.

Maar waarom biedt de wetenschap zoveel weerstand tegen het paranormale? In feite heeft de westerse wetenschap verschillende eeuwen van haar leven doorgebracht om het niet te geloven, en nu er barsten beginnen te verschijnen in deze granieten zekerheid, laat ze zich meeslepen door gewoonte. In feite is het moeilijk om gemakken, gevestigde posities en carrières op te geven die gebaseerd zijn op de bevestiging van het materialisme.

Bovendien zijn wijzelf, die het water zijn waarop het schip van de wetenschap vaart, zo verslaafd aan deze posities dat we ze als vanzelfsprekend beschouwen, ondanks het feit dat we elke dag te maken hebben met het paranormale of met buitenzintuiglijke waarnemingen. We zijn nu gewend om alleen te geloven in wat kan worden aangeraakt, gewogen en gemeten, dus zelfs het bewijs is niet in staat om de dogma's van het materialisme uit onze mentaliteit te bannen.

In de angst om alleen belang te hechten aan het tastbare (misschien omdat alleen materie te gelde kan worden gemaakt), vergeten we dat in de meeste gevallen de belangrijkste dingen niet in de hand kunnen worden gehouden om ze in geld om te zetten.

De belangrijkste bron van ons welzijn zijn gedachten, positieve stemmingen, gevoelens en alle activiteiten die verband houden met de geest of psyche en die in staat zijn om een diepgaande betekenis en motivatie aan ons bestaan te geven of, integendeel, erin slagen om het nutteloos te laten lijken. geen toekomst.

De feiten die om ons heen gebeuren, worden gevormd door onze manier van interpreteren, door ons optimisme of ons pessimisme, door onze gradiënt van vertrouwen en hoop of door die van wanhoop. Er is geen objectieve werkelijkheid om ons heen, de dingen zijn in ieder geval niet zo, maar ze veranderen volgens onze interpretatie, dat wil zeggen, door het filter van ons geweten en onze rede.

In die zin is wat we met de vijf zintuigen waarnemen, dat is de zintuiglijke werkelijkheid, altijd het resultaat van een buitenzintuiglijke verwerking.

Zeggen dat buitenzintuiglijke vermogens niet bestaan, is hetzelfde als onszelf beschouwen als windwijzers die zijn blootgesteld aan elke voorbijgaande wind, zonder enige mogelijkheid van weerstand.

In plaats daarvan, dankzij de buitenzintuiglijke vermogens die niet kunnen worden gemeten en gewogen maar die er zeker zijn, zoals moed, een optimistische visie op de toekomst, het besef dat het leven uit ups en downs bestaat en dat elk dieptepunt altijd natuurlijk wordt gevolgd door een hoogtepunt , het vertrouwen in onszelf en misschien ook in onze naaste, barmhartigheid en vriendelijkheid, dus het vermogen om te helpen en geholpen te worden, dit alles maakt de schachten van onze windwijzers zo solide als rotsen. Elke wind kan zo hard waaien als hij wil, zonder ooit in staat te zijn deze overtuigingen uit te roeien.

Wat we met onze vijf zintuigen waarnemen, in tijden van storm en in die van rust, is altijd een gemedieerde en aanvaardbare waarheid.

Dit geldt niet alleen op psychologisch vlak, maar ook op praktisch vlak. Onze zintuigen die ons zo perfect lijken, zijn ontworpen voor maximale besparingen. Ze dienen alleen om ons de hulp te bieden die nodig is om te bewegen en te opereren in de omgeving zonder schade op te lopen.

Ons gehoor is bijvoorbeeld in staat om zeer lage geluiden (ongeveer 30 Hertz frequentie) tot zeer hoge tonen op te pikken, ongeveer 10-15.000 Hertz frequentie. Er is echter een oneindige verscheidenheid aan geluiden, buiten dit bereik. Helaas weten onze oren niet hoe ze deze geluiden moeten waarnemen. Bijvoorbeeld echografie, vaak gehoord door veel van onze huisdieren. Waarom horen we alleen frequenties van 30 tot 15.000 Hertz, en geen hogere of lagere? Simpel, omdat ze niet nuttig zouden zijn voor ons voortbestaan.

De lagere hoorbare frequenties kunnen het gebrul van een naderende lawine signaleren en de hogere kunnen het sissen van een slang signaleren. Meer hebben we niet nodig om te overleven.

Gedwongen door de grenzen van het gehoor, plaatsen we alle goddelijkheid van een kunst als muziek binnen dit frequentiebereik, en we kunnen ons niet eens voorstellen welke symfonieën zouden kunnen worden gecomponeerd (maar vooral gehoord) als het bereik groter zou zijn. Voor ons is alle muziek beperkt tot de ellendige bekrompenheid van wat onze oren waarnemen, van 30 tot 15.000 hertz. We denken niet eens aan het bestaan van ongelooflijk meer uitgebreide en boeiende harmonieën. Voor ons kan er geen andere muziek zijn dan wat onze oren kunnen horen

We geloven niet dat er een concert is van het groeiende bos, een menuet van de bloeiende bloem, of de sombere symfonie van een rots die jarenlang kreunt als hij op het punt staat zich los te maken van de berghelling.

Om deze tekortkomingen te compenseren, voegen we nep-soundtracks toe aan de natuurfilms, passend bij ons hoorbereik. Uiteraard zijn dit niet de echte geluiden.

En als ze met ons praten over sjamanen die in staat zijn om naar deze werelden te reizen en naar deze geluiden te luisteren, deze verborgen stemmen van de natuur, geloven we het niet en denken we dat degenen die het ons vertellen gek zijn.

Onze zintuigen zijn niet gemaakt om dichter bij het universum te komen, maar, veel prozaïscher, om te voorkomen dat we met onze tenen stoten als we lopen of warm voedsel in onze mond stoppen als we eten of in gevecht raken met een klein wezen dat te kleurrijk of te netelig om niet giftig te zijn.

Onze zintuigen zijn nog steeds die van de Neanderthaler, terwijl we nu ver voorbij het Sapiens sapiens-stadium zijn geëvolueerd. We zijn nu Homo ciberneticus, maar alleen cultureel. We moeten nieuwe zintuigen ontwikkelen, geschikt voor ons nieuwe evolutionaire stadium..

Objectiviteit en subjectiviteit.

Waar we in geloven bepaalt de kwaliteit van ons leven.

We kunnen kiezen tussen objectiviteit en subjectiviteit.

Objectiviteit houdt noodzakelijkerwijs ons onvermogen in om in te grijpen op de dingen die ons omringen. Dingen zijn zo, punt uit, leuk vinden of niet. Vanuit het objectieve oogpunt wordt alles gevormd en gebeurt het extern aan onszelf en betrekt het ons zonder de mogelijkheid om te ontsnappen. We zijn mechanisch speelgoed dat de geprogrammeerde taak blijft herhalen door te marcheren en op de tamboerijn te slaan, zowel in de zon als in de regen, terwijl de zon onvermijdelijk onze kleuren vervaagt en de regen onze tandwielen roest.

Integendeel, subjectiviteit stelt ons in staat om dingen te begrijpen en te accepteren door ze te bemiddelen, het is een web dat we weven en waardoor we de werkelijkheid filteren. Subjectiviteit biedt krachtige en effectieve instrumenten om tegen te gaan of te ondersteunen wat het leven ons biedt.

Het leven onder ogen zien vanuit een subjectief gezichtspunt betekent jezelf bevrijden van de opgelegde lasten van een massaal lot en een persoonlijk, bemiddeld lot opbouwen, gekleurd met verschillende kansen voor elk.

Een subjectief geleefd leven is in het laboratorium niet meer meetbaar en weegbaar, omdat de standaardmaten niet meer gelden; elk stelt zijn eigen waarden in die daarom aan de verificatie van externe waarnemers ontsnappen. In het laboratorium zijn ze niet meer te verifiëren, maar voor iedereen in zijn hart, in zijn bloed, in zijn buik, op zijn huid en vooral in zijn ziel.

Liefde, trouw, vrijgevigheid, vriendschap, vertrouwen in jezelf en in anderen zijn allemaal niet-objectieve werkelijkheden waarop we ons leven modelleren.

Daarom is er een realiteit die veel verder gaat dan de vijf zintuigen, en ons in staat stelt om uit de dimensies van machines te komen om menselijke wezens te worden, zoals we zijn.

De overwinning van de subjectiviteit vertegenwoordigt de nederlaag van het materialisme en de verkleining van de vijf zintuigen die niet langer indicatoren zijn voor absolute waarheid, maar eenvoudige nuttige hulpmiddelen om ons bestaan in het gevoelige universum te plaatsen. In dit universum, dat van de Newtoniaanse fysica, gebaseerd op de drie klassieke dimensies plus tijd, helpen de vijf zintuigen ons op een werkelijk voorbeeldige manier. Wanneer we echter het bestaan beschouwen van psychische universa, vrij van materie, waar verschillende percepties met betrekking tot denken en ziel de overhand hebben, dan realiseren we ons dat de vijf zintuigen ons niet langer helpen, integendeel, ze bedriegen ons vaak.

In de afgelopen eeuwen heeft het materialisme de vijf zintuigen de taak toevertrouwd om alle mogelijke menselijke ervaringen absoluut weer te geven. In werkelijkheid is de materialistische wetenschap zelf in moeilijkheden gekomen in het licht van wat we nu verschijnselen noemen die verband houden met materie, zoals magnetisme en elektriciteit.

Figuur 9 - De hierboven weergegeven figuur van Rubin kan twee verschillende betekenissen hebben, afhankelijk van de subjectieve interpretatie van de waarnemer.

Een van de meest bedrieglijke zintuigen, wanneer we het willen gebruiken voor andere doeleinden dan waarvoor het is ontwikkeld, namelijk overleven, is zien. Het zicht verwerkt objecten en levende wezens als vormen, die worden onthouden zodat we ze bij volgende ontmoetingen kunnen herkennen. Dit is geen nauwkeurige memorisatie, omdat we na tientallen jaren het gezicht van een persoon kunnen herkennen, zelfs als zijn karakters veel zijn veranderd. Omgekeerd herinneren we ons met grote moeite welk panorama op de achtergrond was of welke auto's en welke mensen op de weg achter haar passeerden. Toch hebben we alles "gezien".

Psychologie van de vorm.

Tussen de 19e en 20e eeuw heeft de experimentele psychologie veel energie gestoken in het onderzoeken van de mechanismen waarmee we ons verhouden tot de externe realiteit.

De basis van het onderzoek is normaal gesproken uitgegaan van de overweging dat alles wat we met de zintuigen waarnemen niet hetzelfde belang krijgt in de uitwerking die we doen. Als we naar een gesprek luisteren, "filteren" we het normaal gesproken uit alle achtergrondgeluiden. Als we een scène observeren, concentreren we ons op het essentiële feit terwijl we de contouren verwaarlozen.

Met andere woorden, we zijn in staat om een hiërarchie toe te kennen aan de waargenomen gebeurtenissen, dat wil zeggen, om vast te stellen wat ons interesseert en wat niet, om het begrip van slechts één deel van het waargenomen beeld te versterken en de rest te negeren.

Onze waarneming van wat er om ons heen gebeurt, is nooit de exacte weergave van de werkelijkheid. Dit betekent dat onze kennis van de wereld nooit integraal wordt, omdat we niet alles wat er gebeurt getrouw in de geest vastleggen, maar alleen wat ons interesseert.

Alle waargenomen stimuli worden onmiddellijk onderverdeeld in "interessant" of niet, zodat de meeste ervan worden weggegooid en voor altijd verloren gaan.

Het beeld van Rubin, voorgesteld in figuur 9, kan op twee manieren worden geïnterpreteerd. Het is mogelijk om in het midden de vorm van een kopje te zien, of, aan de zijkanten, twee menselijke profielen. Door een snelle observatie registreren onze zintuigen een van de twee betekenissen, maar zal het degene zijn die overeenkomt met de werkelijkheid? Hoeveel andere "dubbelzinnige" frames nemen we waar met het uitzicht vanuit de realiteit die ons omringt?

De vraag is: wie beslist wat ons interesseert, en wie beslist wat we weggooien en wat, omgekeerd, behouden?

Met betrekking tot deze aspecten van de menselijke waarneming begonnen sommige onderzoekers, zoals de Tsjechische psycholoog Max Wertheimer en de Duitsers Wolfgang Köhler en Kurt Koffka, aan een reeks studies waaraan ze de naam Psychology of Form (Gestaltpsychologie of Gestaltpsychologie) gaven.

Deze studies waren gericht op het begrijpen van de principes volgens welke sommige waargenomen elementen samenkomen om een "vorm" samen te stellen die op de achtergrond naar voren komt, waarbij andere elementen worden genegeerd die, hoewel aanwezig in de waarneming, als irrelevant worden beschouwd, alsof ze zelf geen deel uitmaken van van de waargenomen.

Koffka betoogde dat er dingen en 'niet-dingen' zijn: dingen worden in een scenario van 'niet-dingen' geplaatst. Het beeld van de Mona Lisa verschijnt tegen de achtergrond van een landschap dat meestal alleen voor kunstcritici interessant is. In plaats daarvan herinneren miljoenen mensen die het schilderij hebben gezien, zich na een bepaalde periode vaag de aanwezigheid van een brug (of is het een toren?). Meestal herinnert niemand zich precies hoeveel cipressen er op de achtergrond zichtbaar zijn.

In werkelijkheid leidt de gewoonte om via de vijf zintuigen met de buitenwereld om te gaan ons ertoe de hele werkelijkheid in dingen om te zetten: het is niet voor niets dat wanneer we geconfronteerd worden met een object of een feit dat we niet begrijpen, we gebruiken om in de dezelfde manier: wat is dit?

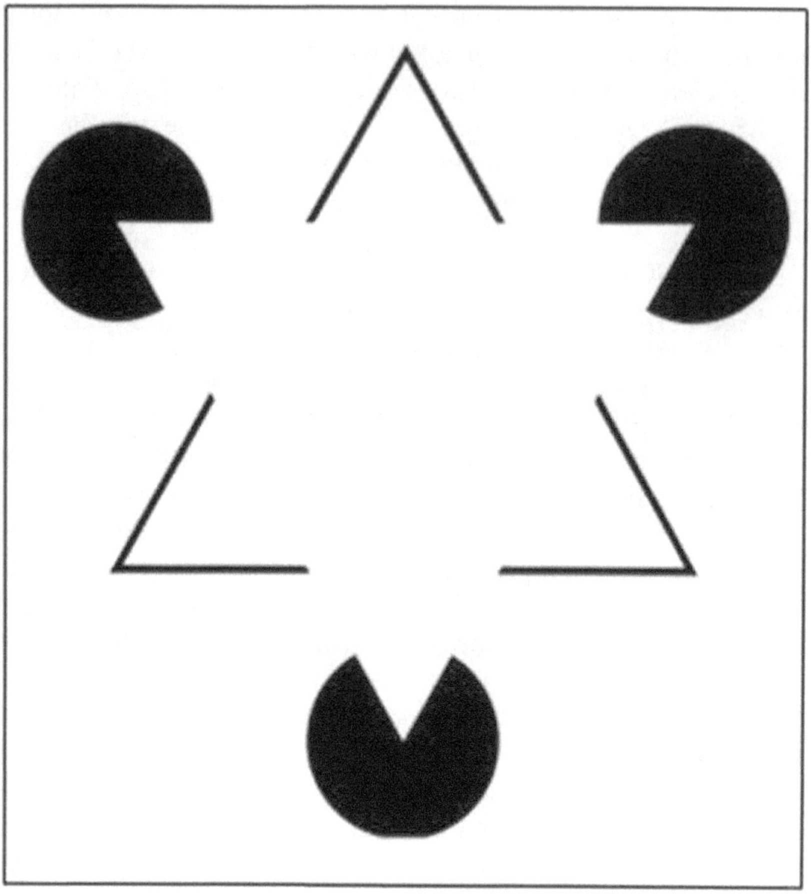

Figuur 10 - In de afbeelding van Kanizsa die hierboven is weergegeven, is een witte driehoek duidelijk zichtbaar in het midden. Dit is echter op geen enkele manier getekend en kan alleen worden voorgesteld door de complexiteit van het ontwerp in ogenschouw te nemen.

Om door onze zintuigen te worden geaccepteerd, moeten dingen afmetingen en gewicht hebben en op de juiste manier worden geplaatst in relatie tot de andere dingen die ze omringen. Een stoel die naast een salontafel wordt geplaatst, is iets waar we ons geen zorgen over maken, omdat het zou kunnen gebeuren als de stoel zou verschijnen en verdwijnen of in de lucht zou draaien.

Dit is waar zolang we het tafereel observeren door het minutieus in detail te analyseren, dat wil zeggen, onszelf een volledige analyse van de situatie op te leggen.

Dit is normaal niet het geval. Onze zintuigen zijn veel haastiger, en dat moet ook zo zijn, aangezien de scènes als stromende rivieren zijn, ze kunnen veranderen in de orde van fracties van een seconde.

Daarom analyseren de zintuigen nooit de hele situatie volledig, maar extraheren ze alleen de essentiële elementen en dit is in de meeste gevallen zowel bedrieglijk als willekeurig.

Een veel genoemd voorbeeld is de verdeling van dertien kaarten in een spel Scala 40. Als een speler alle dertien hartenkaarten zou krijgen, van de aas tot de koning, zou hij het bijna wonder uitschreeuwen. In feite is er maar één kans op 635 miljard dat een speler dertien kaarten van dezelfde reeks krijgt. Maar als we erover nadenken, elke combinatie van dertien kaarten kan maar één keer in de 635 miljard keer voorkomen, dus elke deal van kaarten is een klein wonder.

Het feit dat een speler dertien kaarten van dezelfde reeks krijgt, is voor ons veelbetekenend en verbazingwekkend, maar in werkelijkheid is het een absoluut normale gebeurtenis. Alleen wij schrijven een buitengewone betekenis toe aan een feit dat op zichzelf absoluut gewoon is.

Voor de Gestaltpsychologie is zo'n gebeurtenis niet significant omdat het statistisch zeldzaam is, maar omdat het sterk afsteekt tegen de achtergrond van duizenden andere minder lineaire kaartverdelingen.

Bekende voorbeelden worden vertegenwoordigd door de figuren van Kanizsa.

Gaetano Kanizsa, geboren in Triëst in 1913 en stierf in dezelfde stad in 1993, was een Italiaanse psycholoog en schilder.

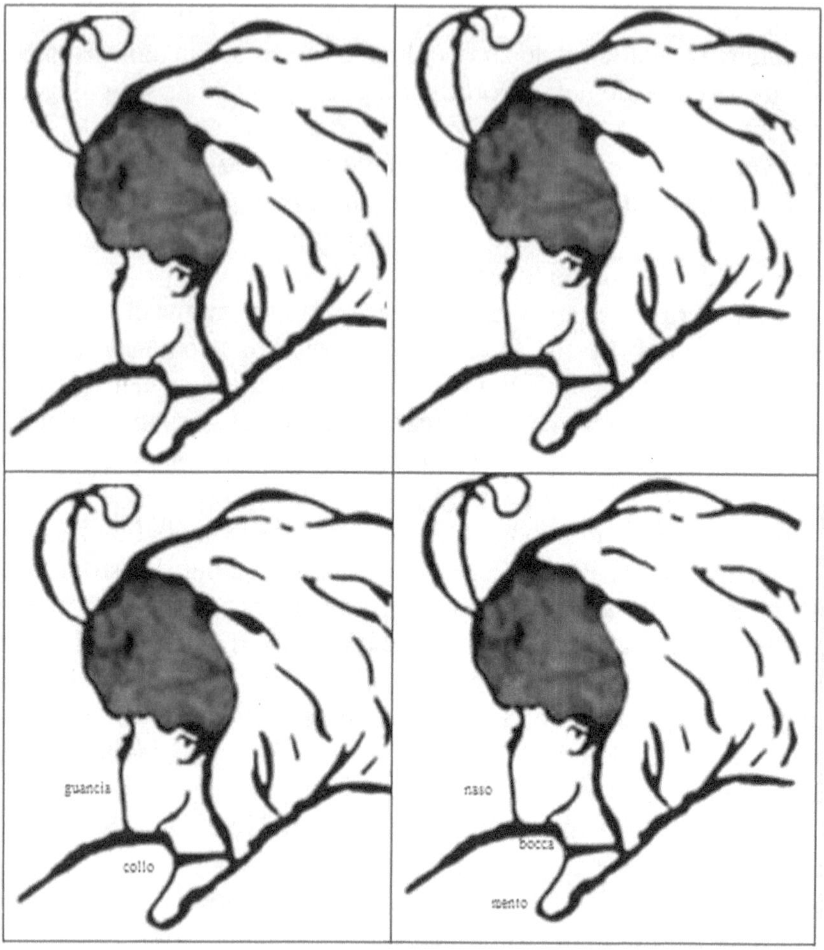

Figuur 11 - Deze figuur is moeilijker te ontcijferen en toont het gezicht van een jonge vrouw of, als alternatief, het profiel van een oudere dame.

De vader was een Hongaarse jood, de moeder een Sloveense katholiek. Na de middelbare school schreef hij zich in aan de filosofiefaculteit van de Universiteit van Padua, waar Cesare Musatti hem kennis liet maken met psychologie. Getroffen door de rassenwetten, werd hem het Italiaanse staatsburgerschap ontnomen. Na de wapenstilstand van Cassibile vluchtte hij naar Rome, waar hij een aanstelling kreeg als onderzoeker aan het Instituut voor Psychologie van de CNR.

Figuur 10 toont duidelijk een witte driehoek. Dit is echter op geen enkele manier getekend en kan alleen worden voorgesteld door de complexiteit van het ontwerp in ogenschouw te nemen. Hoewel het er niet is, springt het veel meer in het oog dan de andere geometrische figuren. Niet alleen dat, het interieur lijkt "witter" dan het wit dat de rest van het beeld bevat. Het beeld bevestigt dat onze zintuigen ons dingen kunnen laten zien die niet bestaan.

Afbeelding 11 is moeilijker te ontcijferen en toont het gezicht van een jonge vrouw of, als alternatief, het profiel van een oudere dame. Het is erg moeilijk om beide betekenissen te begrijpen, als je niet weet dat ze bestaan. Maar onze zintuigen zijn niet geprogrammeerd om het constante bombardement van stimuli die ze ontvangen nauwkeurig te analyseren. Daarom zullen de zintuigen een van de twee betekenissen van de figuur registreren en het bestaan van de andere negeren. Maar zijn we er zeker van dat ze degene zullen registreren die het meest overeenkomt met de werkelijkheid? In 50% van de gevallen, wanneer we geconfronteerd worden met een representatie van dit type, zullen onze zintuigen ons bedriegen. Ze zullen waarschijnlijk het gevoel registreren dat het dichtst in de buurt komt van wat we zouden verwachten, dat wil zeggen, ze zullen "compliant" zijn met onze verworven culturele bagage. Dit betekent dat normaal gesproken elke intellectuele stimulans terzijde zal worden geschoven ten gunste van het behoud en de versterking van het bestaande.

Een aanname van de Gestaltpsychologie is dat onze zintuigen waarnemingen waarnemen en ordenen langs een aantal bevoorrechte, mysterieuze maar solide werkende lijnen.

Koffka's studies hebben organisatorische principes van percepties geïdentificeerd.

Onder deze zijn de belangrijkste gelijkenis, symmetrie, nabijheid of afstand, en andere.

Een reeks pieptonen in snel tempo wordt bijvoorbeeld geïnterpreteerd als een gevaarsignaal; twee herdershonden in een kudde schapen worden geïdentificeerd als een apart paar van de rest van de figuren; een reeks van drie zwarte vlekken dicht bij elkaar, plus drie andere dicht bij elkaar maar enigszins ver van de eerste, wordt niet geïnterpreteerd als een reeks van zes vlekken maar als twee reeksen van drie.

Een bijzonder interessant principe is dat van tijdelijke nabijheid. We hebben de neiging om de waarnemingen en signalen die we van buitenaf ontvangen ook te ordenen volgens de tijdelijke verbinding die ze verenigt. Een ander belangrijk criterium is betekenis. Er zijn waarnemingen die in onze ogen springen als bakens in de nacht, voor hoe ze in de tijd zijn verdeeld en voor de zin, de betekenis die ze ons inspireren.

Maar hier betreden we een ander gebied, dat van significante toevalligheden.

Toevalligheden, collectief onbewuste, synchroniciteit.

*"Wat we over ons weten is slechts een deel,
en misschien een heel klein deel van wat we zijn zonder dat we het weten."
(Luigi Pirandello, Italiaans toneelschrijver, schrijver en dichter)*

Krachtiger dan de krachtigste computers.

In het vorige hoofdstuk hebben we gezien hoe onze zintuigen een immense hoeveelheid gegevens aftasten, die ons bewustzijn niet bereiken zoals het wordt gedetecteerd. De gegevens worden verwerkt volgens procedures die in staat zijn om diegene die voor ons het belangrijkst zijn uit de massa te halen. Vervolgens worden de interessante gegevens opgeslagen volgens schema's met een hoog symbolisch gehalte. Hierdoor kunnen we een gezicht herkennen vele jaren nadat het voor het laatst is gezien. In de praktijk onthouden we niet het gezicht zoals het is, maar een vorm van het gezicht, enkele referenties die na jaren terug te voeren zijn op het origineel.

Het is alsof een bepaalde software, die zich in ons bewustzijn bevindt, de naakte en rauwe realiteit manipuleert zoals deze voor de zintuigen verschijnt, en deze transformeert in absoluut flexibele vormen of concepten, aanpasbaar en herbruikbaar volgens de behoeften. Hiermee kunt u elk object met een of meer poten en een horizontaal oppervlak dat geschikt is voor de onderrug, als een "stoel" categoriseren.

Geurherkenning is een uiterst krachtige functie. Na tientallen jaren zijn we in staat om er een te herkennen en onmiddellijk de scène te reconstrueren waarin we hem voor het eerst zagen. Zo brengt de geur van aangespoeld zeewier ons meteen terug naar een schoolreisje van jongens naar een badplaats.

Gezichtsherkenning is een van de bevoorrechte functies van onze persoonlijke software. Welk vreemd panorama ook voor ons verschijnt, we kunnen onmiddellijk de mogelijke vorm van een gezicht herkennen in de rangschikking van objecten en elementen. We herkennen gemakkelijk gezichten in de wolkenformaties, of in de rotsachtige sporen of zelfs in de vochtige plekken op de oude muren.

In de praktijk wordt elke prikkel die rechtstreeks van de zintuigen komt, verwerkt door de software die zich in ons bewustzijn bevindt en zodanig getransformeerd dat deze bruikbaar is in volgende situaties; het is daarom een leer- en memorisatiesoftware, waarvan het belangrijkste kenmerk is dat het is uitgerust met een krachtig herstelalgoritme.

In de begindagen van de informatica had elke student die kleine programma's wilde schrijven, te maken met het probleem van het opslaan en ophalen van gegevens. Toen hij bijvoorbeeld een klein programma wilde schrijven dat de hoofdstad van een natie kan aangeven, maakte de student een bestand met twee kolommen dat de paren natie-hoofdstad bevat (Italië - Rome, Frankrijk - Parijs, Spanje - Madrid, enzovoort).

Door de computer de naam van het land (Spanje) te geven, scande de machine het hele bestand totdat hij het koppel met Spanje vond en het resultaat op het scherm afdrukte: Madrid.

Dit was zogenaamde sequentiële toegang, en het kon werken zolang de dataparen niet groter waren dan een paar duizend, waarna het systeem te traag werd om echt bruikbaar te zijn.

Tegenwoordig leven we in het tijdperk van zoekmachines, die miljarden gegevens kunnen onderzoeken. Het is duidelijk dat de zoekopdracht niet langer sequentieel is. Zoekmachines hebben zeer geavanceerde algoritmen die in staat zijn om informatie in de orde van milliseconden te extraheren.

U kunt "verstrengeling" typen in de Google-zoekregel en u zult zien dat het in 0,36 seconden de aanwezigheid van ongeveer 9.700.000 resultaten aangeeft (zoeken vanaf mei 2018).

Welnu, lang voordat de mens deze algoritmen ontwikkelde, was er al iets soortgelijks, zo niet geavanceerder, aanwezig in de menselijke geest. Onze mentale algoritmen zijn in staat om in milliseconden informatie te extraheren die nuttig is voor ons dagelijks leven door te putten uit een massa van miljarden miljarden megabytes die in de loop der jaren door onze zintuigen zijn verworven. Maar ze zullen niet alleen aangeven hoeveel referenties er zijn: ze selecteren meteen de meest bruikbare voor ons op dat moment.

Het is een wonderbaarlijk en verbazingwekkend effectieve organisatie. Is het mogelijk dat dit niets meer is dan de vrucht van verschillende pogingen, mislukkingen en nieuwe pogingen tot evolutie, zoals de materialistische stellingen zouden willen ondersteunen? Twijfels zijn legitiem.

Werkt het alleen met simpele prikkels?

Op dit punt moeten we ons afvragen of onze software alleen werkt zoals we het tot nu toe hebben gezien, waarbij we zonder ons medeweten de prikkels van de zintuigen verwerken, de interessante vormen weggooien of kiezen volgens mysterieuze criteria om deze hoeveelheid gegevens te bewaren en te beheren zonder enige tussenkomst van onze kant. Of als we de mogelijkheid van onze actieve betrokkenheid niet kunnen inschatten.

We moeten uitgaan van een aanname. Als onze software in staat is om te onderscheiden wat nuttig kan zijn en wat niet, moet het noodzakelijkerwijs niet alleen intelligent zijn, maar ook onderscheidend vermogen. Dat wil zeggen, hij moet weten wat in de toekomst nuttig voor ons zal zijn, daarom moet hij een visie op ons bestaan hebben die verder gaat dan de ervaring van het verleden en het heden, maar zich ook uitstrekt tot in de toekomst, in die omstandigheden en gelegenheden die zijn nog niet gerealiseerd, maar het zijn juist die waarvoor hij de vormen construeert en archiveert.

Dat wil zeggen, de uitwerkingen van onze software zullen ons in de toekomst van pas komen. Daarom moet onze software onze toekomst kennen om actuele informatie op een nuttige manier te verwerken.

Als dit waar is, en dat is het zeker, dan kunnen we het concept van software verlaten, omdat software niets meer is dan een programma dat is gebouwd om bepaalde acties uit te voeren. Hoe intelligent software ook kan zijn, het zal nooit intelligenter zijn dan de programmeur die het heeft gemaakt.

Een software die in staat is om verleden en toekomst te kennen, gaat verder dan de menselijke mogelijkheden. Wat in ons geweten werkzaam is, is geen intelligente software, en het is ook geen software die toevallig is ontwikkeld in de loop van de evolutionaire wisselvalligheden van de soort. Het is een Intelligentie, of liever een reeds bestaande Wijsheid, die we kunnen definiëren als Universele Intelligentie.

Universele Intelligentie kent ons verleden, heden en toekomst omdat het in een andere dimensie bestaat dan die waarin we gewend zijn te leven, gemaakt van materie onderworpen aan de regels van de Newtoniaanse fysica (zwaartekracht, tijd, enzovoort).

Het niveau van Universele Intelligentie moet puur psychisch zijn; het is een niveau dat bestaat uit energie en informatie, waarin materie afwezig is.

Is het mogelijk dat zo'n niveau bestaat? Zeker wel, zoals we in de volgende hoofdstukken zullen zien. De kwantumfysica heeft het bestaan van dit niveau onthuld en experimenteel bevestigd.

Zeker, de kwantumfysica heeft op geen enkele manier het bestaan van een universele intelligentie bevestigd, maar we stellen ons graag voor dat die er is, anders zouden we op geen enkele manier een hele reeks verschijnselen kunnen verklaren, inclusief de dingen die al zijn gezegd over de intelligente opslag van vormen herwerkt vanuit de ruwe waarnemingen van onze zintuigen.

De eigenaardigheid van deze Intelligentie is haar vermogen om een soort interactiviteit met ons geweten tot stand te brengen. Naast de praktisch automatische rol van het construeren en onthouden van vormen die nuttig zijn voor onze overleving, construeert Intelligentie instructies en aanwijzingen voor het leven. Bovendien construeert de Universele Intelligentie voorstellen die gericht zijn op verandering, op correctie, vaak eenvoudigweg op het verbeteren van onze relaties met de werkelijkheid. Deze voorstellen zijn vormen van communicatie die decennialang zijn bestudeerd door de Zwitserse psycholoog Carl Jung. Hij heeft ze betekenisvolle toevalligheden of synchroniciteiten genoemd.

De principes van de organisatie van onze waarnemingen, beheerd door wat wij Universele Intelligentie hebben genoemd, zijn niet alleen van toepassing op de werkelijkheid die van moment tot moment wordt waargenomen, begrepen als een opeenvolging van afzonderlijke verschijnselen, maar ook op de waarneming van feiten, verschijnselen en toevalligheden die normaal lijken het ontbreken van enige relatie of verbinding tussen hen. Soms deze percepties. komen volledig spontaan naar boven, in ons bewustzijn We zien logische verbanden en intuïties ontstaan die betekenis geven aan deze toevalligheden en ze betekenisvol maken voor ons begrip.

We kunnen zeggen dat Intelligentie synchroniciteiten voor ons opbouwt en ons in staat stelt de boodschap te begrijpen die daar verborgen is. Dit is mogelijk wanneer we de mogelijkheid en de aanwezigheid van synchroniciteiten waarderen, en vermijden om eenvoudige toevallige gevallen in overweging te nemen.

De klok die stopt op het moment van het overlijden van de eigenaar vormt een significant toeval, vanwege de gelijktijdigheid van de twee gebeurtenissen; dit zou niet het geval zijn geweest als de klok twee dagen later of eerder had stilgestaan.

Evenzo wordt een ontmoeting met een kennis uit het verleden, nadat hij het de vorige nacht heeft gedroomd, als een significant toeval beschouwd.

Carl Gustav Jung

Carl Gustav Jung was een van de leidende intellectuele figuren in het psychologische en psychoanalytische denken, psychiater, psychoanalyticus, antropoloog en Zwitserse filosoof (fig. 12).

Hij werd geboren op 26 juli 1875 in Kesswil, Zwitserland, als zoon van Paul Achilles Jung, een protestantse theoloog en predikant, en Emilie Preiswerk. Hij studeerde af in de geneeskunde en in 1900 ging hij naar het psychiatrisch ziekenhuis in Zürich.

Hij stond aanvankelijk dicht bij het denken van Sigmund Freud en was het eens met zijn interpretaties van paranormale verschijnselen. De twee ontmoetten elkaar in 1907 in Wenen en spraken bij die gelegenheid dertien uur met elkaar.

Als gevolg van deze samenwerking werd Jung de 'dolfijn' van de psychoanalyse genoemd, en men verwachtte dat hij de opvolger van Freud zou zijn aan het hoofd van de psychoanalytische beweging.

Onenigheid en breuk met Sigmund Freud.

In plaats daarvan waren er al na een paar jaar de eerste tekenen van hun meningsverschillen, die aanleiding zouden geven tot de twee belangrijkste historische oriëntaties van de psychoanalyse, door Freud begrepen als therapie en door Jung als een manier om de psyche te leren kennen.

Deze dubbele visie kreeg al snel voet aan de grond, zo erg zelfs dat al in 1909 de Clark University, die een cyclus van lezingen in de Verenigde Staten had gepland, hen beiden uitnodigde.

Tijdens de reis per schip besloten de twee wetenschappers om te oefenen met het analyseren van elkaars dromen. Jung was echter niet tevreden met Freuds medewerking omdat Freid naar zijn mening enkele aspecten van zijn privéleven probeerde te verbergen die in plaats daarvan onmisbaar zouden zijn geweest voor een betere analyse.

Toen Jung deze verbijstering uitte, ontkende Freud niet, maar bevestigde hij dat de reden voor zijn terughoudendheid lag in het feit dat hij geen aspecten van zijn eigen persoonlijkheid kon onthullen die zijn gezag in gevaar zouden brengen. Vanaf deze aflevering begon Jungs waardering voor Freud af te nemen en ook zijn waardering voor zijn theorieën.

Daarbij kwam de verdieping van een nogal gekweld traject van conceptuele differentiatie. Dit pad bereikte zijn hoogtepunt toen Jung in 1912 besloot zijn werk (Libido. Symbolen en transformaties) te publiceren waarin hij al zijn theoretische meningsverschillen uiteenzette.

In dit boek manifesteert Jung zijn oriëntatie, gericht op het uitbreiden van het analytisch onderzoek van het verhaal van het individu tot de globaliteit van de mensheid: in feite is er volgens Jung naast een individueel onbewuste een collectief onbewuste, dat zijn aanwezigheid en handelt via archetypen. .

In deze visie wordt het leven van het individu een pad waardoor de realisatie van het persoonlijke zelf plaatsvindt. Jung noemt dit het ontdekkingsproces.

Na de publicatie van dit boek verbrak zijn relatie met Freud. In een commentaar op Freuds denken zei Jung: "De hersenen worden gezien als een aanhangsel van de geslachtsorganen."

Figuur 12 - Carl Gustav Jung. Zijn denken stelt dat er naast een 'individueel onbewuste' een 'collectief onbewuste' is dat zich uitdrukt door middel van archetypen. Het leven van het individu wordt gezien als een pad, het "individuatieproces" genoemd.

Wat betreft de inhoud van de twee interpretaties en hun differentiatie, moeten we toegeven dat Jung aanvankelijk met Freud het oordeel over geestesziekte deelde. Volgens deze hypothesen vereist het begrip van ziekten kennis van de individuele geschiedenis van de patiënt en van de "processen van onderdrukking" met betrekking tot inhoud van uitsluitend seksuele aard.

Later formuleerde Jung echter de hypothese dat de verschijnselen van de psyche niet die zijn die door Freud zijn beschreven. Volgens de nieuwe theorie van Jung waren die verschijnselen manifestaties van een in de natuur aanwezige energie, het libido.

Libido en symbolen.

Het libido is een soort vitale impuls, een drang die dynamisch gericht is op het leven en het behoud van de soort.

Daarom is het bij psychologische therapie niet nodig om alleen de biologische component in gedachten te houden. Dit zou een pessimistische benadering zijn. Omgekeerd is het ook noodzakelijk om de spirituele component in gedachten te houden. Dit onderdeel geeft het individu een gezonde spanning gericht op het bereiken van de verbetering.

Volgens Jung kunnen de libido-drives ook worden omgeleid naar immateriële concepten en ambities en kunnen ze daarom een spirituele evolutie genereren. Psychische ziekte treedt op wanneer dit evolutionaire proces wordt geblokkeerd; onder deze omstandigheden ontstaan neurosen. Het libido werkt door symbolen te produceren. Hierdoor was de primitieve mens in staat de onmiddellijke impulsen die hen naar creativiteit leidden over te dragen en zo de overgang van het dierlijke instinctieve naar het culturele niveau in gang te zetten.

De symbolen van het libido hebben inhoud die het individuele bewustzijn te boven gaat en kunnen helpen de aard van de mens te transformeren.

Sommige van deze symbolen zijn universeel, gemeenschappelijk en gedeeld door alle individuen. Jung noemt ze archetypen, een term die is afgeleid van het Grieks. De betekenis van "archetype" kan begrijpelijker worden gemaakt als we het definiëren als "originele afbeeldingen", "modellen", "virtuele afbeeldingen", "mogelijke representaties".

De archetypen komen overeen met de ervaringen die de mensheid heeft ontwikkeld gedurende haar evolutionaire geschiedenis naarmate het bewustzijn ontwikkelde. Ze zijn het geheugen van de mensheid en zijn ingesloten in een ruimte die Jung het 'collectieve onbewuste' noemt. Dit onbewuste is collectief omdat het niet individueel is maar gedeeld, toegankelijk voor de hele mensheid en voor ieder mens.

De archetypen die zich in het collectieve onbewuste bevinden, hebben de kracht om in te grijpen in het leven van individuen door episodes te genereren die Jung synchroniciteit noemt.

Bij de constructie van deze theorie had Carl Jung de culturele en morele steun van de beroemde Nobelprijswinnaar fysicus Wolfgang Pauli (Fig. 13), die hem aanmoedigde om zijn conclusies te uiten, ondanks dat Jung jarenlang aarzelde om dat te doen. Pauli haalde Jung over om in 1952 gezamenlijk een boek te publiceren dat de theorie van synchroniciteit bevatte in de vorm van een essay getiteld "Synchronicity as a Principle of Acasual Connections".

Het symbool.

Het symbolische karakter van de archetypen heeft tot gevolg dat zelfs de door hen gegenereerde synchroniciteiten symbolische aspecten hebben.

Dit wordt ondersteund door ervaring, en sommige Jungiaanse analisten aarzelen niet om synchroniciteiten te definiëren als "dagdromen".

In feite zijn dromen absoluut onafhankelijk van onze wil en we zouden nauwelijks kunnen ingrijpen om ze in ons gewone leven aan te drijven. Evenzo zijn synchroniciteiten unieke gebeurtenissen die zich in ons leven voordoen en verbijstering en verwondering opwekken.

Figuur 13 - Wolfgang Pauli, een zeer jonge student aan het Döblinger Gymnasium in Wenen. Als volwassene ontmoette hij Jung voor een therapeutische behandeling die al snel resulteerde in een hechte vriendschap en een briefwisseling van een kwart eeuw.

De sncronicitò zijn altijd omgeven door een aura van mysterie vanwege hun symbolische vorm.

De vreemde toevalligheden waarvan we soms protagonisten zijn, hebben ook een symbolische waarde, maar hun herhaling kan ons leiden naar het ontcijferen van het symbool en het begrijpen van de boodschap. Wanneer dit gebeurt, volgt het mysterieuze procedures. Soms gebeurt het: ons bewustzijn ontvouwt eenvoudig de betekenis van het symbool voor onze ogen, hoewel we de procedure niet kunnen reconstrueren volgens welke dit zou kunnen gebeuren.

Volgens de algemene betekenis is het symbool iets dat in de plaats staat van iets anders. Meestal ontgaat de verborgen betekenis van het symbool ons. Hoezeer we het ook "op het puntje van onze tong" lijken te hebben, het zoemt om ons heen zonder dat we het kunnen vatten.

In die zin wekt het symbool een spanning op tussen wat verschijnt en wat aan begrip ontsnapt, het bevat een deel van het bekende en een deel van het onbekende. Het vormt een uitdaging voor het geweten, terwijl het geweten lijdt onder de rusteloosheid van een onopgelost probleem, een onbeantwoorde vraag, een pion die geen plaats heeft.

Het is niet onmogelijk om de uitdaging te winnen. In feite hebben synchroniciteiten de functie om berichten uit het collectieve onbewuste te communiceren, met behulp van ons individuele onbewuste.

Een mysterieuze boodschap vloeit voort uit het collectieve onbewuste, geschreven in een taal en met symbolen die zijn gebaseerd op de evolutie die de hele mensheid heeft meegemaakt en daarom tot op het hoogste niveau niet te ontcijferen voor de visie die door onze uiterst beperkte ervaring wordt toegestaan. Laten we zeggen dat ons geweten geen ogen heeft die groot genoeg zijn om de totale betekenis van de boodschap te visualiseren en te begrijpen.

Wanneer het door ons individuele onbewuste gaat, probeert de boodschap zichzelf begrijpelijk te maken voor ons geweten.

Bemiddeld door het individuele onbewuste kleedt het symbool zich aan bij dingen die zijn gebeurd die we ons niet meer herinneren, of die we willen vergeten; snuffelen door een pakhuis met ruïnes en fragmenten van verwoeste gebouwen die ons op een bepaald moment echter vertrouwd waren, en gebruikt ze om zich dichter bij onze ervaring uit te drukken. Met behoud van zijn crypticiteit wordt het beter te ontcijferen.

Als het niet verbonden zou zijn met het collectieve onbewuste, zou ons individuele onbewuste slechts een triest nutteloos iets zijn, een begraafplaats van begraven ervaringen.

Dankzij het collectieve onbewuste wordt ons individuele onbewuste een kostbaar instrument en wordt het getransformeerd in het medium van opwindende levensmomenten, van dagdromen die ons kunnen leiden naar een spirituele evolutie en een beter leven.

Archetypen, ideeën, concepten.

Het woord archetype komt uit het Oudgrieks en kan de betekenis hebben van origineel, model, merk. Volgens sommigen kan het ook "begin" betekenen. Het werd voor het eerst gebruikt door Philo van Alexandrië, een oude Griekse filosoof ook bekend als Philo de Jood, die in Alexandrië in Egypte woonde en een tijdgenoot van Jezus was.Later werd de term overgenomen door andere Griekse filosofen zoals Dionysius van Halicarnassus en Luciano van Samosata.

De ontwikkeling van het thema van archetypen kan echter worden ingepast in de platonische traditie, waar ze verschijnen als ideeën, dat wil zeggen originele modellen van gevoelige werkelijkheden. Sommige neoplatonisten zoals Plotinus beschouwden ze als reeds bestaande ideeën in de goddelijke geest en modellen van geschapen dingen.

Binnen deze traditie beschouwt Jung archetypen als oerbeelden die het collectieve onbewuste vormen, of zelfs primitieve vormen waarop mythen en religies zijn gebaseerd.

In de analytische psychologie krijgen archetypen een ethische en affectieve waarde voor het subject en conditioneren ze hem min of meer bewust gedurende zijn hele bestaan.

Inderdaad, de archetypen, zoals die door Jung zijn bedacht, zijn door veel auteurs vergeleken met mythische structuren en volksverhalen.In feite zouden ze veel overeenkomsten van betekenis suggereren met sprookjes en mythen. Omgekeerd zijn er fundamentele argumenten in mythe en religie die als archetypen kunnen worden beschouwd. In zijn boek "Psychological Types" stelt Jung: "De belangrijkste mythologische motieven van elke tijd en van elk ras zijn waarschijnlijk van dit type (archetypisch)."

De vierde uitgesloten.

Jung was een bekwaam docent, die er in ieder geval in slaagde het publiek te interesseren, zelfs als het niet bestond uit mensen die in de wetenschappelijke omgeving werden geïntroduceerd. In tegenstelling tot Freudiaans proza, onopgesmukt en afgemeten, weet Jung zijn rijke en beschaafde persoonlijkheid zelfs in de meest technische of systematische werken tot uitdrukking te brengen. In dit hoofdstuk verwijs ik voornamelijk naar drie van zijn essays, gepresenteerd in de vorm van lezingen. De eerste, "De archetypen van het collectieve onbewuste", werd geschreven in 1934 en herzien in 1954. De tweede, "Het concept van het collectieve onbewuste", werd geschreven in 1936.

Het derde werk, "Synchronicity as a principle of acasual connecties", gepubliceerd in 1952, is bijna een compendium van het eerste en is het werk waarin hij zijn theorie over synchroniciteit volledig uitdrukt.

Jung was zeer terughoudend om dit essay te publiceren, en pas in 1952 haalde zijn vriend en correspondent Wolfgang Pauli hem over om dit te doen.

De twee werkten al meer dan twintig jaar samen door een intense uitwisseling van ideeën, juist over deze kwesties.

Ondanks dat hij een van de grondleggers van de kwantumfysica was en in staat was om in 1945 een Nobelprijs te winnen, deelde Pauli de ideeën van Jung zeer en had hij graag gezien dat de wetenschappelijke omgeving in staat zou zijn om wantrouwen, scepsis en spot te overwinnen door de mogelijkheid te overwegen van een parallel pad en een gemeenschappelijke taal tussen wetenschap en psyche, wat meer begrip had kunnen opleveren.

De intellectuele confrontatie tussen Jung en Pauli leidde tot onderzoek dat bekend staat als "de uitgesloten wijk". In feite had het doel van hun studies de neiging om veel van de door de kwantumfysica opgeworpen twijfels met betrekking tot de volledigheid van het triademodel van de klassieke fysica op te lossen: tijd, ruimte, causaliteit; Jung en Pauli stelden zich een "uitgesloten wijk" voor die de naam synchroniciteit kreeg.

Pauli was gefascineerd door de mogelijkheid om het vierde element aan de drieklank toe te voegen.

Jung van zijn kant was gefascineerd door vroege studies over subatomaire deeltjes die ongelooflijke eigenschappen begonnen te onthullen. Deze deeltjes kunnen bijvoorbeeld in trillingen veranderen, of ze kunnen verdwijnen en weer verschijnen in afgelegen punten van het universum. Elementaire deeltjes kunnen over immense afstanden communiceren via mysterieuze niet-fysieke verbindingen. Jung Ik zag de opkomende kwantumfysica, en zelfs Einsteins relativiteitstheorie, als mogelijke wetenschappelijke bevestigingen van zijn psychologische concepten van synchroniciteit en het paranormale.

Pauli bezat een diepe intuïtie (die, zo zei hij, veel aan zijn dromen ontleende) en een uitzonderlijk denkvermogen.

Op zeer jonge leeftijd publiceerde hij een artikel over de relativiteitstheorie dat werd gepubliceerd door de Enzyklopadie der mathematischen Wissenschaften. Toen Einstein, de vader van de theorie, het las, merkte hij op:

> "Iedereen die dit werk bestudeert, zou niet geloven dat het is geschreven door een jonge man van slechts eenentwintig. Ik weet niet wat ik meer moet bewonderen: het psychologische begrip van de evolutie van ideeën, de nauwkeurigheid van wiskundige deducties, de diepgaande intuïtie, het vermogen om het werk met systematische helderheid, feitelijke volledigheid of kritische onfeilbaarheid te presenteren."

Helaas was Jung, net als alle genieën, altijd in botsing gekomen met de kilheid en onbegrip van zijn meest originele ideeën van de kant van zijn collega's en zijn werkomgeving. Zijn spijt, en misschien zijn lijden omdat hij er nooit in is geslaagd zelfs de naaste mensen bij zijn intuïtie te betrekken, blijkt uit de pagina's van "Herinneringen, dromen, reflecties". Dit boek is een soort dagboekbekentenis, toevertrouwd aan de pen van Aniela Jaffè. Daarom had Jun tijdens zijn rijping instinctief een houding aangenomen die terughoudend was om zijn meest geavanceerde theorieën openbaar te maken.

Het was Pauli die zijn terughoudendheid overwon door hem te overtuigen om samen een boek te publiceren, waarin twee essays verschenen; een door Pauli zelf getiteld "The influence of archetypes on Kepler's wetenschappelijke theorieën" en de tweede, ondertekend door Jung, "Synchronicity as a principle of acasual connecties.

Archetypen als "oerbeelden".

Het met Pauli gepubliceerde boek vertegenwoordigde de synthese van tientallen jaren werk. De eerste keer dat Jung de term archetype gebruikte dateert van 1919, ter gelegenheid van een symposium in Londen.

> "In het onbewuste vinden we ook kenmerken die niet individueel zijn verworven, maar geërfd, dat wil zeggen instincten die worden opgevat als impulsen voor activiteiten die zonder bewuste motivatie voortkomen uit een innerlijke dwang. Hieraan worden de bestaande a priori, dat wil zeggen aangeboren, vormen van intuïtie toegevoegd, dat wil zeggen de archetypen van waarneming en begrip, (...) Zoals de instincten de mens tot een specifiek menselijk gedrag aanzetten, zo dwingen de archetypen waarneming en de intuïtie voor specifiek menselijke formaties.

> De instincten en archetypen van intuïtie vormen het collectieve onbewuste".

Jung ontwikkelde al snel de overtuiging dat archetypen ideeën waren buiten het individuele bewustzijn, die altijd hadden bestaan en nauw verbonden waren met oorspronkelijke mythen. De gebeurtenis die hem ertoe bracht om de stelling van de relatie met mythen overtuigend te omarmen, wordt door hemzelf verteld in het essay "Het concept van het collectieve onbewuste", geschreven in 1936.

> "Rond 1906 kwam ik een heel vreemde waanillusie tegen, bij een paranoïde schizofreen die jarenlang in het ziekenhuis had gelegen. De patiënt leed al op jonge leeftijd en was ongeneeslijk. Hij had aan een openbare school gestudeerd en was aangenomen als kantoorklerk. Hij had geen speciale neiging en ik wist destijds niets van mythologie of archeologie. Op een dag vond ik de patiënt bij het raam, zijn hoofd schuddend en knipperend naar de zon. Hij zei dat ik hetzelfde moest doen, omdat ik op die manier iets heel interessants zou zien. Toen ik hem vroeg wat hij zag, was hij verbaasd dat ik niets kon zien en zei: "Je ziet toch zeker de penis van de zon... als ik mijn hoofd heen en weer beweeg, beweegt het ook, en daar komt de wind vandaan." Natuurlijk begreep ik dit vreemde idee helemaal niet, maar ik nam er nota van.
>
> Ongeveer vier jaar later kwam ik tijdens mijn mythologische studie een boek tegen van wijlen Albrecht Dieterich, de bekende filoloog, die licht wierp op deze fantasie. Het werk, gepubliceerd in 1910, gaat over een Griekse papyrus uit de Nationale Bibliotheek van Parijs. Dieterich geloofde dat hij in een deel van de tekst een Mithria-ritueel had ontdekt. De tekst is ongetwijfeld een religieus voorschrift met betrekking tot de uitvoering van bepaalde spreuken waarin Mithra wordt

genoemd. (...) In de tekst lezen we de volgende aanduidingen:

"Adem in vanuit de stralen, adem drie keer zo veel in als je kunt en je zult voelen dat je wordt opgetild en naar boven loopt en je voelt je alsof je midden in het luchtgebied bent ... Je zult het pad van de zichtbare goden door de schijf van de zon, die God mijn vader is. Zo zie je ook de zogenaamde buis, de oorsprong van de behulpzame wind. Want je ziet zoiets als een buis aan de schijf van de zon hangen. Je zult dit zien richting de westelijke regio's, zo oneindig als de wind die uit het oosten waait. Als de andere wind naar de oostelijke regio's is gericht, zul je de omkering van het zicht in die richting zien "

(…) Nu is het absoluut onmogelijk dat de patiënt enige kennis had kunnen hebben van een Griekse papyrus die vier jaar later werd gepubliceerd ".

Jung beschouwde deze episode als een eerste bewijs van een nauwe relatie tussen de archetypen die zich materialiseren in de menselijke geest en de symbolen van oude mythologieën.

Het collectieve onbewuste.

Het collectieve onbewuste is een concept van Jungs analytische psychologie. In tegenstelling tot het persoonlijke onbewuste dat individueel is, wordt het collectieve onbewuste gedeeld door alle mensen en stamt het af van de gemeenschappelijke voorouders van de hele mensheid. In die zin vertegenwoordigt het een universele psychische container, dat wil zeggen, een deel van het onbewuste dat gemeenschappelijk is en wordt gedeeld door de hele mensheid. Het bevat de archetypen, dat wil zeggen de vormen en symbolen die typerend zijn voor alle volkeren van alle culturen (fig. 14).

Het is belangrijk op te merken dat archetypen niet voortkomen uit de ervaring van het individu, maar a priori bestaan, als een erfenis van de ervaring van de hele mensheid. Sommigen verdelen het collectieve onbewuste volgens verschillende stratificaties: de diepste komt voort uit de archaïsche wortels van het verleden; de gemiddelde gelaagdheid bevat de waarden en sociale gebruiken van het moment dat wordt geleefd, en een derde gelaagdheid bevat de potentiële en mogelijke toekomstige evoluties van de mensheid.

Jung presenteert en verdedigt zijn theorie in het essay "Het concept van het collectieve onbewuste", gepubliceerd in 1936.

Hij introduceert het concept door te stellen dat het persoonlijke onbewuste zijn bestaan te danken heeft aan persoonlijke ervaring en in wezen is samengesteld uit inhouden die bewust zijn geweest, zelfs als ze dan misschien zijn vergeten of verwijderd.

Omgekeerd is de inhoud van het collectieve onbewuste nooit in het individuele bewustzijn geweest en is daarom nooit individueel verworven, maar danken hun bestaan uitsluitend aan overerving.

Bijgevolg onderscheidt het de twee soorten onbewuste door te verwijzen naar hun inhoud: het individuele onbewuste bevat vooral complexen, het collectieve onbewuste daarentegen wordt in wezen gevormd door archetypen.

Jung verdedigt zijn idee van het archetype als een reeds bestaande vorm, daarbij verwijzend naar andere onderzoekers zoals Lévy-Bruhl die in zijn studies over de psychologie van primitieven archetypen definieert als "collectieve representaties". Jung citeert ook Hubert en Mauss, die in hun studies van vergelijkende religie definiëren de archetypen "categorieën van de verbeelding". Hij citeert ook Adolf Bastian die in zijn etnologische studies de archetypen definieert als "elementaire gedachten" of "oorspronkelijke gedachten".

Gesterkt door deze wetenschappelijke convergenties, legt Jung zijn stelling bloot, volgens welke:

> "Naast ons onmiddellijke bewustzijn, dat volledig persoonlijk van aard is en waarvan we geloven dat het de enige empirische psyche is (zelfs

Figuur 14 - De bewustzijnsniveaus volgens Carl Jung.

1. Het collectieve onderbewustzijn is gemeenschappelijk voor de hele mensheid

2 Archetypen komen uit het collectieve onderbewustzijn.

3 -4 Elk individu heeft een onbewust en een individueel bewustzijn.

> als we het persoonlijke onbewuste als een appendix toevoegen), is er een tweede psychisch systeem van collectieve, universele en onpersoonlijke aard , die bij alle individuen identiek is. Dit collectieve onbewuste ontwikkelt zich niet individueel, maar wordt geërfd. Het bestaat uit reeds bestaande vormen, de archetypen, die pas op een later tijdstip bewust kunnen worden en een bepaalde vorm kunnen geven aan bepaalde psychische inhouden".

Jung illustreert vervolgens de betekenis van het collectieve onbewuste en begint met te verwijzen naar de therapeutische psychologie in de visie van Sigmund Freud en Alfred Adler, die uitsluitend persoonlijk van aard is en elke externe bijdrage of verbinding met het individu ontkent.

Jung benadrukt de tegenstrijdigheid omdat, hoe individueel ook, zelfs de visie van Sigmund Freud en Alfred Adler verwijst naar factoren die niet louter individueel zijn, zoals het seksuele instinct of de drang naar zelfbevestiging.

Zelfs Freud of Adler konden het bestaan niet ontkennen van instincten die a priori bestaan en zowel bij mensen als bij dieren aanwezig zijn. Instincten zijn zeker geen persoonlijke maar universele en overgeërfde componenten van de psyche, en opereren vaak boven het bewustzijn. In die zin vertonen instincten zeer nauwe analogieën met archetypen.

Bijgevolg is volgens Jung de hypothese van het bestaan van een collectief onbewuste niet meer gedurfd dan die die het bestaan van instincten bepleit. Op basis van deze redenering verdedigt hij zich tegen de beschuldiging van mystiek die wordt geadresseerd aan zijn theorie van het collectieve onbewuste. Net zoals instincten het denken, bewustzijn en handelen van individuen op een volledig mystieke manier kunnen beïnvloeden, kunnen de archetypen van het collectieve onbewuste dat ook.

Het identificatieproces.

In het eerste hoofdstuk van zijn werk "Aspecten van het hedendaagse drama" schrijft Jung als volgt:

> "Archetypen zijn als door water verlaten rivierbeddingen, die het na een bepaalde tijd echter weer kunnen verwelkomen. Een archetype is vergelijkbaar met een bergkloof waarin de stroom van het leven lang heeft gestroomd: hoe meer het deze bedding heeft gegraven, hoe meer het deze richting heeft behouden, hoe groter de kans dat het vroeg of laat terugkeert. "

De psyche bestaat in wezen uit een bewust deel (het geweten) en een onbewust deel, waarin we het individuele onbewuste en het collectieve onbewuste kunnen onderscheiden.

De dynamiek tussen de twee delen (bewust - onbewust) wordt door Jung beschouwd als de motor die het individu in staat stelt een lange reis te maken gericht op het realiseren van zijn eigen persoonlijkheid.

De interactie tussen het bewuste en het onbewuste genereert een proces dat hij 'individuatie' noemt. Op dit pad ontmoet en confronteert het individu zich met onbewuste aspecten (archetypen) van zijn eigen persoonlijkheid: door ze onder ogen te zien kan hij zijn geweten verbreden.

Het individuatieproces vertegenwoordigt een pad van integratie en eenwording van de complexen waaruit de persoonlijkheid bestaat, dat wil zeggen een progressieve benadering van het ego met het zelf, via een pad dat leidt naar het bewustzijn van het zelf en naar de bevrijding van het zelf. Ego van innerlijke conflicten.

Jung gelooft dat het de taak van de psychoanalyse is om een hiërarchische relatie tot stand te brengen tussen 'zelf' en 'ik', precies in overweging nemend dat het eerste het geheel is en het laatste slechts een deel. Deze relatie zou een hervatting van de harmonieuze toenadering tussen de twee mogelijk moeten maken, toen deze was gestopt door een neurose als gevolg van een verstijving van de instanties van het "ik" met betrekking tot de individuele behoeften van het Zelf (vandaar de naam: individuatieproces).

De benadering vindt plaats door het ontcijferen van de betekenis van de symbolen die het individu tijdens zijn leven tegenkomt. Symbolen zijn zowel in de interne wereld te vinden, via de regressieve en progressieve bewegingen van het libido, als in de externe wereld, dankzij de afleveringen van synchroniciteit. Daarom zijn synchroniciteiten een waardevol hulpmiddel bij de ontwikkeling van het individuatieproces.

In dit licht is individuatie de vrucht van de voortdurende samenwerking tussen Bewustzijn, Onbewuste, Ik en Zelf. Het individuatieproces vertegenwoordigt een spirituele reis naar een groter zelfbewustzijn. Vooruitgang in de reis is herkenbaar aan de fasen.

Eerste stop: het archetype van de schaduw.

De eerste fase wordt gekenmerkt door het archetype van de Schaduw, d.w.z. al die aspecten die het individu over zichzelf niet weet of wil verbergen, evenals alles dat is verwijderd als gevolg van de compromissen vanwege de opvoeding en invloeden van de omgeving.

De schaduw vertegenwoordigt het meest onaangename en negatieve deel van de psyche; het valt samen met zelfs de laagste instinctieve impulsen, die men gewoonlijk neigt te onderdrukken. Het vertegenwoordigt ook de ondeugden en neigingen waarvan het individu geneigd is te ontkennen dat het van hem is, maar die desondanks zijn gedrag beïnvloeden en zich manifesteren met verfoeilijke karaktereigenschappen of met 'verleidingen' die het bewuste deel probeert te negeren.

Dit archetype kan zich manifesteren in dromen en symbolen met demonische figuren, monsters en achtervolgingen, nachtmerries die in het donker leefden.

Een archetype dat vaak samen met de schaduw wordt genoemd, is dat van Persona.

De Persoon (van het Latijn, "acteursmasker") is een archetype dat de rol aangeeft die het subject speelt in de sociale context waarin hij handelt. De persoon is precies het masker, de omhullende identiteit waaronder we handelen en waardoor we zijn wat anderen willen dat we zijn en wat we denken te zijn.

Tweede fase: het archetype van de Anima of de Animus.

De tweede fase wordt gekenmerkt door de ontmoeting met het archetype van de Anima (voor de man) en de Animus (voor de vrouw). Ondanks de naam die herinnert aan de ziel, verwijst het niet naar enig concept van een religieus of dogmatisch type.

Het beeld van de Ziel wordt door mannen op vrouwen geprojecteerd, terwijl bij vrouwen het overeenkomstige archetype, de Animus, op mannen wordt geprojecteerd.

De Ziel vertegenwoordigt het contact met de psychische en mentale aspecten, dat is de eerste benadering van een individu met zijn psychologie, bijna een inwijdingsritueel. Het is de deur die toegang geeft tot de transcendente wereld.

Het is een archetype van geweldige communicatie omdat het veel onbewuste beelden presenteert, misverstanden schept, illusies construeert en bijgevolg ook crises.

In die zin is de confrontatie met de ziel veel veeleisender dan die met de Schaduw; het gaat om het betreden van gebieden waar het risico bestaat om verpletterd te worden. Alles wat de ziel aanraakt wordt numinus, dat wil zeggen absoluut, gevaarlijk, onderhevig aan taboe, magisch.

De Animus (mannelijke component van vrouwen) vertegenwoordigt typisch praktische en concrete, rationele en reële aspecten. Hij wordt in dromen weergegeven met oorlog, de smid en soortgelijke symbolen. Het heeft inhoud van reflexiviteit, controle, analyse, weging, rationaliteit, berekening, beslissing, planning, onderscheid.

Deze twee archetypen geven ons een brede kijk op hoe tweevoudig de psyche kan zijn.

Volgens Jung bevat elk archetype een aspect van het leven en zijn tegendeel, met dien verstande dat beide hun eigen waarde en hun plaats hebben. Integendeel, het denken van Freud is gecentreerd op conflictualiteit en de strijd om een van de twee te elimineren.

Volgens Jung omvat de dualiteit van de psyche onderwerping die misbruik overwint en liefde die haat overwint. Er moet ook een harmonieuze samenwerking bestaan tussen het bewuste en het onbewuste.

De Jungiaanse dualiteit blijft ook gelden met betrekking tot de diversiteit van geslachten, aangezien de psyche mannelijke en vrouwelijke energieën in zich heeft, en elke man een vrouwelijke kant heeft, net zoals elke vrouw een mannelijke kant heeft. Het is duidelijk dat elk een dominante energie heeft, maar desondanks herbergt het, zij het op de achtergrond, ook het tegenovergestelde.

In de bas-reliëfs van Indiase tempels worden het mannelijke en het vrouwelijke voorgesteld als een man en een vrouw omarmd; allegorisch zijn het twee universele figuren. De aanvankelijke eenheid van de twee genres blijkt ook uit de religieuze of mythische verhalen, waar we lezen dat Eva wordt geboren uit een rib van Adam en Athena komt uit het hoofd (of kalf) van Zeus.

Derde fase: het archetype van de "Oude Wijze".

De derde fase komt overeen met de ontmoeting met het archetype van de "Oude Wijze", die kan worden begrepen als de vaderlijke mannelijke figuur, die het archetype van de Grance Madre weerspiegelt. De Oude Wijze bevat alle ervaring van het individu, en daarmee al zijn vermogen om te redeneren en te voorzien. Het vertegenwoordigt het transformatieve doel dat men bereikt nadat men zichzelf heeft geconfronteerd met de archetypen van de vorige fasen. In deze toestand wordt men in staat verleden, heden en toekomst te evalueren. De wijze oude man wordt afgeschilderd als een filosoof die kan adviseren.

De "Grote Moeder" vertegenwoordigt het uiteindelijke doel van de vrouwelijke psychologie. In de Jungiaanse psychologie is het een archetype van grote en ambivalente macht, tegelijkertijd vernietiger en verlosser, die voedt en verslindt. Het is bekleed met heiligheid, alsof het een van de numineuze krachten van het onbewuste is.

Vierde fase: het archetype van het Zelf.

Het archetype van het Zelf is het laatste motief van het individuatieproces, dat is de bestaansreden van het individu, dat zich aan hem openbaart en zich voor hem opent als een bloeiende bloem.

Het wordt weergegeven als licht, quatern, middelpunt van de dingen. Het symbool kan de mandala zijn, een figuur die in de boeddhistische en hindoeïstische religieuze traditie de kosmos vertegenwoordigt en is geschilderd op stof of met fresco's op de muren van tempels.

Het Zelf vertegenwoordigt het individu zelf, met alle ervaring en kennis die hij op zijn pad van individuatie heeft verzameld. Wanneer het individu het Zelf ontmoet, betekent dit dat de neurosen zijn verslagen en innerlijke harmonie is bereikt.

Daarom is het Zelf het doel, het hoogtepunt van de realisatie van de persoonlijkheid, een piek waarin alle bewuste en onbewuste aspecten van het individu samenkomen en zich verenigen.

Andere klassieke archetypen vertegenwoordigen universele beelden die tegelijkertijd positiviteit of negativiteit uitdrukken: water, het getal, de held, de tovenaar, de rebel, de soeverein, de onschuldige, de Apollo, talloze religieuze figuren, enz.

Wanneer de archetypen verwijzen naar mythische, religieuze of legendarische figuren, worden ze door Jung 'numineuze machten' genoemd, waarbij ze een term gebruiken die al is bedacht door Rudolf Otto, de Duitse theoloog en historicus van religies.

Jung en alchemie: individuatie en Opus alchemicum.

Het laatste boek dat Jung in 1956 schreef, is getiteld "Mysterium Coniunctionis" en handelt over het gelijknamige archetype, dat verwijst naar het heilige of "alchemistische" huwelijk tussen de zon en de maan. Jung concentreerde zich in veel van zijn werken op alchemie en probeerde de betekenis van "Opus alchemicum" (alchemisch werk) als een spirituele zoektocht te benadrukken.

Zijn onderzoek was gericht op het ontdekken van de bestaande analogieën tussen alchemistische processen en die gerelateerd aan de psychische sfeer. In het bijzonder analyseerde hij de fasen waarin het alchemistische werk zou plaatsvinden, dat wil zeggen, de procedure voor het verkrijgen van de steen der wijzen. Dit proces omvat enkele fasen, die oorspronkelijk vier waren:

- Nigredo of zwart worden, geassocieerd met het aarde-element.
- Albedo of bleken, geassocieerd met het element water.
- Citrinitas of vergeling, geassocieerd met het element lucht.
- Rubedo of roodheid, geassocieerd met het vuurelement.

Deze vier stadia zouden overeenkomen met het psychische proces van individuatie.

In het bijzonder zou de eerste fase van identificatie, dat wil zeggen de vergelijking met het archetype van de schaduw, overeenstemming vinden in de fase van het alchemistische proces dat nigredo wordt genoemd.

Nigredo is een Latijnse term die "zwarte kleur" of "zwartheid" betekent. Het markeert de zwarte fase van Opus, het begin van het pad van de schepping van de steen der wijzen. Het is het stadium van verrotting en verval. Dit is het meest delicate moment, gesymboliseerd door een zwarte kraai. In deze fase moeten alle ingrediënten afsterven, macereren en lang koken tot ze een donkere massa vormen.

De tweede fase, dat wil zeggen de ontmoeting met de Anima of Animus, zou correspondentie vinden in de Opus-fase van de a "albedo", een Latijnse term die "witheid" betekent. Deze fase wordt gesymboliseerd door een witte zwaan en heet Opera al Bianco. Het bestaat uit de zuivering van de vormeloze massa die het resultaat is van de nigredo, om de onzuiverheden weg te wassen en voor te bereiden op de volgende fase. In scheikundige taal komt het overeen met distillatie. Metaforisch wordt met deze passage de ziel bevrijd van de banden van vleselijkheid.

De derde fase, dat is de ontmoeting met de Oude Wijze, zou correspondentie vinden in de fase van het alchemistische proces genaamd Citrinitas.

In werkelijkheid werd deze fase vaak beschouwd als onderdeel van het albedo, terwijl andere tradities het liever als een op zichzelf staande fase beschouwen.

Citrinitas is de fase van vergeling of verbranding van de materie van Opus. De kleur is citriengeel, een symbool van wil en een dynamisch geweten. Uit de aanvankelijke verrotting werd een gedestilleerde verbinding verkregen, bestemd voor sublimatie.

De vierde fase, van de individuatie die de ontmoeting is met het archetype van het Zelf, zou correspondentie vinden in de fase van Opus genaamd Rubedo.

De Latijnse term rubedo kan worden vertaald als "roodheid". Het vertegenwoordigt de rode fase en is de voltooiing van de chemische transmutatie, die zou moeten samenvallen met de realisatie van de steen der wijzen die in staat is onedele metalen in goud om te zetten. Rubedo treedt op als gevolg van het effect van vuur, dat wil zeggen van de Geest. De symbolen zijn de feniks, de rode roos, het ei, een gekroonde koning.

Rubedo heeft ook andere symbolische waarden, gekoppeld aan het feit dat rood in de alchemistische traditie de intermediaire kleur tussen zwart en wit vertegenwoordigt. Daarom vertegenwoordigt het de combinatie van tegenstellingen en de vereniging tussen geest en materie of tussen mannelijk en vrouwelijk.

Ten slotte, zoals de nigredo overeenkomt met het fysieke lichaam van de alchemist en de albedo met zijn ziel, komt de rubedo overeen met zijn geest, dat wil zeggen met het hoogste deel van de drie bestanddelen van de mens.

Synchroniciteit.

Het is in de regio van het hart dat spontane herkenning van verbindingen plaatsvindt, wat de geest vaak pas later begrijpt. Deze verbindingen waren aanvankelijk bijna onverklaarbaar maar met absolute zekerheid waargenomen, worden ze gedefinieerd als synchroniciteit,
of toevalligheden, of gewoon wonderen.
(Ruediger Schache, Advies vanuit het hart)

Jung legt zijn theorie over synchroniciteit volledig bloot in het essay "Synchronicity as a Principle of Acausal Connections". Hij begint zijn redenering met het definiëren van de concepten causaal - acausaal.

Jung begint zijn uiteenzetting door te benadrukken hoe het concept dat ten grondslag ligt aan de natuurwetten is dat elke gebeurtenis het gevolg is van een oorzaak. Dit is echter niet altijd waar; er zijn gebeurtenissen in de natuur die niet door oorzaak-gevolgrelaties met elkaar samenhangen en daarom anders moeten worden geïnterpreteerd.

Het zou een zinloze onderneming zijn om deze gebeurtenissen in de macrofysische wereld te zoeken, al was het maar omdat het onmogelijk zou zijn ze te verklaren. Stel je voor dat een biljartbal beweegt zonder enige beweging. De bal heeft niet de impact van een andere bal ontvangen, de stuwkracht van de wind, hij bevindt zich niet op een hellend vlak. Het feit zou niet geloofwaardig zijn. zelfs niet als veel getuigen het vertelden.

Het is een bevestiging van het concept van determinisme, volgens welke elk fysiek fenomeen of elke gebeurtenis noodzakelijkerwijs wordt bepaald door een ander fenomeen of gebeurtenis die eerder heeft plaatsgevonden.

Om een fenomeen in overweging te kunnen nemen, is een enkele getuigenis niet voldoende, er zijn er veel nodig. Ondanks dit, zelfs als er veel getuigenissen zijn, zal het fenomeen blijven worden ontkend in de afwezigheid van herhaalbaarheid, dat wil zeggen de mogelijkheid om het normaal te reproduceren. Herhaalbaarheid moet onder gelijkaardige omstandigheden mogelijk zijn.

Soms kan echter zelfs een zeldzaam fenomeen in aanmerking worden genomen, zoals in de biologie gebeurt, waar een enkel exemplaar van een onbekende soort het bestaan van de hele soort geloofwaardig maakt.

De vraag die Jung zichzelf stelt is: is er, op een absoluut algemene manier, een mogelijkheid om bevestiging te krijgen van nietveroorzaakte gebeurtenissen =? Is er een reeks van ongerechtvaardigde gebeurtenissen? Zijn antwoord is positief. Jung verwijst naar de wereld van het 'toeval', waarin gebeurtenissen niet door causale verbanden met andere gebeurtenissen lijken te zijn verbonden.

Als we het over de zaak hebben, is het gebruikelijk om te beweren dat zelfs de gebeurtenissen die als "toeval" of "toevalligheden" worden gedefinieerd, kunnen worden verklaard. Wanneer deze gebeurtenissen niet aan een oorzaak kunnen worden toegeschreven, hangt het er alleen van af dat deze niet bekend is.

Maar, vervolgt Jung, het principe dat elke gebeurtenis een oorzaak moet hebben, is relatief, dat wil zeggen dat het alleen van toepassing is op de context van de macrofysische realiteit, die waarin we leven. Daarom, hoewel we toegeven dat de overgrote meerderheid van de gebeurtenissen een oorzaak moet hebben, sluit dit niet uit dat sommige gebeurtenissen die niet hebben.

Van de overgrote meerderheid van gebeurtenissen die verband houden met een oorzaak, kunnen de zeldzame gevallen waarin geen oorzaak bestaat, worden herleid tot waar, bij zorgvuldig onderzoek, een causaal verband ondenkbaar lijkt. Hier geeft Jung een voorbeeld:

> "Als ik moet constateren dat mijn tramkaartje hetzelfde nummer heeft als het theaterkaartje dat ik direct daarna koop, en als ik diezelfde avond nog een telefoontje krijg waarin datzelfde nummer als mijn telefoonnummer wordt genoemd, is er een causaal relatie lijkt mij zeer onwaarschijnlijk, en zelfs de meest gedurfde fantasie zou me niet laten denken dat er een relatie kan bestaan, hoewel elk geval op zich net zo duidelijk zijn oorzaak heeft."

Het is duidelijk dat alle toevalligheden kunnen zijn als doelen die door toeval worden geraakt, maar deze theorie kan standhouden zolang ze een redelijk niveau van waarschijnlijkheid niet overschrijdt. Bij overschrijding van deze drempel is het duidelijk dat het complex van toevalligheden onverklaarbaar wordt en niet naar een oorzaak kan worden verwezen.

Jung erkent echter de mogelijkheid dat een groep toevalligheden uitsluitend aan toeval te wijten kan zijn.

Er kunnen echter groepen toevalligheden zijn die een andere en zeer significante waarde krijgen voor degenen die de hoofdrolspelers zijn. Dit zijn de gevallen waarin het betrokken onderwerp de toevalligheden met elkaar weet te verbinden en betekenis te geven.

Het optreden van deze groepen toevalligheden bevat een numineuze component, dat wil zeggen mysterieus, heilig, wat ze significant maakt, en wanneer dit gebeurt, geeft Jung de groep de naam synchroniciteit.

Door significante toevalligheden te illustreren, groepeert Jung ze in drie categorieën.

De eerste voorziet dat er een verband bestaat tussen een psychische toestand van het subject en een eigentijdse en objectieve gebeurtenis, die overeenkomt met de psychische toestand. Een voorbeeld is de episode die door Jung zelf wordt verteld: terwijl een patiënte hem vertelde dat ze van een kever had gedroomd, botste een dergelijk insect tegen het raam van de studie.

De tweede categorie van significante toevalligheden stelt dat er een verband bestaat tussen de psychische toestand van een subject en een externe gebeurtenis, die op een andere plaats plaatsvindt, maar later kan worden geverifieerd. De talloze getuigenissen van dromen die de dood van een persoon aankondigen, waarvan dan blijkt dat ze tegelijkertijd met de droom hebben plaatsgevonden, kunnen als voorbeelden worden gebruikt.

De derde categorie stelt dat er een verband bestaat tussen de psychische toestand van het subject en een gebeurtenis die nog niet heeft plaatsgevonden, maar die in de toekomst zal plaatsvinden. Het kan bijvoorbeeld gebeuren dat u plotseling denkt aan een persoon die u uit het oog bent verloren en de volgende dag ontmoet.

In alle drie de gevallen is de noodzaak van het bestaan van een psychische toestand duidelijk die het subject in staat stelt de signalen te onderscheppen die de gebeurtenis aankondigen, ze een betekenis te geven en op zichzelf die lading van verwachting te motiveren die zal samenvallen met de vervulling van de gebeurtenis zelf.

Helaas worden de tekenen die we vooraf zouden kunnen definiëren, vaak genegeerd, hoe talrijk ze ook zijn, omdat we van nature gewend zijn de wereld te zien volgens de parameters van de deterministische macrofysica en afwezig te kijken naar ongebruikelijke gebeurtenissen en vreemde toevalligheden, en ze te degraderen tot onbelangrijke gevallen.

Geboorte van een synchroniciteit.

In zijn artikel "Synchronicity as a Principle of Acausal Connections", gepubliceerd in 1952, noemt Jung een voorbeeld van synchroniciteit:

> “Om een van de vele voorbeelden te noemen, heb ik de volgende zaak opgemerkt, gedateerd 1 april 1949. Het is vandaag vrijdag. We hebben vis als lunch. Iedereen herinnert zich en passant het gebruik van "April Fool". In de loop van de ochtend had ik een inscriptie opgeschreven: “Est homo totus medius piscis ab imo”. 's Middags laat een voormalige patiënte die ik al maanden niet meer gezien heb, me enkele bijzonder suggestieve foto's van vissen zien, die ze ondertussen heeft geschilderd. 's Avonds laten ze me een borduursel zien dat zeemonsters in de vorm van vissen voorstelt. Op 2 april, vroeg in de ochtend, vertelt een voormalige patiënt die ik al jaren niet meer had gezien me een droom waarin ze, terwijl ze zich aan de oever van een meer bevindt, een grote vis op zijn beurt resoluut ziet zwemmen en "landt" , om zo te zeggen, aan zijn voeten. In deze periode ben ik bezig met onderzoek naar het historische symbool van de vis. Slechts één van de hierboven genoemde mensen weet het. Er is een duidelijk vermoeden dat het in dit geval een significant toeval kan zijn, een losse relatie. Ik moet toegeven dat deze concentratie indruk op me maakte. Voor mij had het een zeker numineus karakter. In dergelijke gevallen wordt wel eens gezegd: "Het kan geen puur toeval zijn!". Vissen komen vaak naar voren als symbolen van onbewuste inhoud."

Figuur 15 - Laten we ons voorstellen dat het gestippelde vierkant een periode van iemands leven omsluit, die we Filips noemen. Een dag, een week of langer. Elk punt vertegenwoordigt een van de talloze gebeurtenissen die zich in deze periode hebben voorgedaan.

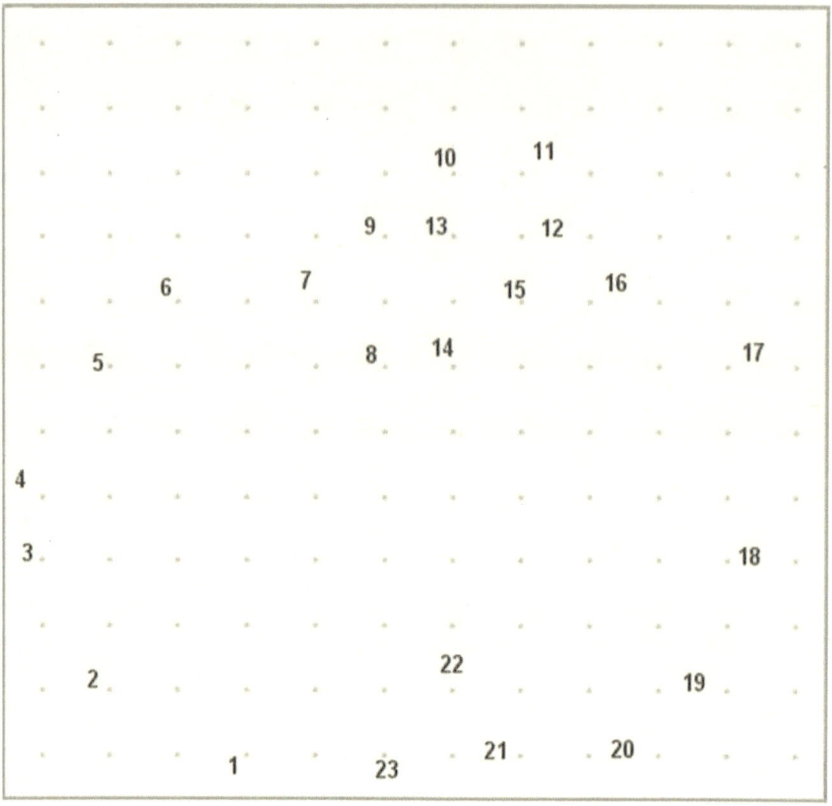

Afbeelding 16 - Natuurlijk zijn sommige afleveringen relevanter dan andere. Dan zijn er enkele (die vetgedrukt zijn gemarkeerd) die een bijzonder belangrijke waarde krijgen voor Philip, zelfs als hij zelf de redenen niet kan verklaren.

In de taal van de vormpsychologie is betekenis de kwaliteit die dingen van niet-dingen onderscheidt, de centrale scène van de achtergrond, de relevante acties die niet-relevante vormen en contouren samenstellen.

We zouden waarnemingen kunnen onderverdelen in foto's en films, om te suggereren dat er niet alleen onmiddellijke waarnemingen zijn, vergelijkbaar met foto's. We zien vaak wat meer gestructureerde situaties, met hun eigen timing, complexe gebeurtenissen die opvallen tegen de achtergrond van andere gebeurtenissen, zoals gebeurt in films waarin de centrale actie alle aandacht trekt ten koste van de contouren.

In dit geval hebben we het over gebeurtenissen, omstandigheden, significante toevalligheden, elk met hun eigen betekenis. Alles bij elkaar dragen ze bij aan het bouwen van een meer complexe vorm, bestaande uit filmfragmenten, elk onafhankelijk van de ander, maar over het algemeen begiftigd met een symbolisch karakter met betrekking tot de gebeurtenissen en behoeften van ons leven. In dit geval hebben we het over synchroniciteit.

Waarschijnlijk de eenvoudigste methode om uit te leggen wat een synchroniciteit is, is door het proces te simuleren waarmee het is opgebouwd, dat wil zeggen dat het vorm krijgt in het bewustzijn van een individu.

We zullen ons daarom voorstellen de passages te reconstrueren waardoor een synchroniciteit zou kunnen ontstaan en effectief zou kunnen worden in het geweten van een vriend, aan wie we de conventionele naam Philip toekennen.

Philip en zijn huwelijk.

Figuur 15 omsluit symbolisch in een afgebakend gebied (een vierkant) een periode in Philips leven, redelijkerwijs een week. Elke stip in het gebied staat voor een van de talloze gebeurtenissen waarbij hij in die periode betrokken was, van het strikken van zijn schoenen in de ochtend tot het uitdoen van het licht en het naar bed gaan 's avonds. Elke stip heeft zijn belang, maar sommige gebeurtenissen zijn zeker relevanter dan andere, zoals het bijvoorbeeld een lof kan zijn die op het werk wordt ontvangen in vergelijking met het weggooien van afval in de prullenbak.

Er zijn echter enkele situaties die in het bijzonder in Philip's geest gegrift blijven, ook al kan hij niet uitleggen waarom. Dit zijn gebeurtenissen die geen verband met elkaar hebben en evenmin verband houden met de gewone gang van zaken.

Het zijn gewoon lichtflitsen die de geest verblinden, net zoals een bliksemschicht het oog kan verblinden. Zoals u weet, duurt het even voordat het effect van een flits het oog van ongemak verlost, en zo blijft het vreemde gevoel dat door sommige gebeurtenissen wordt opgewekt, zonder specifieke reden in de geest flikkeren.

In figuur 16 en 17 wilde ik alles weergeven alsof het het bekende spel “Connect the dots” was.

Philip moet er inderdaad naar streven om vreemde feiten, dromen en toevalligheden met elkaar te verbinden om ze te begrijpen, dat wil zeggen, om een vorm te bouwen die een gemeenschappelijke betekenis geeft aan gebeurtenissen die schijnbaar niets gemeen zou moeten hebben.

De nacht tussen maandag en dinsdag heeft Filippo een vreemde droom. Hij bevindt zich op een eiland in de Stille Oceaan en is betrokken bij een feest georganiseerd door de dorpelingen. Velen dansen, anderen spelen instrumenten die kenmerkend zijn voor de plaats en weer anderen bieden bloemenkronen, allemaal in een sfeer van serene vreugde. Een jonge vrouw nadert Philip en zet op zijn hoofd een kroon van heldere en geurige bloemen, die op zijn schouders rusten en op zijn borst neerdalen. Plotseling, terwijl hij deelneemt aan de feestelijke sfeer, slaat Philip zijn blik neer en ziet een klein insect dat uit de kelk van een bloem glipt en aan de bloembladen begint te knabbelen. Kort daarna verschijnen andere insecten en vallen alle bloemen in de kroon aan, die snel verwelken en rotten. De droom verandert in een nachtmerrie; Philip schrikt wakker en realiseert zich dat hij alleen een onaangename droomervaring heeft gehad, maar het beeld van de prachtige bloemen die onder zijn ogen wegrotten, blijft levendig in zijn bewustzijn.

De volgende dag ontdekt hij dat er een documentaire wordt uitgezonden over de militaire organisatie van het Romeinse rijk op een tv-zender die hij normaal niet volgt. Hij is altijd al geïnteresseerd geweest in de geschiedenis van het oude Rome, dus besluit hij de show te volgen. De film presenteert de organisatie van een "castrum". Het castrum was het kamp dat elk legioen aan het einde van een dagmars in een paar uur moest bouwen. Aanvankelijk groef het leger een gracht en bouwde er een palissade in. Binnen de palissade Het land werd verdeeld door de "Via Principalis" en de "Via Praetoria". De tenten van het commando, officieren en soldaten waren in de verschillende sectoren opgesteld. Aan het einde van de bouw bracht de commandant een offer aan de goden om het nieuw opgerichte kamp te beschermen.

"Hoe vreemd, - denkt Philip, - dat ze bij elke gelegenheid offers brachten, dus waarom hebben ze in zo'n goed georganiseerd kamp niet ook een kleine tempel voor de goden opgericht?".

Deze gedachte verbaast hem: hij had nooit gedacht dat hij zich zorgen zou maken over het bouwen van een religieuze tempel. Filippo wil de gedachte opzij zetten, maar dit keert voortdurend terug in zijn hoofd.

Het derde merkwaardige toeval vindt plaats na een paar dagen, terwijl hij op kantoor aan het werk is, en hij merkt dat hij worstelt met een marker die, te lang zonder dop gebleven, niet wil schrijven. Ongeduldig gooit hij het in de prullenbak. Guido, een collega, grijpt in en vertelt hem:

'Gooi het niet weg, maar geef het aan mij. Met een beetje geduld zal ik het regenereren en gebruiken voor aankondigingen om op het prikbord van de club te plaatsen".

Guido is secretaris en factotum bij de bowlingclub die beide aanwezig is en waar door schaarse middelen de neiging bestaat om op alles te besparen.

Filippo wordt getroffen door het beeld van het prikbord van de club en door de noodzaak om met geborgen stiften te schrijven.

In een paar dagen, onbegrijpelijk, werd Filippo aangetrokken door een reeks merkwaardige en volledig onsamenhangende feiten. Hij begint zich af te vragen of dit allemaal wel zin heeft.

Ze droomde van verse bloemen die verwend worden door ongedierte. Hij was verrast door het ontbreken van een heidense tempel.

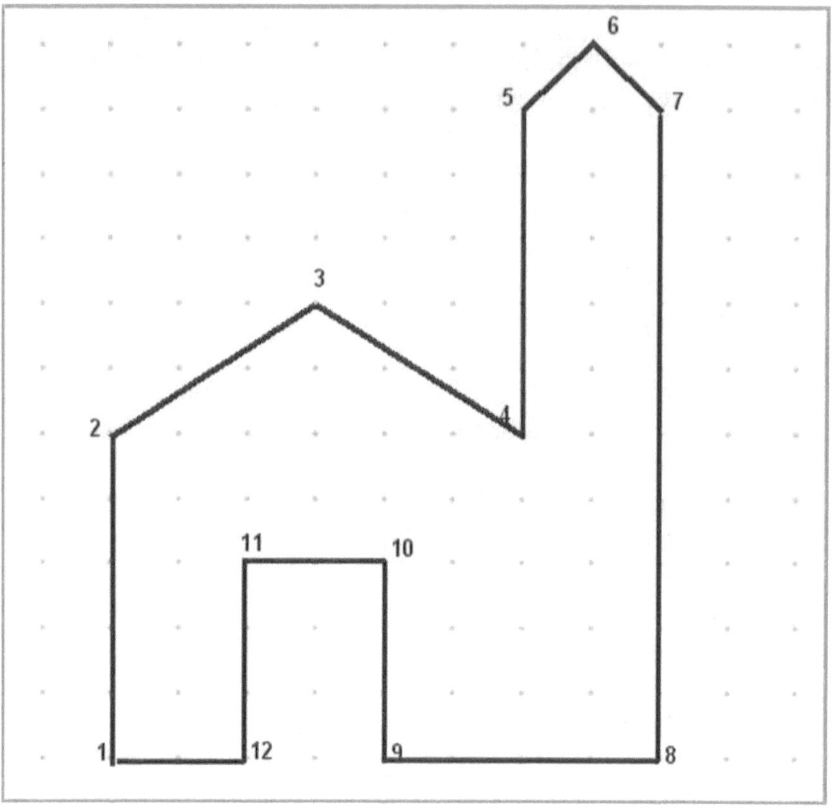

Figuur 17 - Aanzienlijke toevalligheden maken het mogelijk om een "vorm" in het bewustzijn van Philip te materialiseren, zoals zou kunnen gebeuren in het spel "Connect the dots".

Denk aan een prikbord waarop u schrijft met markeringen die niet op voorraad zijn.

Plotseling, als in een flits, explodeert de gemeenschappelijke link letterlijk in Philip's geest.

De gemene deler is natuurlijk een kerk. Niet zomaar iemand, maar de kleine kerk waar hij trouwde. De bloemen zijn die van de ceremonie, de tempel is de kerk zelf, het prikbord is degene met de aankondiging van de bruiloft.

In onze "Connect the Dots"-metafoor voor het spel, zoals te zien is in figuur 17, verbindt Philip de stippen en verkrijgt hij de vorm van de kerk, die hij onmiddellijk identificeert als de kerk waarin hij trouwde.

Nog niet genoeg, de kerk is gewoon een symbool, de som van vele symbolen.

Philip moet de boodschap gaan begrijpen die achter deze symbolen schuilgaat: de bloemen die worden aangevallen door insecten en rotten, de votieftempel die er niet is, de uitverkochte marker. Dit alles in verband met de kerk waar zijn huwelijksavontuur begon, doet hem begrijpen dat zijn leven als koppel heeft geleden onder enige verwaarlozing en dat zijn huwelijk een moeilijke tijd doormaakt. Dit alles gebeurde terwijl hij, die druk was met werk en dagelijkse bezigheden, er niets van merkte.

Als Filippo de synchroniciteit kan ontcijferen waarvan hij de hoofdrolspeler was, zal hij waarschijnlijk zijn huwelijk weer op de rails kunnen zetten.

Matthew en de frequentie van het getal 31.

Het tweede voorbeeld dat ik presenteer is gebaseerd op de ongebruikelijke frequentie waarmee een nummer onder onze aandacht kan komen. We zullen het hebben over Matthew en zijn herhaalde ontmoetingen met het getal 31.

Op een bleke herfstochtend maakte Matteo, de verkoopmanager van zijn bedrijf, afspraken met een aantal klanten. De belangrijkste had hij als laatste achtergelaten, die met Dr. Corradini, inkoopmanager van een bedrijf met een omzet van groot belang, maar met een onvriendelijk en soms onaangenaam karakter. Matteo voelde zich altijd ongemakkelijk in de verschillende zakelijke contacten die hij met hem moest hebben. Met een zucht pakte ze de hoorn op en belde hem. Dokter Corradini was die dag buitengewoon sympathiek, zodat het gesprek al snel werd afgesloten met het maken van een afspraak.

- Dus dokter, kunnen we afspreken op de 31e? - Matteo heeft voorgesteld.

- Voor zo lang? - Corradini maakte bezwaar.

- Nou, het is het einde van de maand, nog een week te gaan.

- Maar kijk, je hebt het mis. We zijn in november, dat duurt 30 dagen. Welke kalender gebruik je? De Azteekse?

Matteo was even in de war, toen voelde hij dat hij wegzakte. Wat een fout! Gewoon met Corradini! Hij mompelde wat smoesjes en zette de afspraak op 30.

De episode, echter liet hem verontrust. Hoe kon hij zich zo vergist hebben in de datum van een belangrijke afspraak? Het was duidelijk dat november 30 dagen heeft. Het bekende kinderrijmpje zegt het ook: "Dertig dagen heeft november, met april, juni en september...". En toen had hij de agenda open op tafel. Hoe had hij die vervloekte 31 kunnen bedenken, zichzelf blootstellend aan de ironie van de gesprekspartner?

Voor de rest van het werk van de dag kon Matteo niet veel afmaken, met die 31 die hem kwelde.

Eindelijk kwam de uitlooptijd en Matteo ging de straat op om naar de bushalte te gaan, waar hij zou wachten op bus 218 die hem naar huis zou brengen. Maar hier vond hij een bordje: “Wegens werkzaamheden is bus 218 tijdelijk geschorst. Als alternatief kunnen reizigers bus 31 nemen die langs de Via Zanardelli loopt”.

Als hij dacht dat hij het getal 31 kwijt was, had Matthew het mis. Hij nam dit nieuwe voertuig dat hem in ieder geval in de buurt van zijn huis bracht, maar voordat hij naar het huis ging, ging hij naar de stomerij om wat kledingstukken terug te nemen.

Pina, de meesteres van de was, overhandigde hem de kleren met het bonnetje.

- Dat is 33 euro.

Matteo was niet gierig, maar hij hield ervan om waar mogelijk te onderhandelen.

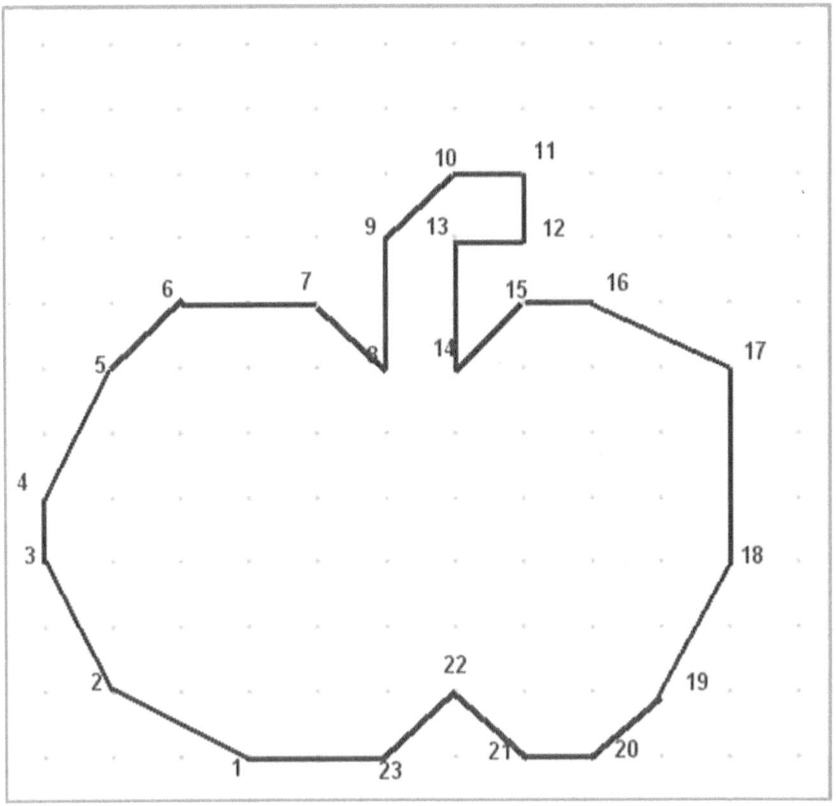

Afbeelding 18 - Het spel 'Verbind de stippen' als metafoor voor de synchroniciteit waarmee Matteo te maken heeft en, door de symboliek van de pompoen, hem ertoe brengt zijn aandacht te richten op de Halloween-feesten van zijn jeugd.

- Zo veel? 33 euro? Kom op Pina, ik had een slechte dag, laat me 30 euro betalen.

Maakt u een grapje, meneer Matteo? Ik zou je de elektriciteitsrekening laten zien die vandaag is binnengekomen! En dan bedenkt de overheid elke dag een nieuwe belasting. Kijk, meneer Matteo, ik kan geen kortingen geven op de prijs. Alleen voor deze tijd kan ik u echter slechts 31 euro in rekening brengen. Meer kan ik niet wegnemen, geloof me!

Matteo betaalde en ging naar buiten. Pas toen hij weer op straat stond, realiseerde hij zich dat het nummer 31 weer in zijn leven was gekomen.

De hele avond piekerde hij over dat vreemde aandringen van het getal 31. Toen hij in bed stapte, merkte hij dat hij niet kon slapen. De slechte figuur met Corradini brandde op een bepaalde manier. Matteo werd geraakt door de ironie van zijn antwoord:
“Maar welke kalender gebruik je? De Azteekse?".
Ja, november heeft 30 dagen. Misschien had hij verward met de vorige maand, oktober, die 31 oplevert.
- 31 oktober. Wat doet me denken aan deze datum? - zei Matteo tegen zichzelf.
Natuurlijk, Halloween! (Afb. 18)
Hij begon terug te denken aan de Halloween-avonden die hij met zijn vriend Fulvio had doorgebracht. Elk jaar, op Halloweennacht, plaatsten de twee een grote lege pompoen met een brandende kaars erin, aan de monding van een brug. Daarna wachtten ze op voorbijgangers en schreeuwden en kakelden ze om hen bang te maken.
Fulvio was een paar jaar ouder dan hij en was een echte meester in het stelen van de meest geschikte pompoen op het omliggende platteland.
Matthews gedachten dwaalden lange tijd door deze herinneringen. Hij had al een hele tijd niets meer van Fulvio gehoord. Wie weet hoe het met hem ging?
Hij keek op zijn horloge. Het was nog niet te laat om te bellen. Uit een oud dagboek haalde hij Fulvio's nummer op en belde hem.
Fulvio's ontvanger ging met ongelooflijke kracht over in de stilte van zijn huis. Hij, zittend aan zijn bureau, was met stomheid geslagen. De telefoon ging opnieuw, dwingend, aanmatigend.

Fulvio legde het pistool dat hij in zijn rechterhand hield op tafel en pakte de hoorn.
- Hallo oude man, hoe gaat het met je? Je kent me? Ik ben Matteo.
Hij was stomverbaasd. Hij schoof het papier en de pen voor zich opzij en antwoordde:
- Natuurlijk herken ik je. Waarom dacht je eraan om mij te bellen?
- Nou, ik dacht dat we elkaar al lang niet meer hadden gezien en het zou leuk zijn om elkaar te ontmoeten om wat ideeën uit te wisselen. Wat zeg je, kan het?
Fulvio staarde als verbijsterd naar de hoorn. Hij was niet meer alleen, iemand had aan hem gedacht, de engel van de nacht was gekomen om zijn hand uit te steken. Plotseling leek zijn eenzaamheid minder overweldigend, en een hele film van teleurstelling en bitterheid keerde terug in zijn geest en bracht hem terug naar het punt waar het kruispunt tussen hoop en wanhoop nog steeds levensvatbaar was, de keuze kon opnieuw worden gemediteerd. Ja, de voet aan de rand van het ravijn kon nog worden teruggetrokken. Een nieuwe beslissing was mogelijk.
Fulvio besloot met de snelheid van de bliksem. Hij pakte het pistool en legde het terug in de la.
"Natuurlijk kan het, mijn vriend... ja, mijn vriend, het kan zeker, laten we afspreken!".
Het verhaal van Matteo en Fulvio eindigt hier. Niemand zal ooit weten dat Fulvio die avond werd gered dankzij een reeks vreemde toevalligheden waarbij Matteo betrokken was, allemaal gekoppeld aan het nummer 31.
Niemand zal ooit weten welke procedure (zeker niet logisch) Matteo ertoe bracht enkele algemene verwijzingen naar het getal 31 om te zetten in een belangrijke datum, de herhaling van Halloween, en vervolgens tot het besluit te komen om contact op te nemen met zijn jeugdvriend.
Niemand zal weten hoeveel andere keren dit soort verhalen echt zijn gebeurd..

Het nummer, het archetype van de bestelling.

"Niet alles wat geteld kan worden, telt
en niet alles wat er toe doet, is te tellen."
(Handgeschreven bord in de studio van Einstein)

Cijfers en synchroniciteit.

Numerieke toevalligheden weten iedereen te fascineren, vooral wanneer ze in korte tijd regelmatig worden herhaald, zelfs in verschillende situaties: dezelfde tijd, hetzelfde huisnummer, hetzelfde boekingsnummer, enzovoort. Velen worden erdoor getroffen, maar niet iedereen gelooft dat er een betekenis is of probeert erachter te komen.

De herhaling van hetzelfde nummer verbergt vaak een zeer persoonlijke boodschap, die intuïtief moet worden gevoeld door in de plooien van het onbewuste te graven. De intrinsieke symbolische betekenis van het getal zelf, volgens oude tradities, kan helpen bij dit onderzoek. Door middel van een numerieke allegorie kunnen we protagonisten zijn van een synchroniciteit die probeert een inhoud van mysterieuze, misschien goddelijke oorsprong te onthullen.

De praktijk van het vaststellen van zinvolle toevalligheden op basis van getallen is geworteld in de meest verre geschiedenis van de mens. Men kon het aantal vogels in de kudde tellen, het aantal stenen van dezelfde vorm of kleur, het aantal planten op dezelfde open plek. Het getal zelf is bijzonder en mysterieus, dat wil zeggen, volgens Jung heeft het een betekenis die altijd numineus, vreemd, goddelijk is.

Sommige wiskundeleraren instrueerden hun discipelen op deze manier: als we een groep objecten nemen en ze ontdoen van elke eigenschap zoals gewicht, vorm, grootte enzovoort, zullen we er maar één niet kunnen elimineren: hun aantal. Het aantal is een onvermijdelijke hoeveelheid.

Er is een nauwe relatie tussen getal en synchroniciteit, omdat beide zijn bekleed met heiligheid en mysterie. Het nummer is altijd aanwezig in elke synchroniciteit, in welke vorm dan ook: hoeveelheid, datum of iets anders; het is vaak verborgen onder uitdrukkingen zoals "zo veel", "weinig", "zeer groot", "oneindig".

Elk object kan in zijn eenheid of in zijn veelheid worden beschouwd. Het is het getal dat een precieze volgorde vaststelt, daarom schept het hiërarchie, orde, samenhang, organisatie en uiteindelijk duidelijkheid.

Figuur 19 - Het Tetraktys of quaternaire getal vertegenwoordigde voor de Pythagoreeërs de rekenkundige reeks van de eerste vier natuurlijke getallen, of beter gezegd positieve gehele getallen.

Het nummer wordt beschouwd als een van de belangrijkste archetypen en Jung definieert het als het archetype van de orde. In feite schept het discipline in chaos; het stelt ons in staat een regelmaat vast te stellen en te begrijpen die a priori van ons onderzoek bestaat, zelfs wanneer deze bij de eerste controle afwezig zou zijn.

Het getal is dan het element dat sinds het begin van de mensheid orde in de geest schept, daarom het dichtst en het meest intuïtief voor menselijke intelligentie. Een voorbeeld hiervan zijn de tekeningen van handen gevonden in paleolithische grotten. Naast schilderijen van bizons, paarden, neushoorns en andere diersoorten, zijn er ook handafdrukken gevonden met gele of rode oker. De bekendste zijn die in de "Cue-vas de las manos pintas" (grot van de geschilderde handen) in Patagonië, in Rio Chubut.

Datering traceert deze handafdrukken tot minstens 14.000 jaar geleden. Dit zijn handen met goed gespreide vingers. Afgezien van de boodschap die de kunstenaar wilde overbrengen en die we volgens antropologen waarschijnlijk nooit zullen weten, is de weergave van het getal vijf heel duidelijk voor het oog. Zoals gewoonlijk gebeurt en zoals Occam's Razor suggereert, is de eenvoudigste en meest directe interpretatie vaak de meest correcte.

In de oudste traditie hebben alle getallen een mystieke betekenis en een heiligheid aangenomen die vandaag de dag nog steeds bewaard is gebleven; in het bijzonder wordt aangenomen dat alle getallen van 1 tot 9 "heilig" zijn.

De Tetraktys van de Pythagoreeërs.

Pythagoras, Griekse filosoof en wiskundige die leefde in de zesde eeuw. BC bedoelde hij wiskunde als de wetenschap die in staat is om orde te scheppen in de ogenschijnlijke chaos van de wereld. Hij stichtte een school in Crotone; om toegelaten te worden moesten de studenten zweren op de Tetractys: "Ik zweer het, bij degene die aan onze ziel de Te-tractys heeft doorgegeven waarin de bron en de wortel van de eeuwige natuur worden gevonden...".

De Tetraktys vertegenwoordigt de rekenkundige reeks van de eerste vier positieve gehele getallen (Fig. 19). Deze getallen zijn gerangschikt in de geometrische vorm van een gelijkzijdige driehoek met zijde "vier", waardoor een piramide wordt gevormd die de relatie tussen zichzelf en tien samenvat. In feite, volgens de zogenaamde theosofische som, 1 + 2 + 3 + 4 = 10. Op zijn beurt verwijst 10 naar eenheid door 1 + 0 = 1 op te tellen.

De co-smogonische principes en de vier elementen van de natuur komen overeen met de vier niveaus van de Tetraktys.

De gulden snede.

Sommige nummers zijn echt bijzonder, zoals het nummer 1.618 bijvoorbeeld. Deze waarde geeft de ideale verhouding aan (let bijvoorbeeld op de verhouding tussen breedte en hoogte van een standaard fotolijst) en de formule is:

$\sqrt{5} + 1) / 2 = 1.618 ...$

Het wordt normaal gesproken aangegeven met de Griekse letter Fi Φ en wordt het gulden getal, of de gulden snede, of de gulden snede, of de constante van Phidias genoemd. Plato, die het in zijn werk Timaeus noemt, noemt het de fysieke sleutel van de kosmos. In de Middeleeuwen werd de gouden proportie overgenomen door Leonardo Fibonacci uit Pisa, waarvoor het tegenwoordig vooral bekend staat als de Fibonacci-reeks (fig. 20).
De Fibonacci-reeks is een reeks positieve gehele getallen waarin elk getal dat begint met de derde de som is van de vorige twee en de eerste twee per definitie gelijk zijn aan 1.
Daarom wordt de reeks weergegeven door getallen:

1, 1, 2, 3, 5, 8, 13, 21, 34, 55, 89,144, 233, 377, 610 ...

en kan eindeloos doorgaan. Fibonacci's bedoeling bij het uitwerken van deze serie was inderdaad om een wiskundige wet te vinden die de groei van een konijnenpopulatie beschrijft. Hij had niet gedacht dat hij een van de wonderbaarlijke natuurlijke regels van de kosmos zou ontdekken. In feite is de Fibonacci-serie aanwezig in praktisch alle elementen van de natuur en onthult een project van ongelooflijke elegantie.

De relatie tussen de lengte van de arm en de onderarm van een volwassen man is "gouden", evenals tussen de lengte van het been en het onderste deel. Dezelfde gulden snede wordt ook gevonden tussen de vingerkootjes van de middel- en ringvinger.

De wiskundige en geometrische eigenschappen van de gulden snede die met ongelooflijke constantheid worden herhaald in de meest uiteenlopende natuurlijke contexten, zijn een bevestiging van het bestaan van een nauwe relatie tussen een "creatieve entiteit" en de schepping. Het toeval zou zeker niet tot zo'n regelmaat van perfectie en schoonheid hebben geleid.

Wanneer het nummer een inhoud als de gulden snede onthult, blijkt het het instrument en de bemiddelaar te zijn van een relatie tussen het geheel en het deel, evenals tussen elk groter deel en het respectievelijke kleinere deel.

Niemand ontkent het bestaan, in deze natuurlijke configuratie, van een ideaal van schoonheid en harmonie, dat de namen "Aurea" en "Divina" ruimschoots rechtvaardigt.

In de botanie is misschien wel het belangrijkste voorbeeld van een effectieve aanwezigheid van de gulden snede vertegenwoordigd door de geometrische opstelling van de bladeren en bloeiwijzen van sommige planten.

Halverwege de 19e eeuw ontdekte Auguste Bravais, een Franse botanicus, in een reeks studies die hij met zijn broer Louis had uitgevoerd, dat bij veel planten de bladeren op de stengel zijn gerangschikt volgens een spiraal waarin de hoek tussen twee opeenvolgende bladeren bijna constant is en is ongeveer 137,5°, wat overeenkomt met de gouden hoek. Deze opstelling garandeert een optimale toegang en genot van elk blad in zonlicht.

Maar er zijn veel voorbeelden in de natuur. Het aantal bloembladen is bijvoorbeeld meestal gelijk aan een Fibonacci-reekswaarde. Heel veel, zoals irissen en lelies, hebben er bijvoorbeeld drie. Hondsroos heeft vijf of acht, zoals boterbloem en frangipane (ook wel plumeria genoemd). Veel madeliefjes hebben er 13, dus het spel "houdt van me, houdt niet van me" eindigt bijna altijd met de troostende "houdt van me"; dit gebeurt ook wanneer je in plaats van het madeliefje het meer gebruikelijke "weidemargriet" gebruikt, die 21 heeft. De composieten, ook wel asteracee genoemd, een enorme botanische groep die onder andere zonnebloemen, gerbera's en chrysanten omvat, hebben 34, 55 of 89 , terwijl de gewone witlof, die tot dezelfde familie behoort, er 21 heeft.

Dit zijn allemaal getallen die deel uitmaken van de Fibonacci-reeks. Verbazingwekkend hoe natuurlijke uitdrukkingen die men bij toeval zou willen hebben gegenereerd, allemaal wiskundige kenmerken hebben die zijn geïnspireerd op één enkele bron.

Naast de menselijke anatomische vormen, zoals reeds vermeld, zijn ook die van veel dieren zoals zeesterren geïnspireerd op de gulden snede; het duidelijkst doen spiraalvormige wezens dat, zoals wordt gesuggereerd door de schaal van de Nautilus. Maar dat is nog niet genoeg: op dit punt zou het ons niet meer moeten verbazen dat de vormen van de Melkweg en andere sterrenstelsels ook zijn geïnspireerd op de gulden snede.

Op het gebied van de geneeskunde zijn er belangrijke ontdekkingen gedaan in de studie van de menselijke beweging. In 2013 was het bijvoorbeeld mogelijk om te bevestigen dat bij het lopen de relatie tussen de "stand"-fase (ondersteuning) en de "swing"-fase (wanneer de voet voortbeweegt zonder de grond nog te raken) gelijk is aan de gulden snede. Dit zou bedoeld zijn om de stap proportioneel te maken om de controle door de hersenen te vergemakkelijken.

De vloek van de negende symfonie.

Velen associëren het getal negen zelfs met de dood. Deze negatieve correlatie begon stand te houden toen Gustav Mahler in 1911 stierf; hij had net de negende symfonie "Das Lied von der Erde" (Lied van de Aarde) voltooid en legde snel zijn hand op de tiende, in de hoop te zijn ontsnapt aan het lot van Beethoven, die kort na het voltooien van zijn Negende symfonie stierf (Koraalsymfonie) .

De vloek van de Negende symfonie werd geboren en gevoed tussen 1800 en 1900 en bestaat nog steeds met verwijzing naar het feit dat veel componisten zijn overleden nadat ze het hebben gecomponeerd. Onder de beroemdste slachtoffers, naast Mahler en Beethoven, kunnen we noemen:

- Louis Spohr, of Ludwig Spohr (Braunschweig, 5 april 1784 - Kassel, 22 oktober 1859) Duitse componist, violist en dirigent.
- Franz Schubert (Wenen, 31 januari 1797 - Wenen, 19 november 1828) Oostenrijkse componist en pianist uit de Romantiek.
- Antonín Dvořák (Nelahozeves, 8 september 1841 - Praag, 1 mei 1904) Tsjechische componist.
- Ralph Vaughan Williams (Down Ampney, 12 oktober 1872 - Londen, 26 augustus 1958) Britse componist, auteur van symfonieën, kamermuziek, opera's, koormuziek en soundtracks.
- Joseph Anton Bruckner (Ansfelden, 4 september 1824 - Wenen, 11 oktober 1896) Oostenrijkse componist.
- Kurt Atterberg (Göteborg, 12 december 1887 - Stockholm, 15 februari 1974) Zweedse componist, dirigent en muziekcriticus.
- Elie Siegmeister (New York, 15 januari 1909 - Manhasset, 10 maart 1991) Amerikaanse componist, muziekleraar en dirigent.
- Roger Sessions (Brooklyn, 28 december 1896 - Princeton, 16 maart 1985) Amerikaanse componist, muziekcriticus en academicus.
- Egon Joseph Wellesz (Wenen, 21 oktober 1885 - Oxford, 9 november 1974) is een Oostenrijkse musicoloog, componist en docent.
- Peter Mennin (Erie, Pennsylvania 17 mei 1923 - New York 17 juni 1983) belangrijke Amerikaanse componist van Italiaanse afkomst.
- Sir Malcolm Henry Arnold (Northampton, 21 oktober 1921 - Norwich, 23 september 2006) Britse componist.

In een essay over Mahler schreef Arnold Schönberg:

> "Het is alsof de Negende een limiet is. Wie het wil overwinnen, moet sterven. Het lijkt alsof ons iets wordt meegedeeld via de Tiende symfonie. het is iets dat we

nu niet kunnen weten, waar we niet klaar voor zijn. Degenen die de Negende symfonie hebben geschreven, zijn te dicht in de buurt gekomen van wat we de "Beyond" noemen

De club van 27.

De Engelse uitdrukking "Club 27" verwijst naar artiesten, voornamelijk rockzangers, die op 27-jarige leeftijd zijn overleden. De uitdrukking "Vloek van J27" wordt ook vaak gebruikt om te verwijzen naar het feit dat hun naam of achternaam begint met de letter J.

Dit geloof ontstond na de dood van Jimi Hendrix, Janis Joplin en Jim Morrison. Velen geloven dat de eerste artiest die het slachtoffer werd van de vloek Robert Johnson was, die (naar verluidt) zijn ziel aan de duivel verkocht voor succes. Anderen kennen de eerste ledenmedaille van de club toe aan Alexandre Levy, die in 1892 op 27-jarige leeftijd stierf.

In 2009, ter gelegenheid van de 15e verjaardag van de dood van Kurt Cobain, verklaarde Robert Smith van National Public Radio: "De dood van deze rocksterren op 27-jarige leeftijd heeft een ware revolutie teweeggebracht in de manier waarop mensen naar rock kijken."

De dood van zoveel artiesten op zo'n jonge leeftijd is zelfs terug te voeren op alcohol- of drugsmisbruik, auto-ongelukken of zelfs zelfmoord.

Hier zijn enkele leden van Club 27:

- Jim Morrison, (8 december 1943 - 3 juli 1971), dichter, schrijver en geldschieter, officieel overleden aan een hartstilstand (maar er werd nooit autopsie uitgevoerd).
- Amy Winehouse, (14 september 1983 - 23 juli 2011) singer-songwriter, stierf aan vermeend alcoholmisbruik.
- Brian Jones, (28 februari 1942 - 3 juli 1969) oprichter van de Rolling Stones. Hij verdronk in het zwembad van zijn villa.

- Janis Joplin, (19 januari 1943 - 4 oktober 1970) lead voice en songwriter voor de Big Brother en The Holding Company. Overleden aan een overdosis heroïne.
- Jimi Hendrix, (27 november 1942 - 18 september 1970) Pionier en virtuoos van de elektrische gitaar. Hij stierf aan verstikking door braken na inname van alcohol en kalmeringsmiddelen.
- Kurt Cobain, (20 februari 1967 - 5 april 1994) zanger en gitarist van Nirvana. Overleden door zelfmoord.
- Kim Jong-yun, (8 april 1990 - 18 december 2017) componist en zanger van de K-Pop groep SHINee. Overleden door zelfmoord.
- Robert Leroy Johnson (8 mei 1911 - 16 augustus 1938) Amerikaanse singer-songwriter en gitarist. Stierf door onbekende oorzaken.
- Cecilia, Evangelina Sobredo Galanes (11 oktober 1948 - 2 augustus 1976), Spaanse singer-songwriter, toegewijd aan het popgenre. Hij sterft in een auto-ongeluk.
- Chris Bell (12 januari 1951 - 27 december 1978) zanger en gitarist. Hij stierf in een auto-ongeluk.
- Alexandre Levy (10 november 1864 - 17 januari 1892) Braziliaan, pionier van de fusie tussen klassieke compositie en populaire ritmes van Brazilië. Hij wordt beschouwd als het eerste bekende lid van Club 27. Hij stierf aan onbekende oorzaken.

Wolfgang Pauli en het getal 137.

Wolfgang Pauli, natuurkundige en Nobelprijswinnaar, had een lange relatie met Carl Jung, aanvankelijk voor therapeutische doeleinden en daarna voor wetenschappelijke interesse. Er is documentatie van een zeer lange correspondentie tussen de twee wetenschappers. Pauli had graag een psychofysische theorie ontwikkeld die materie en psyche zou verenigen. Pauli worstelde tenslotte voortdurend met zijn dromen die een effectieve gids voor hem leken te zijn. Ondanks de wetenschappelijke mentaliteit was hij niet vrijgesteld van buitenzintuiglijke manifestaties: in de universitaire omgeving waarin hij werkte, was het zogenaamde "Pauli-effect" bekend, volgens welke hij de laboratoria van zijn collega's niet kon

betreden zonder dat bepaalde apparatuur faalde, of sommige reageerbuisjes die stuk gaan.
Gedurende zijn wetenschappelijke leven was hij bijna geobsedeerd door een complex probleem in de natuurkunde, de fijne structuurconstante, gelijk aan ongeveer 1/137.
Ondanks zijn beste inspanningen is Pauli er nooit in geslaagd de reden voor die waarde te vinden. In 1958 werd hij opgenomen in het ziekenhuis van Zürich, omdat hij leed aan alvleesklierkanker, wat in korte tijd tot zijn dood leidde.
Tot zijn verbazing belandde hij in het ziekenhuis in kamer 137 en wees zijn assistent Charles Enz daar meteen op toen hij hem ging opzoeken. Hij vertelde hem ook dat hij die kamer nooit meer zou verlaten, net zoals hij het probleem van zijn leven niet had kunnen oplossen. Hij oordeelde dat het getal 137 als een val voor hem was, en dat was het ook.

Het getal 108 in de oosterse cultuur.

Het getal 108 stamt af van 12x9 en komt voortdurend voor in de oosterse cultuur. In het bijzonder zijn hier enkele exemplaren van het getal 108 of van zijn veelvouden en subveelvouden:

- Het is het aantal kralen van de Mala of "Indiase rozenkrans", en van de boeddhistische Akṣamālā.
- Het is het aantal zonden in het Tibetaans boeddhisme.
- Hindoegoden hebben 108 namen die kunnen worden gereciteerd door de 108 kralen van de Mala te tellen.
- De Rig Veda heeft 10.800 verzen.
- De Tibetaanse heilige boeken van de Khagiur bestaan uit 108 delen.
- In Śrīmad Bhāgavatam wordt Krishna beschreven terwijl hij danst met 108 herderinnen en vervolgens met 16.108 vrouwen trouwt.
- In het Shivaïsme wordt Shiva Nataraja afgebeeld terwijl hij zijn kosmische dans uitvoert in 108 poses.
- In Japan ging aan het einde van het jaar 108 keer een bel om het nieuwe jaar te begroeten.

- De verleidingen die een persoon moet weerstaan om het Nirvana te bereiken zijn 108.
- De tempel van Baalbek, in Fenicië, had 54 zuilen.
- In de heilige stad Lashanmjh, in Tibet, stonden 108 tempels.
- Angkor Vat, Cambodja, heeft 54 torens, 108 beelden aan weerszijden van de oprit en 540 beelden van goden.
- De sterren die in de Chinese astrologie als heilig worden beschouwd, zijn 108.
- De lengte van de antediluviaanse heerschappij in de Sumerische mythologie was 108.000 jaar.

Op het niveau van nieuwsgierigheid voegen we eraan toe dat 108 het aantal vrijers is van Penelope, de vrouw van Ulysses, in Homerus' Odyssee.

Het getal 666.

We kunnen deze recensie over heilige of significante getallen niet beëindigen zonder het getal 666 te noemen. Het komt voor in een passage uit het Nieuwe Testament, in de Apocalyps van Johannes, en verwijst naar een "Beest" dat oprijst uit de zee en de aarde verwoest. Vooral in de huidige tijd is het nummer een symbool van de duivel geworden.

Als curiositeit rapporteer ik nieuws dat op 2 november 1996 door de Associated Press is uitgebracht. Volgens het agentschap hadden 436 inwoners van de stad Madison ermee ingestemd om de combinatie van de drie nummers 666 te spelen in een lokale loterij genaamd Luck Devils, ter gelegenheid van het Halloweenfeest. Ongelooflijk maar waar, de spelers wonnen de som van 1800 dollar. Uit de verspreiding van dit nieuws blijkt dat vele anderen het hebben geprobeerd.

Het determinisme van de dood en de opstanding.

"Als iemand hem om advies vraagt over de boeken van filosofie om te bestuderen, zou een volwassen en ervaren filosoof moeten antwoorden: welke filosofie wil je? Omdat ik al weet wat je zoekt. U wilt een filosofische doctrine die u laat zien waar u al in gelooft en u wilt blijven geloven.
Wat wil je dan? God of atomen? Vrijheid of determinisme? Zeg eens. Ik heb hier, in mijn apotheek, de potten die elk van deze dingen bevatten.
Ik kan u het een of het ander geven, afhankelijk van uw wensen of behoeften."
(Giuseppe Rensi, filosoof en jurist)

Goddelijke gerechtigheid in Drynor Township.

In 1836 kampeerde Davy Crockett, een volksheld uit het Amerikaanse Far West, terwijl hij op weg was om zich bij het Texas Army in San Antonio aan te sluiten, in een bosje aan de oever van Honey Grove Creek, een kleine rivier van slechts 18 mijl lang die door het graafschap loopt. van Fannin, in Texas. Die avond schreef hij een brief waarin hij enthousiast die plek beschreef, genaamd Honey Grove (wat Honingbos betekent) vanwege de overvloed aan kammen die wilde bijen in de holle bomen maakten.

Crockett promootte later de geboorte, in die plaats, van een stad met dezelfde naam. In 1842 vestigde zijn vriend Samuel Erwin, de eerste kolonist, zich daar en Crockett zelf vierde zijn huwelijk. Vervolgens werd de plaats een klein centrum in expansie totdat het in 1873 een stad werd; handel, de teelt van katoen en andere activiteiten zorgden ervoor dat het kon groeien tot het niveau van een paar duizend inwoners, wat het bestaan van een lokale krant van vier pagina's, de "Honey Grove Signal", bevorderde.

De editie van 31 maart 1905 van deze krant beschrijft een feit dat een klassieker is geworden in de literatuur over vreemde en mysterieuze gebeurtenissen, algemeen bekend als "het geval van de voorbestemde kogel". Er zijn verschillende versies, maar de kroniek van de krant stelt ons in staat om de meest waarheidsgetrouwe te reconstrueren.

Het artikel verschijnt in een column op de tweede pagina, met de titel "Verrassender dan een film. Een kogel wreekt een meisje twintig jaar na haar dood".

De aanhef van het artikel ("Een wonderbaarlijk geval van bestraffing op aarde voor de zonden van het vlees vond plaats ...") beschrijven goed de culturele omgeving waarin de gebeurtenis plaatsvond, en de interpretatie die eraan werd gegeven.

Het artikel presenteert het nieuws van het overlijden door een ongeval van Henry Ziegland, een inwoner van Drynor Township, een gehucht rond Honey Grove. De kroniek van zijn dood zou niet interessant zijn als we die niet zouden koppelen aan een antecedent van twintig jaar eerder.

Figuur 20. De gulden snede van Leonardo Fibonacci.

HONEY GROVE SIGNAL.

DR. PRICE'S CREAM BAKING POWDER

Greatest Aid to Cookery

Ayer's

Cherry Pectoral

for Coughs, Colds

CROOK-RECORD CO.

PARIS, TEXAS.

The Fashion Event

Spring Opening

Millinery, Tailored Suits, Wraps, Skirts, Shirtwaists, Gloves, Hose, Corsets, Underw'r

Wednesday, April 5

Special Bargain Prices

Figuur 21 - Uitgave van 31 maart 1905 van het Honey Grove Signal, dat in een kolom op de tweede pagina verslag doet van het geval van de dood van Henry Ziegland die onder vreemde omstandigheden plaatsvond. De dood van Ziegalnd roept een antecedent op van twintig jaar eerder.

In 1885 was Henry Ziegland een rijke jongeman die zich wijdde aan alle aangename activiteiten die typisch zijn voor jonge mensen van alle tijden, zoals de verkering van meisjes.

Helaas voor hem waren het milieu en de huidige moraal niet geneigd om voorbijgaande avonturen te begunstigen, zodat, toen een lokaal meisje, Maysie Tinchor, het hof werd gemaakt, ze toegaf aan haar vleierij en beloften omdat ze een 'belofte in haar hoofd had. huwelijk ". Henry meende het echter niet, en toen hij eenmaal de vrucht van zijn wensen had, liquideerde hij het meisje abrupt.

Maysie's pijn en de wetenschap dat ze bedrogen was, waren immens, zo erg zelfs dat het arme ding zichzelf van het leven beroofde. Daar bleef het natuurlijk niet bij. Filford, Maysie's jonge broer, boos over de zelfmoord van zijn zus, besloot Henry te confronteren om al zijn minachting te uiten.

Hij haastte zich toen naar zijn huis, maar nam met buitensporige impulsiviteit het familiewapen mee, een groot militair musket dat in staat was om een enkele kogel te laten ontploffen.

De twee mannen stonden tegenover elkaar. Henry, die ouder en robuuster was dan de jonge man, was helemaal niet verzoenend. Hij beledigde Filford en Maysie. Ook bespotte hij het musket dat Filford in zijn handen hield.

Verblind door haat en wanhoop verloor Filford de controle over het verstand, hief de loop van zijn musket op en vuurde het enige schot in de richting van de tegenstander: onmiddellijk zag hij een grote stroom bloed uit zijn hoofd spatten terwijl hij op de grond viel.

Op dat moment, ervan overtuigd dat hij hem had vermoord, rende Filford weg; hij realiseerde zich dat hij zijn gezin volledig had geruïneerd, waardoor de zelfmoord van zijn zus zijn transformatie in een moordenaar nog verergerde. Hij bewapende het musket met nog een kogel en pleegde op zijn beurt zelfmoord..

De dingen waren echter niet gegaan zoals hij dacht: de kogel had alleen Henry's slaap geschampt en ging zich nestelen in de stam van de boom achter hem. Henry, met het geluk dat vaak de goddelozen helpt, werd gered door een oppervlakkige wond op te lopen die in een mum van tijd genas.

We weten niet of hij in de daaropvolgende jaren berouw kreeg van al het kwaad dat uit zijn gedrag voortvloeide, waarschijnlijk niet. Hij floreerde zijn bedrijf en trouwde met een rijke weduwe met wie hij een zoon had. Dit groeide en Henry besloot, vooruitlopend op zijn huwelijk, het huis uit te breiden om het nieuwe gezin te huisvesten en naast elkaar te houden, en bouwde een nieuwe vleugel recht in de richting van de boom die twintig jaar eerder door de kogel was getroffen. Om de nodige ruimte te krijgen, besloot Henry de boom om te hakken. Laten we het verhaal van het Honey Grove-signaal volgen:

> "Henry en zijn zoon hakten de boom om waarin de kogel van Filford Tinchor was doorgedrongen en probeerden hem in stukken te splitsen. Het hout was zo hard dat de bijlen en wiggen geen effect hadden, dus besloten ze kleine ladingen dynamiet in de natuurlijke gaten in de stam te steken. Een explosie verbrijzelde de stam van de boom. De kracht van het dynamiet duwde de oude kogel eruit.
>
> Met buitengewone kracht bereikte de kogel de linkerslaap van Henry Ziegland en veroorzaakte zijn onmiddellijke dood."

De redacteur die het artikel begon met de woorden "Een prachtig geval van straf op aarde voor de zonden van het vlees" concludeert: "In het graf van de gebroeders Tinchor is nu alleen nog stof en stilte. Echter, de kogel, waarmee Filford hun fouten wilde wreken, heeft vandaag zijn werk gedaan".

Bestaat er goddelijke gerechtigheid?

De Honey Grove Signal-kroniek roept een vraag op die zo oud is als de wereld. Is er een goddelijke vergeldende gerechtigheid? Moeten we geloven in een "hogere entiteit" die ingrijpt volgens criteria van billijkheid om het lot van de onderdrukten opnieuw in evenwicht te brengen?

De vraag is zeer discutabel. In feite, zelfs als dit lichaam in deze zin zou werken, zouden we eerst moeten vaststellen wat zijn idee van rechtvaardigheid was, en of dit idee zou samenvallen met het onze.

Vanuit het oogpunt van de wetenschapsfilosofie is dit idee volkomen absurd. Gebeurtenissen waarbij de mensheid betrokken is, moeten worden beoordeeld met het deterministische criterium.

Determinisme identificeert een fysieke verklaring voor elk fenomeen, ervan uitgaande dat de oorzaak-gevolgketen altijd geldig moet zijn. Het gevolg is dat alles wat er gebeurt nooit aan toeval te wijten is, maar wordt bepaald door de natuurkundige wetten die het heelal domineren. Deze wetten staan bekend als fundamentele interacties. Het zijn de natuurkrachten die het mogelijk maken om fysieke verschijnselen te beschrijven, en tot op heden zijn er in wezen vier geïdentificeerd. Dit zijn de zwaartekracht, de elektromagnetische kracht, de zwakke kernkracht en de sterke kernkracht.

Goddelijke gerechtigheid kan niet worden ingekaderd in een van de vier fundamentele krachten, daarom is voor determinisme gerechtigheid die wordt geregeerd door een 'hogere entiteit' die tussenbeide komt om goede of slechte daden te belonen, een volkomen absurde hypothese. Henry Ziegland stierf simpelweg omdat hij het ongelukkige idee had om dynamiet te gebruiken, hieruit volgt dat de oorzaak van dit alles in zijn roekeloosheid ligt. Punt.

Bovendien, op basis van het deterministische principe, als goddelijke gerechtigheid echt zou bestaan, zou ze altijd moeten ingrijpen, niet slechts af en toe.

Deze overwegingen leiden ons naar een kruispunt: of goddelijke gerechtigheid bestaat niet, of het deterministische principe is onjuist.

Willekeur en het bovennatuurlijke teken.

We kunnen meer over het concept leren door te kijken naar de fysieke genezingen die plaatsvinden op wonderbaarlijke plaatsen. In tegenstelling tot wat velen denken, zijn deze plaatsen niet alleen katholiek.

De Jamkaran-moskee, heilig voor sjiieten, ligt bijvoorbeeld zes kilometer ten oosten van de heilige stad Qom, in Iran. De beheerders van de moskee hebben sinds 1998 een commissie ingesteld om de wonderbaarlijke genezingen te onderzoeken die in dat heiligdom plaatsvinden en die in een speciaal register zijn opgenomen.

Veel "heidense" plaatsen moeten ook worden genoemd, zoals een groot aantal bronnen of rotsen met thaumaturgische eigenschappen, zoals veel hunebedden en menhirs waaraan vandaag nog steeds verzoenende krachten van vruchtbaarheid worden toegeschreven.

In de cultuur van de Amerikaanse Indianen zijn er de Raden van de geneeskunde die niet zozeer het concept van genezing van het lichaam oproepen, maar eerder de spirituele genezing en de kracht die wordt verkregen uit de kennis van de geheimen van het universum.

Een van de oudste Medicine Wheels is gevonden in de Big Horn Mountains in Wyoming en zou tussen 200 en 500 jaar geleden zijn gebouwd. Het is gemaakt met witte stenen die cirkelvormig zijn gerangschikt op een diameter van 28 meter. De cirkelvorm symboliseert beweging, het verstrijken van de tijd, het leven en de seizoenen. In het midden van het wiel bevindt zich een kruis, een symbool van de Grote Geest en de kosmische Boom die zijn wortels op de aarde heeft en de takken die zich uitstrekken naar de hemel en naar de vier richtingen.

Er zijn ook zuiver paranormale plaatsen van genezing, zoals de fantastische gebieden waar sjamanistische reizen worden gemaakt, waar de genezer de strijd aangaat met de krachten die de gezondheid van de slachtoffers die door de meest uiteenlopende ziekten zijn gegijzeld, gegijzeld houden.

Natuurlijk zijn er ook veel christelijke plaatsen, bekend om de wonderbaarlijke genezingen die daar plaatsvinden. De bekendste is het Franse heiligdom van Lourdes, gewijd aan de Maagd Maria, waarnaar ik verwijs omdat er sinds lange tijd een medische commissie is opgericht, ook samengesteld uit niet-gelovige wetenschappers, die onverklaarbare genezingen met absolute spaarzaamheid certificeert.

Veel genezingen van ernstige of zeer ernstige pathologieën vinden plaats door onderdompeling in het water van de Grot van Massabielle, dat sterk lijkt op de christelijke doopritus waarmee men door een symbolische dood en opstanding wordt gewassen van alle zonde en, bij uitbreiding, van elke ziekte sinds, zoals de heilige Paulus zegt, de dood de wereld binnenkwam vanwege de zonde.

Ik herinner me dat zelfs het Jungiaanse archetype van water, hoewel het een dubbele waarde heeft, in zijn positieve aspecten de drager kan zijn van leven in droge en verlaten gebieden van de aarde, en bij uitbreiding in situaties van fysiek en spiritueel menselijk lijden.

Lourdes kan worden gedefinieerd als een "wonderbaarlijke plaats" omdat het aantal gecertificeerde genezingen dat daar plaatsvindt statistisch hoger is dan op andere plaatsen. Sandro De Franciscis, sinds 2009 voorzitter van het "Bureau des constatations médicales" van Lourdes, zei dat in 150 jaar ongeveer 7.500 onverklaarbare genezingen zijn gedocumenteerd, hoewel slechts 70 hiervan door de katholieke kerk als wonderen zijn erkend. De zeer significante statistische variatie tussen het aantal genezingen dat op deze plaats plaatsvond in vergelijking met dat met betrekking tot verschillende of "gewone" plaatsen is duidelijk.

Het probleem is dat niet iedereen geneest. Desondanks zijn de onverklaarbare genezingen van Lourdes voldoende om het materialistische dogma van het determinisme sterk te ondermijnen: hun buitengewone aantal suggereert dat er een fout in die theorie zou kunnen zitten. Veel wetenschappers hebben bezwaar gemaakt. Volgens deze stelling zijn wonderen geen wonderen, maar de normale gevolgen van natuurwetten die nog niet zijn aangetoond. Maar dit bezwaar heeft geen waarde. Evenzo kunnen gelovigen bevestigen dat wonderbaarlijke genezingen een direct gevolg zijn van goddelijke wil, zelfs als het bestaan van God nog niet is bewezen.

Natuurlijk moeten we erkennen dat als alle mensen die zich onderdompelen in de Lourdes-baden zouden genezen, we zouden vervallen in een wederkerige vorm van determinisme, dat wil zeggen dat we uiteindelijk de theorie zouden bevestigen die we in plaats daarvan willen weerleggen.

De verklaring die wordt gegeven voor dit contrast van concepten is vrij eenvoudig: wonderbaarlijke genezingen moeten worden geïnterpreteerd als tekenen, dat wil zeggen als indicatoren van een realiteit die het determinisme overwint, maar zonder het te ontkennen. Als de mens in zijn dagelijkse realiteit onderworpen is aan de deterministische regels die de wereld laten werken, belet dit niet dat er een hoger niveau bestaat dat deze regels kan overstijgen. Het is een kracht die zich af en toe manifesteert, net genoeg om zijn aanwezigheid te signaleren aan het geweten van de mensheid.

Daarom zouden de wonderbaarlijke genezingen niet te wijten zijn aan nog onbekende natuurwetten, noch aan louter toeval, maar zouden ze tekenen zijn van de aanwezigheid van een 'universeel bewustzijn' dat in staat is zijn eigen wetten te transcenderen. Dit absurde concept komt ons misschien meer bekend voor als we het gedrag van materie op subatomair niveau onderzoeken en ontdekken dat op dat niveau van de werkelijkheid alle fysieke wetten die ten grondslag liggen aan het determinisme stilletjes worden genegeerd. Dezelfde zaak die op macroscopisch niveau, dat wil zeggen op ons bestaansniveau, gehoorzaamt aan de fundamentele krachten van de deterministische fysica, negeert ze op het meest intieme niveau, verwerpt ze en vervormt ze.

Het is daarom mogelijk dat het determinisme tegelijkertijd wordt gerespecteerd en geschonden. Het is mogelijk dat deterministische wetten met zekerheid stellen dat een bepaalde ongeneeslijke ziekte tot de dood leidt, en dat tegelijkertijd, op een ander niveau, een niet-deterministische kracht tussenbeide komt om dit principe te verloochenen en genezing te bewerkstelligen.

Aangezien we op het niveau van deterministische wetten leven, is het natuurlijk dat deze, op ons niveau, uiteindelijk sterker zijn.

Er is een deterministische wet dat zelfs wonderbaarlijk genezen mensen niet ontsnappen, omdat we heel goed weten dat, zelfs als ze worden genezen en hersteld, ze uiteindelijk toch tot de dood gedoemd zullen zijn. Zoals prins Antonio De Curtis zegt in een van zijn beroemde composities:

Weet je wat de dood is? ... het is een nivelleringstool.

> Een koning, een magistraat, een groot man, die de poort van de begraafplaats passeert, verliest naam, macht en rijkdom.

Franciscus van Assisi zelf, die de lof van de dood bezingt, bevestigt op lapidaire toon:

> "Geprezen zij mijn Heer voor onze lichamelijke dood, waaraan geen mens kan ontsnappen."

Bijna alle religies en veel filosofieën betwisten echter het determinisme van de dood door transcendente werkelijkheden te configureren die het leven op een ander en eeuwig niveau kunnen plaatsen. De belangrijkste christelijke feestdag is Pasen, dat de dood en opstanding van Jezus Christus viert, een onderpand van de toekomstige opstanding en het eeuwige leven waartoe alle gelovigen zijn voorbestemd.

Andere religies geloven in reïncarnatie, dat wil zeggen in een cyclische opstanding die culmineert in het bereiken van perfectie, een staat waarin de dood ophoudt te bestaan. Volgens de opvatting van het klassieke boeddhisme (600 v.Chr.) gaat het om de bevrijding van de pijn van het bestaan. Geluk, dat wil zeggen nirvana, is het einde van voortdurende wedergeboorten, niets.

In de teksten van de rabbijnen wordt het paradijs beschreven als een omheining van rozen en mirten, een spirituele plek in het midden waarvan de levensboom staat. In de Koran gaan vrome moslims van beide geslachten een tuin van genoegens binnen: het klimaat is goed, er is veel water en ook fruit, vlees en honing.

Kunnen we in de opstanding geloven?

In de opvatting van veel religies is het mogelijk om na de dood terug te keren naar het leven en dit idee is niet zo vreemd als het lijkt. Het is in de mode geraakt, zelfs onder minder gelovige wetenschappers, om te beweren dat "wij kinderen van de sterren zijn". Er zijn inderdaad geen wetenschappelijke twijfels over het feit dat onze lichamen zijn samengesteld uit atomen die, nadat ze zich hebben gevormd in de ovens van de eerste sterren, zich vervolgens door het heelal hebben verspreid en zichzelf herconfigureren in oneindige uitdrukkingsvormen van de schepping. Atomen worden onderdeel van andere sterren, planeten of mineralen en planten, en ook als onderdeel van de lichamen van levende wezens.

Elk atoom van ons lichaam is onderdeel geweest van talloze andere uitingen van materie. Wat de atomen betreft, zouden we dus kunnen spreken van 'onsterfelijkheid' (tenminste zolang het universum duurt) of reïncarnatie. In bredere zin ook van opstanding, als we de dood van het organisme waarvan ze deel uitmaken en de 'wedergeboorte' als onderdeel van een ander organisme beschouwen.

Dit is natuurlijk niet het soort opstanding dat we zouden verwachten: we zouden allemaal willen herrijzen in een lichaam dat de kenmerken en vooral het bewustzijn van het leven dat eerder geleefd heeft, zou behouden. Dat wil zeggen, we willen het bewustzijn van het vorige lichaam naar het nieuwe lichaam overbrengen.

Het hangt af van hoe we bewustzijn bekijken.

Volgens de materialistische opvatting is bewustzijn slechts een bijproduct van hersenactiviteit, een bijverschijnsel dat wordt geproduceerd door de elektrochemische interacties die plaatsvinden in de hersenmassa; bijgevolg, wanneer de hersenen sterven en in verval raken, 'sterft' zelfs het geweten, dat nooit zou hebben bestaan, mee.

Volgens veel filosofische en religieuze interpretaties is bewustzijn echter pure psyche die de hersenen overstijgt. Niet alleen is het niet beperkt tot de schedel, maar het strekt zich uit tot in de kosmos en staat vrij en autonoom in verbinding met andere bewustzijnen en met een "universeel bewustzijn". In die zin zou bewustzijn ook de informatieve schakel kunnen zijn die alle atomen van ons lichaam verenigt, of liever het project volgens welke het mogelijk wordt dat ze zichzelf ordenen en functies aannemen om als resultaat ons eigen lichaam te verkrijgen zoals het is , en niet anders, met twee handen in plaats van vier en met vingerafdrukken die anders zijn dan enig ander menselijk wezen.

Als de atomen van ons lichaam de herinnering zouden behouden dat ze tot dit project behoorden, zou deze herinnering onsterfelijk zijn, zou ons bewustzijn onsterfelijk zijn en in zekere zin zou ons lichaam onsterfelijk zijn.

Het probleem van entropie.

Waarom gaan we tenslotte dood? Het hangt allemaal af van een wet die entropie wordt genoemd of, meer technisch, "tweede wet van de thermodynamica". Simpel gezegd, entropie betekent dat als je een glas breekt, je elk stuk in verdere sub-stukken kunt breken, en vervolgens elk sub-stuk in opeenvolgende sub-sub-stukken, maar je kunt het glas nooit in zijn oorspronkelijke staat van integriteit herstellen. . Evenzo, als u een roerei bereidt, kunt u niet langer het hele ei reconstitueren, vooral niet als u het hebt gekookt.

We hebben allemaal een zeer sterke perceptie van de directionaliteit van tijd, en we accepteren dat het maar in één richting stroomt. We accepteren de "voorwaartse" richting van de tijd, maar worstelen om ons de omgekeerde richting voor te stellen. Dit hangt zeker af van het feit dat de rechte richting degene is waarin causaliteit werkt. We gaan ervan uit dat oorzaken voorafgaan aan hun gevolgen. Er kan geen gebeurtenis plaatsvinden die niet is veroorzaakt door een andere, die eerder heeft plaatsgevonden. Het zal nooit gebeuren dat iemand appels kan plukken zonder dat iemand eerst de boom heeft geplant.

Entropie is gekoppeld aan het verstrijken van de tijd en voorspelt dat alles in de richting van verslechtering gaat, aangezien de tijd maar in één richting verloopt en het niet mogelijk is om "de film terug te spoelen" om terug te keren naar een eerdere situatie; er is een onverbiddelijke norm, precies de tweede wet van de thermodynamica, volgens welke de entropie van een gesloten systeem altijd toeneemt. Natuurlijk is het heelal een gesloten systeem.

Deze "terugkeer" kan op verschillende manieren plaatsvinden. In sommige gevallen, zoals bij de opstanding van het vlees ondersteund door het christendom, keert de overledene terug naar het leven met dezelfde buit als het vorige leven. In andere gevallen wordt gesteld dat de terugkeer naar het leven plaatsvindt in het lichaam van een ander levend wezen, zelfs van een ander soort. Sommige religies voorspellen het einde van lichamelijkheid, maar het begin van een nieuw leven in de vorm van zuivere geest.

Voor de oude Egyptenaren was het echte leven dat na de dood, dus het lichaam werd gebalsemd om het te beschermen tegen corruptie. Deze praktijk suggereert dat ze geloofden in de opstanding die in hetzelfde lichaam zou worden uitgevoerd in plaats van in reïncarnatie in een ander lichaam. In de mythologie van het oude Egypte werd de god Osiris die door zijn broer Seth werd gedood zelfs opgewekt door zijn vrouw Isis en werd hij de koning van de onderwereld en de rechter over de doden.

Zoroastrisme, tussen de zesde eeuw voor Christus en in de 10e eeuw na Christus was het de meest wijdverbreide religie in Centraal-Azië. Deze religie is gebaseerd op de leer van de profeet Zarathoestra. De profeet betoogt dat de lichamelijke opstanding van de doden plaatsvindt in afwachting van Gods laatste oordeel over goed en kwaad. Na de dood gaat de ziel van de overledene over een brug terwijl zijn handelingen op de pannen van een weegschaal worden geplaatst. Als goede daden de overhand hebben, lijkt de brug breed, anders wordt hij zo dun als een mes. Het resultaat bepaalt de bestemming van de ziel in de Garotman of het Paradijs, of op de slechtste plaats.

De Griekse mythologie vertelt in verschillende gevallen over personages die uit de dood opstaan en soms onsterfelijkheid verwerven.

Tantalus scheurde Pelops, zijn nog jonge zoon, aan stukken en dekte de tafel van de Goden om te zien of ze zouden begrijpen dat het mensenvlees was. Toen Demeter al een schouder had opgegeten, realiseerde Zeus het bedrog, herschikte hij de ledematen van Pelops en wekte hem op, waarbij hij de uitsnede verving door een ivoren exemplaar.

Hippolytus, de zoon van Theseus en Hippolyta, stierf tijdens het besturen van zijn wagen, maar de dokter Asclepius bracht hem tot leven met de hulp van Artemis.

Nadat Zeus Hera had verraden met Semele, en na de geboorte van Dionysus, de vrucht van het verraad, nam Hera wraak door haar rivaal te doden. Toen Dionysus eenmaal opgroeide, slaagde hij er echter in onsterfelijk te worden, daalde af in Hades en wekte zijn moeder op.

Reso, een jonge koning van Thracië, bondgenoot van Priamus in de Trojaanse oorlog, werd in zijn slaap gedood door Diomedes, maar zijn moeder, de muze Euterpe, vroeg Hades en Persephone om hem weer tot leven te wekken. .

Een van de platonische mythen vertelt het verhaal van een soldaat uit Pamphylia die sneuvelde in de strijd, genaamd Er, die door goddelijke wil wordt opgewekt terwijl zijn lichaam op het punt staat op de brandstapel te worden verbrand. Daarom ging Er Hades binnen, ook al was hij nog niet begraven, en werd toen weer tot leven gebracht met behoud van alle herinneringen aan zijn vorige leven.

Het platonisme stelde dat zielen vooraf bestonden in een hemelse wereld en bij de geboorte gevangen werden genomen in een menselijk lichaam. Om zichzelf te bevrijden moest de ziel zich onderwerpen aan een zuiveringsproces bestaande uit opeenvolgende reïncarnaties. Dit platonische denken werd beïnvloed door oudere filosofische scholen. Pas na de derde eeuw voor Christus de neoplatonisten namen een hindoeïstische visie op reïncarnatie aan.

Mysteriereligies vierden het cyclische ritme van leven, dood en wedergeboorte, voornamelijk verbonden met de landbouwseizoenen en de natuurkrachten. Deze religies gingen niet uit van de bevrijding van de dood, maar van de voortdurende wedergeboorte in een nieuw leven na elke dood.

De cynici, volgens de traditie die voortkwam uit Diogenes van Sinope en verwijzend naar Socrates en de halfgod Heracles, beoefenden mysterieculten die dood en opstanding vierden.

Mani, een Perzische filosoof die leefde in de derde eeuw, stichtte het manicheïsme, een religie gebaseerd op principes geïnspireerd door het christendom, het boeddhisme, het mazdeïsme en het gnosticisme. Deze religie wilde de oorsprong, samenstelling en toekomst van het universum verklaren. Wat het leven na de dood betreft, voorziet Mani drie verschillende lotsbestemmingen voor de Volmaakte, de Hoorders en de Zondaars. De zielen van de Volmaakten vinden na de dood het welkom van Jezus en worden gezuiverd door de zon, de maan en de ster. Hun "lichtdeeltjes", die vrijkwamen, zouden worden getransformeerd in godheden om op te stijgen naar de Eerste Mens en naast hem te leven.

Het katharisme was een religieuze beweging die zich tussen de 12e en 14e eeuw vooral in het zuiden van Frankrijk ontwikkelde. De Kathaarse theologie was dualistisch: de wereld van de materie werd gezien als "Kwaad", terwijl "Goed" alleen in de hemel naast God te vinden was.

Het leven van de Katharen was er daarom op gericht de ziel, beschouwd als een goddelijke vonk van "Goed", naar de hemel te brengen en de ziel "Kwaad" te bevrijden.

De Katharen accepteerden het idee van reïncarnatie, dus degenen die geen bevrijding in één leven bereikten, zouden terugkeren in een nieuw leven om de strijd naar Perfectie voort te zetten. Reïncarnatie was niet altijd nodig, maar over het algemeen wel, aangezien niet iedereen in één leven de banden met het Kwaad kon verbreken. Dit verklaart waarom de Katharen, vervolgd door de kruistochten tegen de Albigenzen, zich spontaan op de brandstapels wierpen en zich zingend lieten verbranden.

Jehovah's Getuigen geloven in een opstanding en een toekomstige beloning voor de rechtvaardigen, die in twee categorieën zal worden verdeeld:

- de eerste categorie bestaat uit de kleine kudde, bestaande uit 144.000 uitverkorenen die samen met Christus in de hemel zullen regeren zonder een vleselijk lichaam, maar met een geestelijk lichaam;
- de tweede categorie omvat alle andere dienaren van God die voor altijd zullen leven, met een nieuw lichaam, op een aarde die in het paradijs is veranderd.

De onrechtvaardigen zullen in dit paradijs worden opgewekt, maar zullen altijd onderworpen zijn aan de tweede dood.

Volgens het islamitische geloof is de mensheid gedoemd tot de dood en de "Dag des Oordeels". Op deze dag zal Allah zijn engelen opdracht geven om op de trompetten te blazen die bij de eerste stoot de vernietiging van elk wezen zullen veroorzaken. Bij de tweede bazuingeschal zullen alle mensen, niemand uitgezonderd, herrijzen in lichaam, ziel en geest, om geoordeeld en beloond te worden met de hemel of veroordeeld te worden tot de hel. De Dag des Oordeels wordt ook Yawm al-qiyama (dag van de opstanding) genoemd).

Reïncarnatie in oosterse religies.

In sommige oosterse religies neemt de opstanding vaak de vorm aan van reïncarnatie, aangezien hun dogma's stellen dat elk levend wezen, van de mier tot de olifant, om een paar voorbeelden te noemen, de drager is van de geest of ziel van een overleden persoon.

De klassieke vorm van de doctrine van reïncarnatie komt uit India, waar het in de 9e eeuw voor Christus werd uitgewerkt in brahmaanse geschriften.

Het concept van reïncarnatie werd na de 7e eeuw uitgebreid in de Upanishads. De Upanishads zijn Indiase religieuze en filosofische teksten gecomponeerd in het Sanskriet. Door het gebruik van deze taal konden de teksten worden gebruikt door andere grote oosterse religies zoals het boeddhisme. Vervolgens werd reïncarnatie geïntroduceerd door het Chinese taoïsme, richting de 3e eeuw.

Reïncarnatie in het hindoeïsme.

Het hindoeïsme is een religie die wijdverbreid is in vierentachtig landen. Het ontwikkelde zich op het Indiase subcontinent met behulp van het reeds bestaande Vedisme. Hindoes noemden de cyclus van wedergeboorte Samsara. Dit is een Sanskrietterm die vaak wordt afgebeeld met de afbeelding van een wiel. In het hindoeïsme en andere religies zoals het brahmanisme, het boeddhisme en het jaïnisme geeft het de cyclus van leven, dood en wedergeboorte aan.

Volgens een latere betekenis duidt Samsara ook op "de oceaan van het bestaan", dat wil zeggen, de materiële wereld doordrongen van pijn en lijden, dus het aardse leven. Maar het aardse leven is absoluut verstoken van echte substantie. In feite is de wereld zoals wij die zien en waarnemen slechts een luchtspiegeling, een illusie, "maya". Deze illusie creëert Avidya in de mens, een metafysische onwetendheid, dat wil zeggen een verkeerde kijk op het aardse en buitenaardse leven.

Maya is een Indiaas religieus en filosofisch concept dat definitief de betekenis van 'kosmische illusie' in het Vedanta-denken overneemt. Het omvat de hele fenomenale wereld, niet-bestaand en illusoir, in tegenstelling tot de enige realiteit die Atman is.

Wanneer de ziel het nu dode lichaam verlaat, rust ze drie tijdperken en migreert dan naar een nieuw lichaam. Door deze cyclus evolueert zijn spirituele toestand. De vorm van het levende wezen waarin de ziel wordt gereïncarneerd, hangt af van karma of de verrichte goede daden. Hoe meer goede daden er zijn, hoe beter de toestand van het nieuwe leven is. Integendeel, negatieve acties produceren reïncarnatie in een lagere vorm.

Hindoeïsme is een pad naar kennis en verlossing dat leidt tot uiteindelijke bevrijding wanneer de ziel (Atman) die zich afscheidt van het lichaam en de wereld, zich aansluit bij het absolute of de ziel van de wereld (Brahman). Samsara eindigt wanneer de ziel Brahman en kennis heeft bereikt.

Vedanta is het Indiase filosofische systeem van de Upaniṣhad, waarvan Sankaracarya de beroemdste vertegenwoordiger was (circa 788-820). Vedanta werkt systematisch de doctrine van het Al-Alles uit volgens welke het concept van pluraliteit, inherent aan de wereld die aan onze zintuigen verschijnt, gebaseerd is op illusie.

La reincarnazione nelle Upanishad

De Upanishads waren de eerste geschriften waarin de plaats van de "tweede dood" van de hemel naar de aarde werd verplaatst. Onwetendheid over de eigen individualiteit zet karma in werking, de wet van oorzaak en gevolg van oosterse spiritualiteit. Brihadaranyaka Upanishad stelt:

> "Nu is een man zo of zo; volgens hoe hij handelt en volgens hoe hij zich gedraagt, zo zal het zijn: een man van goede daden zal goed worden, een man van slechte

daden, slecht. De mens wordt rein met pure daden, slecht met slechte daden. Een mens bestaat uit verlangens. En zoals zijn verlangen is, zo is zijn wil; en zoals zijn wil is, zo is zijn actie; en wat hij ook doet, hij zal als gevolg daarvan oogsten. ". (Brihadaranyaka Upanishad 4, 5-6)

Reïncarnatie (Samsara) is de praktische manier waarop goede daden worden gebruikt. Daarom is het individu verplicht een nieuw materieel bestaan aan te gaan totdat alle karmische schuld die hij heeft opgebouwd is afbetaald.

Daarom wordt in de Bhagavad Gita het concept van reïncarnatie aangeduid als een natuurlijk proces van leven waaraan alle stervelingen onderworpen zijn:

"Zoals de belichaamde ziel in dit lichaam overgaat van de kindertijd naar de jeugd en vervolgens naar de ouderdom, zo gaat de ziel op het moment van de dood over in een ander lichaam. De gerealiseerde ziel heeft geen last van deze verandering." (Bhagavad Gita 2,13)

"Zoals een persoon nieuwe kleren aantrekt en de gebruikte verlaat, zo neemt de ziel nieuwe materiële lichamen aan en laat de oude en nutteloze lichamen achter." (Bhagavad Gita 2,22)

In de Purana's in hoofdstuk 5 worden alle verschillende vormen van bestraffende reïncarnatie aangegeven, al naar gelang de begane zonden. Wie een priester heeft gedood, wordt weer consumerend geboren, wie een koe heeft gedood wordt herboren met een bochel of dement, wie een maagd heeft gedood, wordt herboren als een melaatse, wie voedsel heeft gestolen, wordt herboren als een muis, wie graan heeft gestolen, wordt herboren als een sprinkhaan .

De Upanishads zijn geschriften die rijk zijn aan poëzie, zoals blijkt uit deze verzen:

> "Jij bent de vrouw, jij bent de man, jij bent de jonge man en het meisje. Jij bent de oude man die zich pijnlijk beweegt, leunend op zijn wandelstok. Je wordt geboren met gezichten die alle kanten op kijken. Jij bent de blauwe vlinder en de groene papegaai met rode ogen. Jij bent de wolk die de bliksem genereert, Jij bent de seizoenen en de oceanen. Je bent nooit begonnen, Je bent eeuwigheid en alomtegenwoordigheid. Jij bent degene uit wie alle werelden zijn geboren."

Reïncarnatie in het boeddhisme.

Het boeddhisme beschouwt reïncarnatie als een vorm van zuivering, niet als een beloning of straf. De ziel voegt zich bij het "Al Goddelijke" door de verdiensten die zijn verzameld in herhaalde reïncarnaties, maar wanneer dit gebeurt, verliest ze haar individualiteit en daardoor haar bewuste ego.

Volgens het boeddhisme ontsnapt geen levend wezen, en zelfs geen enkele god, aan de wet van de dood en daaropvolgende reïncarnaties in wezens die direct inferieur of superieur zijn aan de staat van hun vorige leven. De dood is een transformatie van energie. Na de dood verdwijnt het leven niet, maar verandert het in iets diepers en bewuster. In deze omstandigheden blijft de mens bestaan tot een nieuwe reïncarnatie.

Dit lot geldt voor alle levende wezens, niet alleen voor mannen. Zelfs dieren, en alle vormen van leven, tot de eenvoudigste zoals bacteriën, worden gereïncarneerd. Het concept van "worden" stelt een realiteit voor waarin niets wordt gecreëerd, niets wordt vernietigd, maar alles wordt getransformeerd.

Zelfs voor het boeddhisme is er een hel en een hemel. Als de mens kwaad heeft gedaan, wordt hij na de fysieke dood onderworpen aan straffen op lange of middellange termijn. In plaats daarvan maken goede daden in het leven verblijf mogelijk in een goddelijke wereld, die echter niet eeuwig duurt. De uiteindelijke bevrijding van lijden en hartstochten wordt alleen bereikt door volledige verlichting of Nirvana te bereiken volgens de gedachte van de Boeddha zelf:

"Ontelbare levens heb ik rondgezworven"
tevergeefs op zoek naar de bouwer van dit huis.
Het is pijnlijker dan ooit om opnieuw geboren te worden.
O, bouwer! Nu heb ik je gevonden.
Je bouwt dit huis nooit meer.
Al je planken zijn kapot,
De draagbalk is gebroken.
Mijn geest heeft de hoogste vrijheid bereikt.
Alle verlangen is gedoofd."
(Boeddha)

Daarom is voor boeddhisten de ziel van elk wezen onsterfelijk en geeft ze leven aan alle fysieke lichamen waarin ze zich vervolgens beweegt. Geboorte en dood zijn momenten in het universele vernieuwingsproces en maken deel uit van een natuurlijke cyclus.

Reïncarnatie in het taoïsme.

Reïncarnatie is een moeilijk begrip om te vinden in de aforismen van de Tao-te Ching (6e eeuw voor Christus). Deze bevatten inderdaad geen openlijke verwijzingen naar reïncarnatie, die daarom later in het taoïsme moet zijn verschenen. De taoïstische doctrine stelt dat "iets" van het ene leven in het andere overgaat, maar er wordt niet gespecificeerd voor wie dit lot precies is gereserveerd. In de Chuang Tzu, een belangrijke taoïstische tekst uit de 4e eeuw voor Christus. er staat te lezen:

Figuur 22 - Tao betekent in het Chinees "Weg". In oosterse filosofieën vertegenwoordigt het symbool van de Tao, ook bekend als de "Yin en Yang", het pad, het worden van alle dingen, dat wordt gerealiseerd met een beweging die tussen twee uitersten schommelt.

"Geboorte is geen begin; dood is geen einde. Er is een bestaan zonder grenzen; er is continuïteit zonder een startpunt.

Het leven is de metgezel van de dood, de dood is het begin van het leven. Wie begrijpt hoe ze werken? Het leven van de mens is een ademtocht. Als je inademt is er leven, als je uitademt is er dood..

Leven en dood zijn metgezellen van elkaar, dus waarom zouden we ons zorgen maken?

De tienduizend dingen zijn één: sommige vinden we mooi omdat ze zeldzaam of buitenaards zijn, andere vinden we lelijk omdat ze vies en rot zijn, maar het slechte en het rotte kan zeldzaam en buitenaards worden en het zeldzame en buitenaardse kan slecht worden en rot. Daarom moet je alles als één beschouwen: de wijzen houden nooit op de eenheid van alle dingen te evalueren. "(Chuang Tzu, 23)

De opstanding in het christendom,

In het Oude Testament wordt de hoop op het overwinnen van de dood of opstanding eerst uiteengezet in de boeken van Jesaja en Daniël. Volgens deze profeten kan de dood voor degenen die in het heden leven en voor de doden van vorige generaties worden overwonnen dankzij de goddelijke daad van de nieuwe schepping.

Uw doden zullen leven; hun lichamen zullen opstaan.

Jij die in het stof woont, ontwaak en zing van vreugde!

Want uw dauw is een dauw van licht,

en de aarde zal de doden baren .. "(Jesaja 26,19)

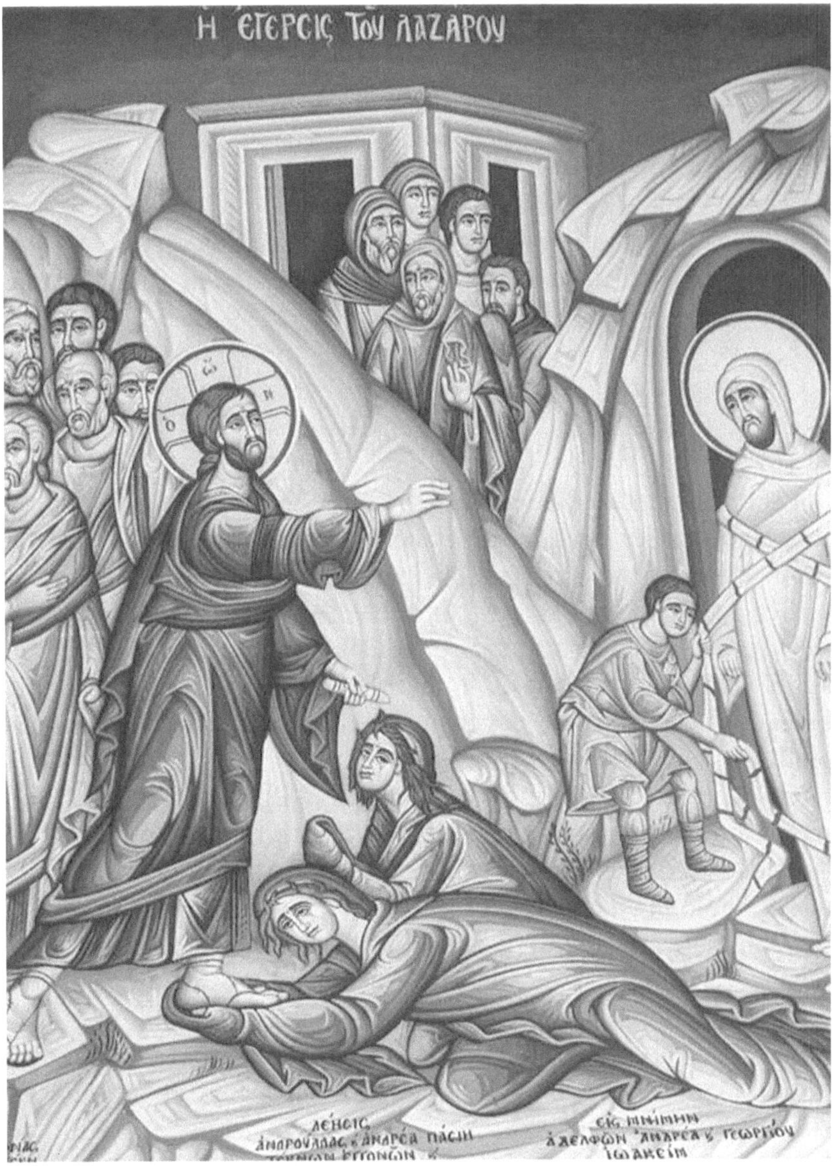

Figuur 23 - De opstanding van Lazarus in een oud Grieks icoon.

> "En velen van degenen die in het stof van de aarde slapen, zullen ontwaken: sommigen voor het eeuwige leven, anderen voor schaamte, voor eeuwige schande. En de wijzen zullen schitteren als de pracht van het uitspansel. (Daniël 12,2-3)

In de heilige boeken van het jodendom worden enkele opstandingen genoemd die zijn uitgevoerd door profeten zoals Elia en Elisa.

De opstanding in het Nieuwe Testament.

De manifestaties van een leven van het lichaam na de dood, in het christendom in het algemeen, kunnen op drie manieren plaatsvinden: de opstanding, de opname in de hemel en de theofanie, of de gevoelige manifestatie van een goddelijkheid.
De profetie van de opstanding wordt vervuld met de afdaling van Jezus naar de onderwereld, in de drie dagen na zijn dood, om de zielen te bevrijden van degenen die vóór zijn komst hadden geleefd.
Geloof in de opstanding wordt aangekondigd in het evangelie en bevestigd in andere bijbelboeken, vooral in de Handelingen van de Apostelen en in de brieven van Paulus, waar wordt gesteld dat de dood "het loon van de zonde" is.
Voor het christendom was de dood van Jezus niet alleen het offer van een onschuldige, maar de unieke en fundamentele gebeurtenis van redding; spoedig zou Jezus terugkeren en in zijn opstanding zouden alle gelovigen opstaan. Maar al in de apostolische tijd, terwijl men zich ervan bewust werd dat de wederkomst van Christus niet onmiddellijk zou plaatsvinden, werd het noodzakelijk om het lot van de zielen onmiddellijk na hun dood, wachtend op deze wederkomst, te verduidelijken.
Er werd daarom gedacht dat de zielen van degenen die verlossing hadden verdiend na een periode van zuivering naar de hemel gingen en in dit verband werden de gebeden van voorbede voor de

doden opgezonden. Christus, bij zijn terugkeer aan het einde der tijden, zou dan het Laatste Oordeel uitspreken, gevolgd door de opstanding van het "vlees" (dat wil zeggen, van de lichamen, veranderd in de gelijkenis van dat van Jezus).

Het Nieuwe Testament biedt veel opstandingsverslagen. De meeste mensen herinneren zich echter slechts één geval van opstanding, behalve dat van Jezus zelf, namelijk de opstanding van Lazarus. Maar de opstandingen die in het Nieuwe Testament worden beschreven, zijn er meer dan tien.

Helaas wordt ons nooit verteld wat er met de herrezen mensen gebeurt. Wat doen deze mensen na de opstanding en hoe gaan ze verder met hun leven op aarde? Alleen in het geval van Jezus' opstanding beschrijven de evangeliën wat er gebeurt. Jezus verschijnt aan de discipelen die hem echter niet herkennen door zijn persoon te zien, maar door de gebaren die hij maakt.

Jezus laat hun de wonden van de passie zien, maar deze lijken hem geen pijn te doen. In feite nodigt Jezus Thomas, een ongelovige discipel, uit om zijn hand op zijn zij te leggen. Interessant detail: Jezus zit aan tafel en eet met hen mee. In zijn evangelie beschrijft Lucas het gedrag van de verrezen Jezus:

> Terwijl ze over deze dingen spraken, stond Jezus zelf in hun midden en zei: "Vrede zij met u!" Geschokt en vol angst dachten ze een geest te zien. Maar hij zei tegen hen: „Waarom maakt u zich zorgen, en waarom komen er twijfels in uw hart? Kijk naar mijn handen en mijn voeten: ik ben het! Raak me aan en zie; een geest heeft geen vlees en botten, zoals je ziet heb ik ".
>
> Terwijl hij dit zei, liet hij hun zijn handen en voeten zien.
>
> Maar omdat ze niet in vreugde geloofden en vol verbazing stonden, zei hij: "Heb je hier iets te eten?". Ze boden hem een portie geroosterde vis aan en hij nam het en at het op.

Immers, tijdens het laatste avondmaal, terwijl hij dronk uit de kelk wijn, zei Jezus:

> "Voorwaar, ik zeg u, ik zal nooit meer van de vrucht van de wijnstok drinken tot de dag dat ik hem nieuw zal drinken in het koninkrijk van God" (Mt 26:29)

In een grof letterlijke en zeker aanvechtbare interpretatie laat Jezus duidelijk zijn dat hij in zijn nieuwe leven als opgestane zal blijven genieten van de geneugten van gezelligheid. Het is echter ongetwijfeld een "opstanding van het vlees”.

Het dualisme. Entropie en synchroniciteit.

"Als je met een koude blik naar de rampspoed van de menselijke geschiedenis kijkt, is het moeilijk om de conclusie te vermijden dat de mens lijdt aan een aangeboren mentale stoornis die hem tot zelfvernietiging leidt.
Moord binnen de soort, op individuele of collectieve schaal, het is een onbekend fenomeen in het hele dierenrijk, afgezien van de mens en enkele soorten mieren en muizen."
(Arthur Koestler, in het tijdschrift The Observer)

De hierboven onderzochte voorbeelden van synchroniciteit bevatten een ontcijferbare boodschap in termen van "vriendelijke redding". Filippo komt tot het besef dat zijn huwelijk herzien moet worden, terwijl Matteo, onbewust, Fulvio's leven redt. Je zou kunnen zeggen dat de twee synchroniciteiten tussenbeide kwamen als positieve herbalancers van negatieve situaties, of liever dat ze optraden als "scheidsrechters" in een situatie die twee mogelijkheden voorzag die konden worden geïdentificeerd als "goed" en "kwaad" volgens wijdverbreide menselijke criteria.

In feite is de algemene gedachte van mensen, vanuit theoretisch oogpunt, altijd voorstander van oplossingen die pijn en lijden voor anderen kunnen voorkomen. Dit is vooral het geval wanneer "de volgende" onbekend is. In plaats daarvan hebben we er soms geen moeite mee om mensen die we kennen al het slechte toe te wensen. Daarom kunnen goed en kwaad tegelijkertijd aanwezig zijn in de oordelen van dezelfde persoon, vaak in hetzelfde oordeel.

Vanuit een generiek oogpunt geeft de term "Goed" alles aan wat voor individuen wenselijk lijkt en zodanig dat het kan worden beschouwd als het ultieme doel dat in iemands bestaan moet worden bereikt. Het concept van "kwaad" is typisch tegenovergesteld, maar niet gescheiden, inderdaad, naast elkaar.

Daarom zijn goed en kwaad twee kanten van dezelfde medaille, absoluut onafscheidelijk; ze zijn niet alleen zo in menselijke oordelen, maar in alle kosmologische visies en bijna in alle filosofieën en religies, met kleine of grote nadruk. Goed en Kwaad vertegenwoordigen een dualiteit.

Het dualisme.

De term dualisme definieert elke religieuze, filosofische of zelfs methodologische en wetenschappelijke doctrine, die voorziet in het bestaan van twee tegengestelde of onverenigbare principes.

In dit boek heb ik al verwezen naar veel dualistische principes, zoals die typisch zijn voor de filosofie van Francis Herbert Bradley, met betrekking tot schijn en werkelijkheid. Bradley is een Engelse filosoof die leefde van 1846 tot 1924. Volgens zijn gedachte ligt de waarheid in de eenheid van het geheel: er is geen scheiding of veelvoud van dingen. De hele wereld van menselijke ervaring is verschijning; alleen absoluut bewustzijn is echt. Een ander type dualiteit dat veel in dit boek aan bod komt, is dat met betrekking tot religie en wetenschap, een onderwerp dat werd onderzocht door William James, een Amerikaanse psycholoog en filosoof van Ierse afkomst die leefde van 1842 tot 1910.

In werkelijkheid moet de term dualisme worden toegeschreven aan Thomas Hide, een Engelse oriëntalist die in 1636 in Billingsley werd geboren en tot 1703 leefde.

In zijn werk "Historia Religionis veterum persarum" (Geschiedenis van de oude Perzische religie), verwijzend naar het zoroastrisme en het manicheïsme, definieert Hide dualisme als het concept van een constante strijd tussen licht en duisternis, dat wil zeggen goed en kwaad. Dit zijn twee voorwaarden die tegelijkertijd aanwezig zijn en onafhankelijk en tegengesteld zijn. Elk aspect van het menselijk bestaan hangt af van het gebruik van het Goede van het Kwaad.

In 1710 publiceerde de filosoof Gottfried Wilhelm Leibniz in Amsterdam zijn werk "Theodicee" over de goedheid van God, de vrijheid van de mens en de oorsprong van het kwaad. In zijn werk analyseerde Leibniz het dualisme van Goed-Kwaad in het licht van het bijbelboek Job, waarbij hij dezelfde oorsprong van het universum herleidde tot de principes van Goed en Kwaad. In Leibniz vindt elke negatieve gebeurtenis, zoals rampen of het bestaan van ongemotiveerd kwaad dat de onschuldigen treft, zijn verklaring in de hogere wet van harmonie die toezicht houdt op de goddelijke schepping en die elke gebeurtenis rechtvaardigt in het licht van een hoger plan dat de mens niet kent. .

Zelfs Pierre Bayle (1647-1706) wijst in zijn "Critical Historical Dictionary" op de aanwezigheid van Goed en Kwaad als de materiële oorsprong van het universum, zij het vanuit een rationalistisch oogpunt.

In recentere tijden herinnert het marxisme aan het bovenbouw-structuur-dualisme, en op psychologisch gebied stelt Jung het bewust-onbewuste dualisme voor. Een van de meest onderzochte dualismen van dit moment is de mind-brain-variant, die ik al in dit boek heb genoemd.

Een niet-filosofische maar puur fysieke vorm van dualisme, die voor de doeleinden van dit boek een beslist relevant aspect krijgt, is die welke voortkomt uit de kwantumfysica-experimenten die de afgelopen jaren zijn uitgevoerd. Dit is het dualisme van golven en deeltjes, dat de basis is van de ongelooflijke realiteit van kwantumverstrengeling.

Er is echter nog een andere vorm van dualisme, die veel wetenschappers die actief zijn op het gebied van de kwantumfysica of filosofie wijzen op of schuchter laten blijken in hun werk, en het is de dualiteit tussen de entropie van de mens, dat is de menselijke neiging om zichzelf vernietiging, en de synchroniciteit die, ondanks dit, de mensheid naar steeds hogere evolutionaire stadia leidt.

De entropische man.

De entropie of tweede wet van de thermodynamica, een van de basiswetten van de natuurkunde, bepaalt dat onder normale omstandigheden aan zichzelf overgelaten systemen de neiging hebben om wanordelijk en corrupt te worden in directe relatie met het verstrijken van de tijd. Elk levend en niet-levend ding verslijt, vergaat en vernietigt zichzelf. Dit is het zekere einde dat, vanuit fysiek oogpunt, alle wezens onder ogen zullen zien; het is een onvermijdelijk proces dat geen terugkeer kent.

Met minder wetenschappelijke stiptheid kunnen we ons voorstellen dat naast de fysieke entropie die alle materie aangaat, er een psychische entropie is die de mensheid aangaat. In feite heeft ieder mens een aangeboren neiging tot zelfvernietiging, en de neiging van individuen die wijdverbreid in de samenleving zijn, kan onverbiddelijk de neiging worden van hele gemeenschappen en volkeren.

De mens neigt in veel grotere mate tot zelfvernietiging dan enig ander levend wezen. De vernietiging van het ecosysteem en de nucleaire en bacteriologische oorlogen vormen tegenwoordig enorme gevaren. Dit is niets nieuws: voor het verleden herinneren we ons de oorlogen van religie en verovering, slavernij en elke andere techniek van moord en onderdrukking. We kunnen zeggen dat het allemaal begon toen Kaïn waarschijnlijk een steen gebruikte om zijn broer Abel te doden.

De nodeloze wreedheid die door de wapenwedloop wordt ondersteund, heeft altijd het menselijk gedrag gedomineerd, zonder te beseffen hoe de vernietiging van onze naaste de vernietiging van onszelf is: ontelbare keren hebben we met uitsterven gedreigd, en riskeren het nog steeds met grotere zekerheid vanwege de kracht van de huidige wapens .

Veel beperkende wetten en religieuze geboden zijn bedoeld om de zelfbeschadiging van de menselijke soort een halt toe te roepen: dood niet, steel niet, doe anderen niet aan wat je niet zou willen dat ze jou aandoen. Desondanks heeft de mens de kiem van zelfvernietiging in zich, hij lijkt zijn eigen dood en die van anderen te zoeken. Ondanks het feit dat hij zich bewust is van dit risico, is de mens niet in staat om zich te herstellen van deze psychische entropie van hem.

In zijn Brief aan de Romeinen beschrijft Paulus deze situatie goed:

> "In feite weet ik dat het goede niet in mij woont, dat wil zeggen in mijn vlees; er is in mij het verlangen naar het goede, maar niet het vermogen om het uit te voeren; in feite doe ik niet het goede dat ik wil, maar het kwade dat ik niet wil. Nu, als ik doe wat ik niet wil, ben ik het niet meer die het doet, maar de zonde die in mij woont. Ik vind daarom deze wet in mij: als ik goed wil doen, is het kwaad naast mij. In feite stem ik in mijn hart in met de wet van God, maar in mijn leden zie ik een andere wet, die oorlog voert tegen de wet van mijn verstand en mij een slaaf maakt van de wet van de zonde die in mijn leden is. ik heb pech! Wie zal mij bevrijden van dit tot de dood gedoemde lichaam?" (Rom 7, 18-25*)*

Entropie is niet wat het lijkt.

In feite heeft zelfs entropie aspecten volgens welke het niet precies is wat op het eerste gezicht lijkt, dat wil zeggen, dat "onherstelbare probleem" beschreven door Boris Yellnikoff in de film "Whatever Works" met de zin: "Het wordt entropie genoemd; het is alsof tandpasta uit de tube komt en er niet meer in kan."

We nemen als vanzelfsprekend aan dat entropie op het niveau van onze zintuiglijke ervaring precies functioneert als een activiteit die in staat is tot desintegratie die in de richting van de tijd werkt. Als we echter ons niveau verlaten om niveaus van ruimte en tijd binnen te gaan die onze directe ervaring te boven gaan, kunnen we entropie verschillende gezichten en betekenissen geven.

Laten we een voorbeeld nemen met onze planeet, de aarde, en vergelijken wat het was in het begin en wat het nu is.

Het uiterlijk van de oeraarde, ongeveer 4,5 miljard jaar geleden, was absoluut anders dan de huidige; het oppervlak werd voortdurend verscheurd door machtige vulkaanuitbarstingen en gehavend door aanhoudende regens die miljoenen jaren zouden duren, tot het genereren van de oceanen. Zo ontstaat een bijna hels panorama van kale vulkanische rotsen verlicht door de gloeiende lava's van de nieuwe uitbarstingen. Zeker, een plek waar het onmogelijk zou zijn om te wonen.

De allereerste atmosfeer van de aarde, voornamelijk bestaande uit waterstof, werd weggeblazen door de zonnewind, maar de overvloedige en voortdurende uitbarstingen vormden een tweede atmosfeer die onder andere bestond uit kooldioxide, koolmonoxide, ammoniak, waterdamp en methaan. Deze omgeving, met behulp van bliksem en ultraviolette straling van de zon, was een ideale bakermat voor de vorming van organische moleculen die klaar waren om te evolueren tot steeds complexere organismen. Dus het leven verscheen al snel; de oudst bekende sporen dateren van 3,8 - 4 miljard jaar geleden en zijn de voorouders van de huidige bacteriën, zeer eenvoudige en primitieve eencellige organismen die echter in staat zijn de fundamentele activiteiten uit te voeren die aan levende wezens worden toegeschreven: ze zijn in staat zich te voeden en zich voort te planten.

Maar hoe was de ontwikkeling van deze oerwezens mogelijk uitgaande van de eenvoudige organische moleculen die vier miljard jaar geleden in de atmosfeer aanwezig waren? Wat deed entropie terwijl dit gebeurde? Want als we eerlijk zijn, moeten we erkennen dat het een proces van opbouw was, niet van vernietiging.

Het is waar dat de smerige en kale grijsachtige vulkanische rotsen die onderworpen waren aan de wet van entropie in de loop van de millennia afbrokkelden, en hele bergketens verdwenen en vlakten af, zodat elke menselijke waarnemer, naar zijn ervaring, de vernietigende kracht van entropie kon bevestigen. Maar als die waarnemer zich had kunnen bevrijden van de beperkte tijdelijke beperkingen van zijn observatie, en die over de millennia had verlengd, zou hij de rots in steeds kleinere delen hebben zien veranderen totdat hij aarde wordt. Dan zou hij zien dat het land uitgestrekte vlaktes beslaat en een gunstige leefomgeving biedt. Een waarnemer zou zeker hebben gezien dat de wateren de rotsen eroderen en uitgraven, hun weg openen en de overgestoken omgeving vernietigen. Maar dan zou hij rivieren hebben zien ontstaan die in staat zijn om bemestende elementen te vervoeren in de landen die zijn ontstaan uit het uiteenvallen van de rotsen. De waarnemer zou getuige zijn geweest van de geboorte van kruiden, planten, bloemen, insecten en andere levende wezens van alle soorten, dat wil zeggen van de aard die we vandaag de dag als wonderbaarlijk beschouwen en die de basis is van onze voedselcyclus en ons voortbestaan.

Laten we eerlijk zijn: zonder entropie zouden we hier vandaag niet zijn. Daarom is de uiteindelijke actie van entropie niet destructief maar creatief, afgezien van wat lijkt op een occasionele observatie die beperkt is in de tijd.

De geschiedenis van de evolutie is in tegenspraak met het principe van entropie. Evolutionisten beweren dat de spontane combinatie van ongeordende, verspreide en anorganische atomen in een beperkte tijd en in een precieze volgorde zou hebben plaatsgevonden om extreem complexe moleculen te vormen,

zoals eiwitten en vervolgens DNA, tot aan de spontane schepping van miljoenen levende soorten met nog steeds structuren complexer.
De klassieke interpretatie van de wet van entropie ontkent dat dit proces kan plaatsvinden; maar in feite deed het dat wel. Evolutionaire wetenschappers stellen dit probleem in vraag zonder oplossingen aan te dragen. Evolutionair geleerde Roger Lewin stelt in een artikel in het tijdschrift Science:

> "Volgens de tweede wet van de thermodynamica zouden systemen in de loop van de tijd moeten vervallen, met minder, niet met grotere orde."

Evolutionair wetenschapper en arts Jesse Hackley Rush schrijft:

> "In de complexe loop van zijn evolutie onthult het leven een opmerkelijk contrast met de trend die wordt uitgedrukt in de tweede wet van de thermodynamica. Terwijl de laatste spreekt van een onomkeerbare vooruitgang naar toenemende entropie en wanorde, evolueert het leven voortdurend naar hogere niveaus van orde.

Het volume "The deception of evolution" (Harun Yahya) rapporteert de mening van een andere evolutionistische wetenschapper, George Stravropoulos, gepubliceerd in het bekende wetenschappelijke tijdschrift American Scientist:

> "Onder normale omstandigheden kan volgens de tweede wet geen enkel complex organisch molecuul spontaan ontstaan, maar eerder desintegreren. In werkelijkheid, hoe groter de complexiteit, hoe groter de instabiliteit en hoe groter de zekerheid, vroeg of laat, dat

> het uiteenvalt. Fotosynthese en alle levensprocessen, en het leven zelf, ondanks de verwarde taal, kan nog niet worden begrepen in termen van thermodynamica of enige andere exacte wetenschap”.

Een "ab absurdum"-oplossing wordt voorgesteld door de beroemde evolutionist Jeremy Rifkin in zijn essay "Entropy", gepubliceerd in 1980, waarin hij spreekt over een "magische kracht" die ervoor zou zorgen dat evolutie niet overweldigd zou worden door entropie.

In feite bestaat er een 'magische kracht' die entropie kan temmen, en dat is synchroniciteit. In het Kwaad-Goed dualisme bestaan de twee krachten naast elkaar en creëren ze een kosmische realiteit die bestemd is om de overwinning van het Goede te zien. Op dezelfde manier werkt het dualisme entropie-synchroniciteit in de kosmos in een uitdaging die de overwinning zal behalen van die 'entiteit' die de snchroniciteiten genereert.

Synchroniciteit als een intelligent evolutionair project.

Synchroniciteit is een evolutionair project dat wordt geleid door een intelligentie, die we kunnen definiëren als "Universele Geest", die niet alleen kan ingrijpen in het leven van individuen, zoals in het geval van Philip en Matthew, maar ook in het leven van groepen, mensen, naties en de hele mensheid. Dit rechtvaardigt het feit dat noch entropie noch menselijk egoïsme hebben verhinderd dat het fysieke universum evolueert naar steeds grotere perfectie in plaats van naar verval. De geschiedenis van de mensheid is niet geëindigd in collectieve zelfvernietiging, maar heeft zich ontwikkeld naar de triomf van kunst, cultuur en, uiteindelijk, het besef van een bestemming die verder gaat dan de fysieke dood.

In mijn vorige boek!Verstrengeling en synchroniciteit "Ik stond stil bij de werkelijk verontrustende omstandigheid dat de menselijke soort, die miljoenen jaren geleden begon met de eerste mensachtigen, gedurende een immense tijd in de staat van steenbeschaving bleef. Slechts twaalfduizend jaar geleden deed de menselijke soort heeft plaatsgemaakt voor een zeer snelle culturele sprong die ons ertoe heeft gebracht om in het zonnestelsel te reizen.

Dit alles is niet mogelijk in een geleidelijk evolutieproces. Twaalfduizend jaar geleden is er iets gebeurd, iets dat, na miljoenen jaren van culturele sluimering, het menselijk bewustzijn ontsloot waardoor de toppen van vandaag konden worden bereikt.

Als het gebeurt dat sommige ontdekkingen tegelijkertijd worden gedaan, op verschillende plaatsen in de wereld, door twee wetenschappers die zich niet bewust zijn van elkaars werk, moeten we ons voorstellen dat de input werd gegeven door een collectieve psyche, die beide gemeen hebben. Dit gebeurde bijvoorbeeld met de uitvinding van de telefoon door Antonio Meucci in New York en Alexander Bell in Boston.

Op 22 april 1984 verklaarden de Centers for Disease Control and Prevention publiekelijk dat het Franse Lav-virus definitief is geïdentificeerd als de oorzaak van AIDS door onderzoekers van het Pasteur Institute.De volgende dag Margaret Heckler, de secretaris van de Health and Human Services ", kondigt aan dat Robert Gallo, directeur van het celbiologisch laboratorium voor tumoren van het National Cancer Institute, op zijn beurt de viruskandidaat heeft geïsoleerd die verantwoordelijk is voor de ziekte van AIDS-patiënten, en noemde het Htlv-III. Zo begint een echte juridische strijd tussen de twee prestigieuze onderzoeksinstituten, die beide het vaderschap van de ontdekking claimen.

Het staat buiten kijf dat veel ontdekkingen of technologieën zoals bogen, landbouw, veeteelt of piramidevormige constructies werden gedaan door verschillende en zeer verre volkeren, praktisch "gelijktijdig" als we bedenken dat ze in de afgelopen twaalfduizend jaar plaatsvonden op een geschiedenis dat heeft in totaal miljoenen geduurd.

Tegenwoordig is de belangrijkste zorg van individuele wetenschappers en onderzoekslaboratoria om de resultaten te publiceren voordat iemand anders dat doet; in feite weet iedereen, zelfs als ze er geen exacte kennis van hebben, dat zeker iemand anders, ergens in de wereld, hetzelfde onderzoek doet als zij. Dit zorgt overigens voor echte tragedies in het geweten van onderzoekers, die verscheurd worden tussen de urgentie van publicatie en de angst om geen rekening te hebben gehouden met een aspect dat de resultaten zou kunnen beïnvloeden.

Bovendien kunnen we niet nalaten de talrijke ontdekkingen op te merken die "toevallig" plaatsvonden, alsof een mysterieuze souffleur ze van tijd tot tijd wilde aanwijzen. We hebben het over röntgenstralen, superlijmen, anesthesie, penicilline, de magnetron, sacharine, transistor, klittenband, teflon, kopergroen en vele andere, zoals Coca-Cola. Deze drank werd op 8 mei 1886 in Atlanta (Georgia, USA) uitgevonden door de apotheker John Stith Pemberton die absoluut geen drank wilde uitvinden, maar een remedie tegen hoofdpijn en vermoeidheid, dus een medicijn. De eerste naam die aan het drankje werd gegeven was "Pemberton's French Wine Coca".

Culturele synchroniciteiten.

Joseph Cambray spreekt in zijn boek "Synchronicity. Nature and Psyche in an Interconnected Universe" over culturele synchroniciteit door gebeurtenissen aan te halen die hele beschavingen en miljoenen mensen omvatten, zoals de opkomst van de democratie in het klassieke Griekenland, een gebeurtenis die zich in de loop van de tijd zeer kort ontwikkelde. en in een heel klein deel van de planeet.

Ik geloof dat we op dit moment een andere grote culturele synchroniciteit ervaren, aangedreven door de ontwikkeling van de kwantumfysica, een tak van wetenschap die een paar decennia geleden is ontstaan. De kwantumfysica onthult ongelooflijke mogelijkheden, zoals het bestaan van niet-fysieke niveaus die alle materie in het universum met elkaar verbinden in een enkel netwerk.

Dit zijn niveaus waarop deeltjes, massaloos en in de vorm van vibrerende energie en pure informatie, zich kunnen bevrijden van de beperkingen van tijd en ruimte waaraan materie moet ondergaan in ons begripsniveau.

De "kwantumsynchroniciteit" die we ervaren, zou moeten leiden tot een ondenkbare culturele sprong: het overwinnen van het materialisme en de geboorte van een verenigende wetenschap van natuur en psyche, geest en materie. Alleen via een psychisch niveau zal het mogelijk zijn om fysieke barrières te overwinnen en het Bewustzijn van het universum binnen te gaan, om te profiteren van alle energie en intelligentie die daarin vervat zit. Het zal een sprong zijn waarvan we ons het potentieel niet eens kunnen voorstellen en die de deuren van de "hemel" zal openen voor de mensheid met alles wat het bevat.

Het antropische principe.

"Wij zijn de lokale incarnatie van een Kosmos die is uitgegroeid tot zelfbewustzijn.
We beginnen onze oorsprong te begrijpen: we zijn stellaire materie die op de sterren mediteert "
(Carl sagan)

"O schitterende zon, wat zou je zijn, als ik niet hier beneden was, om je op mij te laten schijnen?"
(Friedrich Nietzsche, Aldus sprak Zarathoestra)

De rol van de mens in het universum.

Het idee dat naar voren komt uit de lezing van het vorige hoofdstuk, volgens welke een 'universele geest' zou werken door perioden van individuele of collectieve synchroniciteit voor de culturele ontwikkeling van de mensheid, veronderstelt dat de mens die op planeet Aarde leeft een centrale rol krijgt toebedeeld. Om deze rol te vervullen, zou de mens het voorwerp zijn van aandacht, bescherming en begeleiding van deze "Geest".

Omgekeerd vertegenwoordigt de mens in de wetenschappelijke kosmologie niets meer dan een product van de evolutie van de materie, absoluut irrelevant voor de ontwikkeling van planeet Aarde, laat staan voor die van het heelal. In werkelijkheid plaatste de culturele visie tot de 16e eeuw de mens in het centrum van het universum. De later door Copernicus ontwikkelde theorie, volgens welke de planeten om de zon draaien, zorgde ervoor dat de aarde vanuit het centrum van het heelal een eenvoudige kleine planeet werd. Bijgevolg werd ook de mens slechts een van de vele levende wezens in een klein deel van het universum.

Het antropische principe.

In 1973 ontwikkelde een wetenschapper, Brandon Carter, een nieuwe formulering van de relatie die de mens met het universum verenigt. Hij noemde het het "antropische principe" en presenteerde het aan de wetenschappelijke gemeenschap tijdens een symposium over "Vergelijking van kosmologische theorieën met waarnemingsgegevens" dat werd gehouden in Krakau als onderdeel van de viering van de 500e verjaardag van de geboorte van Nicolaus Copernicus. Dit principe, dat in zijn zogenaamde 'sterke' formulering veel wordt bestreden, doet de Copernicaanse visie op de relatie tussen mensen en de kosmos omverwerpen en herstelt de centrale positie van de mens.

Zelfs voordat Carter het openbaar maakte, werd deze theorie al gedeeld met andere wetenschappers zoals Martin Rees, Freeman Dyson, John Wheeler en anderen.

Afbeelding 24 - Herdenkingszegels uitgegeven door de Poolse posterijen ter gelegenheid van de viering van de 500e verjaardag van de geboorte van Nicolaus Copernicus. Tijdens de viering van dit jubileum bedacht Brandon Carter de term "Antropisch Principe"

Figuur 25 - Herinnering aan Stephen Hawking, onlangs overleden, en zijn boek "Het universum in een notendop". In het boek behandelt hij kwesties die verband houden met de M-theorie over het multidimensionale universum en verwijst hij vaak naar Brandon Carter's "Anthropic Principle".

Een wetenschapper van het kaliber van Stephen Hawking was aanvankelijk twijfelachtig, maar na de formulering van Theory M (een theorie die alles verenigt in een multidimensionaal universum) veranderde hij van gedachten. Hawking werd een aanhanger van het antropische principe en hield er rekening mee in al zijn latere studies en publicaties, zoals het boek "The Universe in a Nutshell".

Brandon Carter

Brandon Carter (fig. 26) is een Australische natuurkundige, bekend om zijn studies over de eigenschappen van zwarte gaten en voor de ontdekking van een vierde bewegingsconstante, naar zijn naam gedoopt, "Carter's constante". Hij is daarom een wetenschapper van kaliber, en dit maakte hem bijzonder betrouwbaar toen hij de theorie formuleerde die hij definieerde als! Antropisch Principe ".

In zijn algemene lijnen houdt dit principe in dat het menselijk bewustzijn niet het toevallige resultaat is van de evolutie van de materie, maar het punt van aankomst van een evolutie van het universum die juist neigde naar de geboorte van bewustzijn. Het principe, zoals Carter het in Krakau verkondigde, heeft twee formuleringen, genaamd "zwak" en "sterk".

Het "zwakke" antropische principe.

Het zogenaamde zwakke antropische principe stelt dat onze positie in de ruimte en tijd van het universum zeker bevoorrecht is omdat alle constanten die ten grondslag liggen aan het functioneren van het universum zijn gekalibreerd op de meest geschikte waarden voor de ontwikkeling van ons type leven. Door een reeks ongelooflijke toevalligheden zijn de wetten die het universum beheersen consistent met de mogelijkheid dat intelligent leven bestaat. Als de zon bijvoorbeeld een iets andere grootte zou hebben, of als de aarde op een minimaal andere afstand om de zon zou draaien,

Figuur 26 - Boven John David Barrow en Frank Tipler, auteurs van het boek "The antropisch principe". Linksonder Brandon Carter, die de theorie formuleerde.

zouden de zeeën kokende potten of ijsbergen worden. De aarde roteert met een zeer kleine excentriciteit, gelijk aan 2%, en de helling van de rotatie-as is zodanig dat de afwisseling van de seizoenen nauwkeurig mogelijk is.

Het leven op aarde is gebaseerd op koolstof, dat op onze planeet werd gegoten na de explosie van de sterren waarin het werd gevormd. De vier fundamentele krachten die de kosmos beheersen, zijn afhankelijk van enkele fysieke constanten, zoals bijvoorbeeld de Hubble-constante, de Planck-constante, de universele zwaartekrachtconstante, de elektrische lading en de massa van het elektron.

Het feit dat al deze constanten precies zijn gekalibreerd op waarden die de ontwikkeling van het leven mogelijk maken, is ongelooflijk verrassend: het zou genoeg zijn als iemand een minimaal verschillende waarde heeft om het leven onmogelijk te maken.

De mogelijke waarden van de vier fundamentele interacties (zwaartekracht, elektromagnetisch, zwak nucleair en sterk nucleair) en van de subatomaire deeltjes (proton, neutron, elektron) zouden oneindig zijn, en alleen de waarden die we daadwerkelijk meten, stellen ons in staat om te creëren een interactief netwerk tussen hen dat aanleiding geeft tot een universum dat leven voortbrengt. Onder de oneindige configuraties. er werd er maar één gekozen, heel specifiek. Stephen Hawking schrijft in zijn boek "Van zwarte gaten naar het universum":

> "Als de dichtheid van het heelal één seconde na de oerknal groter was geweest dan de kritische dichtheid met één op honderd miljard, zou het heelal na 10 jaar zijn ingestort. Als het daarentegen minder dan dezelfde waarde was geweest, zou het heelal na 10 jaar bestaan al leeg zijn"

Het "sterke" antropische principe.

Het sterke principe stelt dat het universum precies moet zijn zoals het is om de ontwikkeling van leven mogelijk te maken, op een bepaald moment in zijn geschiedenis, die samenvalt met het tijdperk waarin we leven, dat wil zeggen ongeveer 14 miljard jaar vanaf zijn vorming. Onder de vele universums die uit de oerknal hadden kunnen ontstaan, heeft zich het universum ontwikkeld dat ons in staat stelt hier vandaag te zijn. De kans dat dit gebeurt is één op enkele miljarden. Als dat bij toeval was gebeurd, zou het toeval een onmogelijke loterij hebben gewonnen.

Dit betekent dat het universum precies is ontworpen om ons in staat te stellen hier vandaag te zijn. Het universum heeft een specifiek doel: het moet de mens herbergen.

Daarom is de mens geen gast die door een bizar toeval in een universum is terechtgekomen dat hem negeert. De mens is de reden waarom het universum bestaat. Deze theorie houdt in dat het universum werd gevormd met het doel het leven en de ontwikkeling van bewustzijn te bevorderen; dat wil zeggen dat het universum is ontworpen als een cocon, een placenta waarin het leven in het algemeen en het menselijk bewustzijn in het bijzonder zou kunnen ontstaan.

De veronderstelling dat het universum voor ons is geschapen, kent het zeker een doel toe. De kosmos is geen chaotische massa brute materie, maar reageert op een door mensen gemaakt project. De gebeurtenissen in de kosmos worden niet langer door toeval bestuurd, maar vereisen de aanwezigheid van een "Intelligent Design", en dus het bestaan van een "Ontwerper" of een "Universele Geest".

Dit zou ook religieuze implicaties kunnen hebben waarover echter geen uitspraken zijn, althans niet aan katholieke kant. Pater Gabriel Funes, jezuïet, voormalig directeur van de "Vatican Observatory", de astronomische observatorium van de katholieke kerk, verklaarde in dit verband dat "de kerk geen theorie heeft en geen standpunt inneemt over het antropische principe, maar blijft openstaan voor wat de wetenschap zal kunnen ontdekken". Er zijn geen uitspraken bekend van de huidige directeur, broeder Guy Joseph Consolmagno.

John David Barrow en Frank Tipler

De natuurkundigen J. Barrow en F. Triple publiceerden in 1986 in de Verenigde Staten het boekdeel "The Anthropic Cosmological Principle" waarin ze niet alleen uitgebreid ingaan op de antropische theorie, maar ook een significante studie ervan voorstellen.

De twee auteurs beschrijven uitgebreid de conceptuele grondslagen van het Antropisch Principe: als er niet een alarmerend aantal buitengewone toevalligheden in de vorm van natuurwetten en in de waarden van de constanten van de natuur, biochemie, leven en intelligent leven niet zou zijn mogelijk. Een universum dat door toeval is geschapen, zou geen leven toestaan, en zelfs gewone astronomische objecten en gewone materie zouden niet mogelijk zijn.

Uitgaande van deze observatie komen ze tot de conclusie dat een project noodzakelijkerwijs bestaat. In de studie van de twee wetenschappers evolueert het "zwakke antropische principe" naar het "sterke principe". Barrow schrijft in het boek:

> "Als we ons een hele verzameling hypothetische "andere universums" proberen voor te stellen waarin alle grootheden die de structuur van ons universum bepalen alle mogelijke permutaties van waarden aannemen, zouden we ontdekken dat bijna al deze mogelijke universums die we op papier hebben gecreëerd doodgeboren zijn , niet in staat om het soort chemische complexiteit te genereren dat we 'leven' noemen. Deze ontdekking bracht Brandon Carter ertoe te suggereren dat er in het universum een meer speculatief metafysisch aspect zou kunnen bestaan, dat hij het 'sterke antropische principe' noemde, om het te onderscheiden van het meer controversiële zwakke antropische principe. Het sterke principe

stelt dat, aangezien er zo'n groot aantal opmerkelijke "toevalligheden" lijken te zijn die mogelijk leven in het universum mogelijk maken, dit principe op een bepaald evolutionair moment moet leiden tot het bestaan van "waarnemers".

Het "ultieme antropische principe".

Barrow en Tipler veronderstellen een derde vorm van het antropische principe, het "ultieme antropische principe", volgens welke "een intelligente verwerking van informatie in het universum zich noodzakelijkerwijs moet ontwikkelen en als deze eenmaal verschijnt, zal deze nooit uitsterven".

Volgens de twee geleerden zou een universum met het vermogen om intelligent leven te produceren geen zin hebben als dit universum niet lang genoeg zou bestaan om een intelligente soort te kunnen ontwikkelen.

Het "Participatief Antropisch Principe".

Deze vorm van het antropische principe wordt door John Archibald Wheeler voorgesteld als een alternatief voor het sterke principe. Volgens Wheeler zijn waarnemers nodig voor het leven van het universum, zoals ze nodig zijn voor de kennis ervan; daarom neemt de mens, als waarnemer van het universum, actief deel aan zijn eigen bestaan.

"*Missionarissen van het geweten*"

In 2005 verscheen op de SETI-website (Search for Extra-Terrestrial Intelligence, een programma gewijd aan de zoektocht naar buitenaards intelligent leven) met de titel "The Drake Equation" waarin het participatieprincipe verder werd uitgebreid. Verwijzend naar alle berichten tussen bewoners van de kosmos, verklaarde het artikel dat "de missie van de afzenders het verspreiden van bewustzijn in het universum is". Met andere woorden, wie berichten naar het universum stuurt, wordt een "missionaris van bewustzijn". Hij verspreidt "Bewustzijn", in de vorm die hij kent, naar entiteiten die er voordeel uit kunnen halen.

Het antropische principe en tijd.

De meest objectieve wetenschap verwerpt de redelijkheid van het antropische doel niet, aangezien het beslist absurd zou zijn als zo'n perfecte kosmische constructie uit toeval zou voortkomen en geen doel zou hebben. Als dit het geval is, wordt ook een veelgehoord bezwaar beantwoord: "Als het doel de mens is, die alleen op planeet Aarde leeft, waarom heeft het universum dan zoveel ruimte en zoveel materie nodig?".

Het antwoord is dat de constanten die het leven mogelijk maken, tijd en ruimte hebben gekost om zich te materialiseren. Het universum moest verouderen en uitdijen om de sterren in staat te stellen de chemische elementen te vervaardigen die de basis vormen van het leven op aarde, zoals koolstof. Bovendien is het bestaan van andere planeten waarop hetzelfde leven zich heeft ontwikkeld niet uitgesloten, evenals de mogelijkheid dat de mens zijn beschaving kan exporteren naar andere planeten en sterrenstelsels.

Het eerste element dat in het heelal verscheen, was waterstof, waarvan het atoom slechts één proton bevat. Ongeveer drie minuten na de oerknal zorgde de fusie van twee of drie waterstofatomen voor de vorming van helium en lithium, die respectievelijk twee en drie protonen hebben.

Binnen in de sterren produceerde de fusie van twee heliumatomen beryllium. Uit de fusie van een berylliumatoom en een heliumatoom werden onstabiele koolstofatomen geboren, die pas stabiel werden toen de temperatuur in de ster steeg tot 100 miljoen graden Kelvin. Toen de ster uiteindelijk aan het einde van zijn leven explodeerde en een supernova opwekte, werden de koolstof en andere metalen de ruimte in geworpen en gingen ze andere hemellichamen vormen, waaronder planeten.

Op dit punt hebben we vastgesteld dat leven essentieel is voor het bestaan van het universum. Als het universum oneindig zou zijn in ruimte en tijd, zouden we ons kunnen afvragen of het leven zelf niet oneindig zou kunnen zijn in tijd en ruimte. En bovenal kunnen we ons afvragen hoe deze oneindigheid, of onsterfelijkheid, moet worden begrepen. Kan het worden verwezen naar het leven in het algemeen, naar het behoud van soorten, opgevat als het behoud van de soort, of kan het worden verwezen naar elk afzonderlijk individu?

Zou het mogelijk zijn om onsterfelijke levende wezens voor te stellen?

We hebben al onsterfelijkheid toegeschreven aan de essentiële componenten van materie, de atomen. Op biologisch gebied kunnen we onder levende wezens verwijzen naar bacteriën, die hun bestaan meestal niet beëindigen met de dood, maar met splitsing. Bacteriën hebben het vermogen om zich in twee delen te verdelen, die elk alle genetische samenstelling van de oorspronkelijke bacterie behouden. Ongevallen voorbehouden, dit proces duurt oneindig en het is gemakkelijk te berekenen dat, als een bacterie elk half uur afbreekt, deze op een dag 250.000 miljard vergelijkbare bacteriën kan genereren.

Als zelfs hogere organismen, zoals de mens, het vermogen zouden bereiken om te splitsen met behoud van het neuronale erfgoed, dat wil zeggen zelfbewustzijn, zouden ze praktisch onsterfelijk worden. Dit moet op dit moment als onmogelijk worden beschouwd: in feite bestaan bacteriën uit één enkele cel, terwijl het menselijk lichaam talloze cellen omvat die op een andere manier zijn gespecialiseerd voor elk orgaan (huid, lever, enz.) tegelijkertijd splitsen.

The Omega Point door Frank Tipler.

Frank Jennings Tipler (fig. 26) co-auteur met John Barrow van "The Anthropic Principle", is een Amerikaanse docent en schrijver die wiskundige natuurkunde doceert aan de Tulane University in

New Orleans. De meeste van zijn studies waren gericht op de fysica van tijdreizen.

Hij staat ook bekend als de auteur van de "Omega Point"-theorie, die in feite de gelijknamige theorie overneemt die eerder is ontwikkeld door de Franse jezuïetwetenschapper Pierre Teilhard de Chardin.

Tipler probeert het uiteindelijke lot van het universum te bestuderen op een vergelijkbare manier als Isaac Asimov doet in zijn roman "Last Question". In zijn stelling, die is gebaseerd op redelijke hypothesen die geschikt zijn om haar te ondersteunen, vertrekt hij vanuit het concept van 'eeuwige vooruitgang' om het toekomstige bestaan van een God te veronderstellen, dat wil zeggen, een mens of buitenaards wezen die onsterfelijk is geworden, die lijkt op Nietzsches supermens. Hij veronderstelt ook de opstanding van de doden door de computer en "mind uploading". Deze techniek zou het herstel en de overdracht van iemands mentale patrimonium mogelijk maken van het oude naar een nieuw lichaam, of naar het lichaam dat uit de dood is opgestaan.

Bovendien veronderstelt Tipler dat, dankzij een supercomputer, het universum zou kunnen worden gebogen naar de wensen van de mensheid, zelfs handelend op de tijd die al is verstreken; op deze manier zou het mogelijk zijn om gebeurtenissen, werelden en mensen uit het verleden te reconstrueren, met een techniek van "geassisteerde eeuwige terugkeer".

Tipler stelt zelfs een perspectief voor dat verband houdt met het transhumanisme, een culturele beweging die pleit voor het gebruik van wetenschap en technologie om fysieke en mentale vermogens te vergroten en alle ongewenste of schadelijke aspecten van de menselijke conditie, zoals ziekte en veroudering, te verbeteren. Deze gedachtegang hoopt op de mogelijkheid van een transformatie die verder gaat dan de menselijke conditie.

De stellingen van Tipler hebben, zoals verwacht, veel controverse gewekt in de wetenschappelijke wereld. In een recensie van Tipler's boek "The physics of immortality", noemt de Zuid-Afrikaanse natuurkundige George Ellis de Omega Point-theorie "een meesterwerk van pseudowetenschap".

Andere wetenschappers, zoals natuurkundige David Deutsch van de Universiteit van Oxford, beschouwen de argumenten van Tipler als consistent. In zijn boek "The Fabric of Reality" legt Deutsch zijn theorie van het geheel bloot door ook Tipler's Omega Point in de redenering op te nemen.

In het spirituele centrum van het universum.

Samenvattend kunnen we zeggen dat we hier zijn vanwege het universum en het universum is hier vanwege ons. Het Antropisch Principe herconfigureert het moderne wetenschappelijke denken. Dit begon met Copernicus en zijn ontdekking dat de aarde en de planeten om de zon draaien; hiermee had hij de aristotelische gedachte ondermijnd die de aarde en de mens in het geografische centrum van het universum plaatste.

De ontwikkelingen in de moderne natuurkunde maken een nieuwe ommekeer. Deze keer doet de mens, hoewel hij niet langer het geografische centrum is, zoals Copernicus terecht aantoonde, resoluut voor zichzelf gelden als een spiritueel of psychisch centrum.

Tweede deel. wetenschappelijke bevestigingen.

Maar wat is materie??

"De moderne natuurkunde vertegenwoordigt daarom materie niet als passief en inert, maar in een continue dans en staat van vibratie, waarvan de ritmische figuren worden bepaald door moleculaire, atomaire en nucleaire structuren. Dit is ook hoe oosterse mystici de materiële wereld zien. Ze benadrukken allemaal dat het universum moet worden gevat in zijn dynamiek terwijl het beweegt, trilt en danst; dat de natuur niet in statisch maar dynamisch evenwicht is."
(Fritjof Capra, natuurkundige en essayist)

Op zoek naar bewijs.

In het eerste deel van het boek presenteerde ik veel theorieën die door wetenschappers zijn uitgewerkt en voorgesteld, gebaseerd op gedachten, filosofie en logische deductie, maar niet ondersteund door enig experimenteel bewijs dat door de geaccrediteerde gemeenschap wordt erkend. Een belangrijke eerste stap om aan alle besproken hypothesen wetenschappelijke waardigheid te geven, zou erin bestaan een verifieerbaar verband te leggen tussen het fysieke niveau van functioneren van de materie en een 'spiritueel', dat wil zeggen niet-deterministisch niveau.

Op het niveau van onze ervaring, die absoluut deterministisch is, is het moeilijk om niet-materiële verbanden te vinden: een tafel of een stoel zijn stukken hout of metaal en inspireren, voor zover onze zintuigen verschijnen, geen psychische of metafysische implicaties.

Dit is echter niet langer het geval wanneer we het extreem kleine niveau betreden en het gedrag van elementaire deeltjes observeren. Toen de mens de afgelopen decennia eindelijk de subatomaire werkelijkheid kon binnendringen, bewaarde de natuur hem ongelooflijke verrassingen waaruit het bestaan kan worden afgeleid van een uitsluitend psychisch niveau, niet gemaakt van-materie maar van energie en intelligente informatie.

Dit tweede deel van het boek zal gewijd zijn aan het verkennen van de wondere wereld van subatomaire deeltjes.

Albert Einstein introduceerde het concept relativiteit in de natuurkunde. Veel zekerheden, voortkomend uit onze manier om de wereld te begrijpen, zijn ingestort wanneer we leren dat tijd en ruimte relatieve concepten zijn en verschillende waarden kunnen hebben, afhankelijk van de omstandigheden. De "tweelingparadox" is paradigmatisch: een van de twee stapt op een ruimteschip en reist vele jaren door de ruimte, met een snelheid die dicht bij die van het licht ligt. Wanneer hij naar huis terugkeert, ontdekt hij dat de tijd voor hem veel langzamer is verstreken dan voor de mensen die op aarde zijn achtergebleven en velen van hen, die even oud waren als hij, zijn al dood: zijn eigen tweelingzus is vele jaren ouder.

Geconfronteerd met dit wetenschappelijke bewijs, moeten we niet verbaasd zijn te ontdekken dat materie ook relatief is. Op macroscopisch niveau of het middelgrote gebied waarin we leven, lijkt het over het algemeen goed gedefinieerd: de grenzen kunnen worden bepaald, het kan worden gewogen en gemeten, de mate van hardheid of kneedbaarheid kan worden vastgesteld. Anders zouden we elke dag in de problemen komen. Deze eigenschappen van materie blijven zelfs op astronomisch niveau onveranderd, en de natuurkundige wetten met betrekking tot de tafel in onze keuken zijn ook van toepassing op de laatste planeet van een verre melkweg.

Op subatomair niveau, dat wil zeggen, in het extreem kleine, veranderen de dingen en wordt materie iets heel onduidelijks met betrekking tot zijn ware essentie. Het subatomaire niveau is dat van elementaire deeltjes, die de interne componenten van het atoom zijn.

Filosofie en mystiek van de natuurkunde.

De filosofie van de natuurkunde bestudeert de logische en metafysische aspecten van begrippen als energie, tijd, ruimte en materie. Ze is vooral geïnteresseerd in kwesties van causaliteit en determinisme.

Natuurlijk is de filosofie al sinds haar geboorte geïnteresseerd in kwantumfysica, vanwege het vermogen om fundamentele aspecten van de wetenschappelijke traditie te ondermijnen, zoals het concept van meten, dat abrupt werd vervangen door dat van onzekerheid.

De uitvoering van de meting op subatomair niveau wordt onmogelijk, omdat deze wordt uitgevoerd op elementen die zo klein zijn dat ze door de meting zelf worden verstoord. Daarom kunnen atomen niet direct worden waargenomen, zelfs niet met de krachtigste microscoop, maar alleen "getheoretiseerd".

Dit bekrachtigt het falen van het determinisme, waar Pierre Simon Laplace zo van hield, en kondigt de geboorte aan van nieuwe waarden zoals probabilisme en indeterminisme.

Indeterminisme is een filosofische houding, aangevoerd door de Engelse astronoom Arthur Eddington, die de werking van het toeval toegeeft bij het ontstaan van wil of werkelijkheid. Dat wil zeggen, het indeterminisme geeft toe dat dingen ook bij toeval kunnen gebeuren, zonder aanwijsbare reden. Feiten zijn niet altijd het product van oorzaak-en-gevolg-acties. Het begrip indeterminisme heeft een duidelijke definitie:

> "De huidige staat van het fysieke systeem is niet volledig definieerbaar. Of we kunnen zeggen dat uit dezelfde volledig gedefinieerde huidige staat, in potentie veel toekomstige staten kunnen ontstaan, maar dat er slechts één van zal worden gerealiseerd."

Onder de aanhangers van het indeterminisme bevinden zich de grootste natuurkundigen van onze tijd: Werner Karl Heisenberg, Niels Bohr, Arthur Compton, Pascual Jordan, Hans Reichenbach, Robert Millikan, Georges Lemaître en anderen.

De kwantumfysica negeert deterministische strengheid en leidt ons naar een wezenlijk mystieke opvatting van de kosmos, gebaseerd op elementen die herinneren aan een mogelijke spirituele component naast de materiële.

Deze gedachte over de realiteit der dingen voert ons terug naar meer dan twee millennia geleden, naar de intuïties van de eerste Griekse filosofen. In tegenstelling tot wat er destijds gebeurde, is de visie van de kosmos die vandaag aan het ontstaan is echter niet gebaseerd op intuïtie, maar op experimenten die met grote precisie zijn uitgevoerd in de beste natuurkundige laboratoria.

De wortels van alle westerse wetenschap en met name natuurkunde liggen in de zesde eeuw voor Christus, in een periode die geen scheiding kende tussen religie, filosofie en wetenschap, onder de wijzen van de school van Miletus. Hun studies waren gericht op het ontdekken van de werkelijke samenstelling van materie, die ze identificeerden in de term physiká, vandaar de tegenwoordige natuurkunde. De physiká vertegenwoordigde de inspanning gericht op het ontdekken van de essentie van dingen. Op basis van hun veronderstellingen werden de filosofen van Miletus gedefinieerd als "ilozoïsten", een term die betekent "zij die denken dat materie bezield is". In feite maakten ze geen onderscheid tussen geest en stof; inderdaad, ze hadden niet eens een term die materie definieerde, want voor hen waren alle vormen van bestaan begiftigd met leven en spiritualiteit. Thales beweerde in het bijzonder dat godheden in alle dingen aanwezig waren en Anaximander beschreef de kosmos als een enkel organisme dat gevoed werd door de pneuma.

Later beschreef Heraclitus van Efeze een wereld in constante verandering, een eeuwig "worden". Hij geloofde dat alle transformaties van de wereld voortkomen uit de werking van de tegenstellingen, en dat elk paar tegenstellingen moet worden beschouwd als een eenheid, waaraan hij de naam Logos gaf. Uit de tegenstellingen van Heraclitus ontstonden gedachtestromen die leidden tot de scheiding tussen geest en stof.

Parmenides van Elea, in schril contrast met de eeuwige wording van Heraclitus, noemde zijn fundamentele principe "Onveranderlijk zijn", en betoogde dat elke verandering pure illusie van de zintuigen was. Uit zijn gedachte ontstond het idee van een onverwoestbare substantie die aan de basis stond van de eigenschappen van veranderende dingen.

Uit de tegenstelling tussen "eeuwig worden" en "onveranderlijk Zijn" ontwikkelde zich een gedachte die het "Zijn" beschouwde als aanwezig in bepaalde onveranderlijke substanties, die echter door vermenging en scheiding aanleiding gaven tot veranderingen en verschillende vormen. Zo ontstond het begrip atoom, als het kleinste ondeelbare deel van de materie dat echter de basis is van alles, ondanks alle schijnbare verschillen. Tegenwoordig weten we inderdaad dat alle dingen uit atomen zijn gemaakt.

De atomisten, waaronder Democritus, definieerden een duidelijke scheiding tussen geest en materie en stelden zich voor dat deze bestond uit "fundamentele stenen", dat wil zeggen volledig passieve en inerte deeltjes die in een vacuüm bewogen en waarvan de beweging te wijten zou kunnen zijn aan externe krachten, krachten van spirituele, niet materiële oorsprong.

Dit beeld werd toen overheersend in het westerse denken, waardoor het dualisme tussen lichaam en ziel ontstond.

Aristoteles, in zijn overtuiging dat problemen met betrekking tot de ziel belangrijker waren dan die met betrekking tot de materiële wereld, creëerde een denkpatroon dat de basis zou vormen van de conceptie van het universum in het hele Westen gedurende bijna tweeduizend jaar. Het christendom ondersteunde ook de aristotelische doctrines gedurende de middeleeuwen.

In de Renaissance werd de studie van de natuur voor het eerst geconfronteerd met behulp van wetenschappelijke methoden, dat wil zeggen gecontroleerde experimenten toepassen op theoretische hypothesen. Galileo Galilei was de eerste die dit pad volgde en wordt daarom beschouwd als de vader van de moderne wetenschap.

De geboorte van de moderne wetenschap werd bevorderd door de ontwikkeling van het filosofische denken, dat het dualisme 'geest-stof' accentueerde. In de achtste eeuw beschreef René Descartes een natuur die gebaseerd was op de fundamentele scheiding tussen twee verschillende en onafhankelijke werkelijkheden, geest (res cogitans) en materie (res extensa). De cartesiaanse scheiding stelde de wetenschappelijke wereld in staat materie te beschouwen als iets inert en volledig verschillend van zichzelf, en leidde tot een representatie van de wereld die leek op een opeenstapeling van verschillende objecten, objecten die samen een immense levenloze machine vormen.

De wagen van koning Milinda.

De Milindapañha is een boeddhistische tekst gecomponeerd in de vorm van een filosofische dialoog, die zich afspeelt in de stad Sāgalā, het huidige Siyālkoṭ. De dialoog vindt plaats tussen de monnik Nagasena en Milinda, historisch identificeerbaar met de Indo-Griekse heerser Menander I die regeerde in Punjab, in de jaren tussen 155 en 130 voor Christus.

"Koning Milinda ging naar de monnik Nagasena en vroeg hem, nadat hij hem beleefd en vriendelijk had begroet:

"Hoe staat u bekend en wat is uw naam?"

Nagasena antwoordde: "Ik sta bekend als Nagasena, o koning, en met die naam spreken mijn broers en ouders mij aan."

'Je vertelt me dat je broers gewend zijn om je Nagasena te noemen. Wat is nu precies Nagasena? Bedoel je dat het haar Nagasena is?'

'Dat zeg ik niet, grote koning.'

"Of lichaamshaar?"

"Zeker niet."

'Misschien zijn Nagasena de nagels, de tanden, de huid, het vlees, de zenuwen, de botten, het merg? Zijn een of al deze dingen Nagasena?"

Op elk van deze vragen antwoordde de monnik nee.

'Dus de uiterlijke vorm is Nagasena? Zijn sensaties of percepties of bewustzijn Nagasena?"

Op elk van deze hypothesen antwoordde hij nee.

"Dus, Nagasena is een leeg en ijdel geluid. Wie is Nagasena die ik hier voor me zie? Nagasen is een leugen, een bedrog!"

Toen zei de monnik Nagasena tegen koning Milinda:

'U, Majesteit, bent in luxe opgegroeid. Als je op steenachtige grond loopt, voelen je voeten pijn. Dus ik vraag je: hoe ben je hier gekomen? Ben je te voet of met een wagen gekomen?"

'Ik ben niet te voet gekomen. Ik kwam in een wagen."

'Dus als u in een strijdwagen bent gekomen, Majesteit, leg me dan uit wat een strijdwagen is. Zijn de paarden de wagen?"

"Ik heb dit niet gezegd."

"Is de wagen de as van de wielen?"

"Natuurlijk niet."

"Misschien zijn de wagen de wielen of de touwen of het frame of het juk of de spaken van de wielen?"

Op al deze vragen antwoordde Milinda nee.

'Maar misschien is de strijdwagen iets anders dan wat ik heb genoemd? "

Milinda antwoordde weer nee.

"Dus," wagen "is een leeg en ijdel geluid. In welke wagen zou je gekomen zijn? Wat je hebt gezegd is een leugen! Waarom zeg je valse dingen?"

Toen riep Nagasena de Grieken en de monniken als getuigen en zei:

'Koning Milinda zei dat hij in een strijdwagen kwam. Maar toen ik hem vroeg uit te leggen wat een strijdwagen is, kon hij dat niet."

De Grieken en de monniken applaudisseerden en zeiden tot de koning:

'Nu, Majesteit, antwoord als u in staat bent!'

Milinda de koning antwoordde Nagasena en zei:

'Ik heb geen onwaarheden verteld, eerwaarde heer. Het ensemble bestaande uit de paarden, de as, de wielen, het frame, de touwen, het juk, de spaken en de prikstok, geeft de gemeenschappelijke aanduiding van wagen aan."

"Erg goed! - zei Nagasena. Je begrijpt precies de betekenis van strijdwagen. Evenzo is het het geheel van haar, nagels, tanden, percepties, gevoelens en geweten dat Nagasena aangeeft."

Dus wat is de wagen eigenlijk? Materialisten zouden zeggen dat er geen wagen is zonder de afzonderlijke onderdelen. De delen zijn het geheel, en de wagen bestaat slechts als een bijkomstig feit, een epifenomeen waarvan de aan- of afwezigheid het bestaan van de delen niet beïnvloedt. Het feit dat de delen als geheel een wagen gaan vormen, is volkomen toeval.

In een meer spirituele visie zouden we zeggen dat de afzonderlijke delen alleen betekenis krijgen als ze, in combinatie met intelligentie, vorm geven aan de strijdwagen, aan de monnik Nagasena zelf, en aan al het andere dat in het universum bestaat. Elke logisch samengestelde set onderdelen vereist echter een intelligent ontwerp dat veel verder gaat dan de traagheid van de materialen waaruit het is samengesteld.

De scheiding voorgesteld door Descartes.

De mechanische kijk op de wereld werd onderschreven door Isaac Newton, die het gebruikte om zijn mechanistische wetenschap op te bouwen door de basis te leggen voor de klassieke fysica. De Newtoniaanse visie domineerde de wereld van het midden van de 17e tot het einde van de 19e eeuw.

De filosofie van Descartes was niet alleen belangrijk voor de ontwikkeling van de klassieke natuurkunde, maar had ook een enorme impact op het westerse denken.

Zijn beroemde uitdrukking "Cogito ergo sum" (ik denk dus ik ben) deed de mens zich meer identificeren met zijn eigen geest dan met zijn lichaam. Als gevolg daarvan is de mens zich bewust van zichzelf als een 'ander' die in zijn eigen lichaam leeft. De geest, gescheiden van het lichaam, krijgt de taak het te beheersen; dit veroorzaakt een conflict tussen wil en instinct.

Deze scheiding van het eigen lichaam wordt uitgebreid naar de buitenwereld, gezien als een reeks afzonderlijke objecten en gebeurtenissen. De natuurlijke omgeving bestaat uit delen die kunnen worden gegroepeerd in interessante groepen (bomen, sterren, mineralen of zelfs de strijdwagen van koning Milinda).

De samenleving is ook verdeeld in rassen, naties, volkeren, religies en politieke groepen, en onze binnenste cirkel is verdeeld tussen "mijn condominium, mijn familieleden, mijn vrienden, collega's, degenen die dezelfde hobby hebben, de beschermheren van mijn supermarkt". Deze verdeeldheid ligt aan de basis van alle sociale en culturele crises en heeft geleid tot die wanorde en die onrechtvaardige verdeling van middelen die vaak uitmondt in geweld en oorlog.

Cartesiaans denken heeft voordelen en schade gebracht; hij verdient de eer dat hij scheiding op wetenschappelijk niveau heeft ingevoerd, terwijl het met betrekking tot sociale kwalen duidelijk is dat ze lang vóór Descartes bestonden. Daarom moet de filosoof niet de schuld krijgen. maar eerder zijn vermogen om de scheiding tussen geest en stof te hebben benadrukt, aangezien de oorsprong van dergelijke problemen moet worden erkend.

Het is interessant om op te merken hoe de moderne wetenschap, geboren uit de Cartesiaanse scheiding en uit Newtons mechanistische conceptie, deze concepten heroverweegt en terugkeert naar het idee dat werd uitgedrukt door de eerste Griekse filosofieën. Het was het idee van een kosmos gebaseerd op de samenwerking van geest en materie.

Waarom is er iets in plaats van niets?

De wetenschap stelt vaak de vraag "hoe" dingen gebeuren. Hij vraagt ook "waarom" ze voorkomen, maar met veel minder frequentie. Inderdaad, deterministische overtuigingen veronderstellen dat het 'waarom' als vanzelfsprekend wordt beschouwd en logisch kan worden gevonden in een opeenvolging van oorzaken en gevolgen. "Iets" veroorzaakt "iets anders", en het is voldoende om alle stappen te reconstrueren om de oorsprong van het fenomeen te begrijpen. Daarom is het "waarom" impliciet in het "hoe", dat wil zeggen, er is geen waarom.

Dit discours wordt onpraktisch als we het hebben over de eerste geboorte van het universum, omdat, als we kijken naar het moment vóór zijn bestaan, er op dat moment geen oorzaak in werking was die de keten van gevolgen begon. Daarom blijven op dit niveau beide vragen, over het hoe en waarom, onbeantwoord.

De wetenschappen die dit probleem proberen op te lossen zijn kosmologie en natuurkunde. De studie van de kosmos heeft aangetoond dat het zich in een fase van expansie bevindt, omdat het zich in de ruimte blijft uitbreiden. Uitgaande van de huidige omstandigheden en het simuleren van een achterwaarts pad, dat wil zeggen een samentrekking, komen we op het punt waar de dichtheid van materie en de temperatuur ervan oneindig wordt, een onmogelijke situatie. Daarom kan worden aangenomen dat het universum op een bepaald tijdstip begon, geplaatst tussen het huidige moment en een moment in het verleden, tijdelijk gelegen voordat de omstandigheden onmogelijk werden.

Er zou een precies moment zijn geweest waarop de uitdijing zou zijn begonnen en het universum zou zijn "geboren". Dit kan ons echter informatie verschaffen over het hoe, maar het verklaart niet waarom.

Er zijn veel culturele en religieuze tradities die antwoorden proberen te geven. Bijbelgeleerden hebben lang gedebatteerd of de schepping gebruik maakte van reeds bestaande inerte materie of uit het niets plaatsvond. Zowel de oude Joodse exegese als Philo, in de Hellenistische traditie, zijn het eens in het ondersteunen van de "creatio ex-nihilo" (vanuit het niets), een hypothese die vandaag nog steeds wordt ondersteund door het christendom.

In veel andere gevallen wordt een universum voorgesteld dat wordt hermodelleerd vanuit een aanvankelijke situatie van chaos, of vanuit een ongestructureerde leegte.

Soms kan het universum voortkomen uit een oerbaarmoeder, of het kan worden geboren uit een reeds bestaand ei.

Er zijn ook tradities volgens welke het universum altijd zou hebben bestaan, volgens een tijdsopvatting geïnspireerd door agrarische beschavingen, waarbij alles onderworpen zou zijn aan een eeuwigdurende cyclus van dood en wedergeboorte.

In de meeste van de overwogen hypothesen, met uitzondering van de bijbelse, wordt het voorbestaan van een zaak als vanzelfsprekend aangenomen, zij het in de vorm van chaos, baarmoeder of ei, en men vraagt niet waar het vandaan komt. Niet alle tradities verklaren echter hoe het proces van overgang van niets naar iets had kunnen plaatsvinden, behalve door een goddelijke creatieve daad.

Het begint allemaal met de oerknal.

De oerknal is een kosmologisch model gebaseerd op het idee dat het heelal in het verleden met zeer hoge snelheid begon uit te dijen op een nauwkeurig te bepalen tijdstip en dat dit proces tot op de dag van vandaag voortduurt.

Het is het overheersende idee in de huidige wetenschappelijke gemeenschap, omdat het is bevestigd op basis van astronomisch bewijs en observaties.

Met name het feit dat lichte elementen zoals waterstof en helium bijzonder overvloedig aanwezig zijn in overeenstemming met de voorspelde waarden, speelt in het voordeel van de oerknaltheorie; een andere bevestiging komt van het bestaan van de kosmische achtergrondstraling, met een coherent spectrum met betrekking tot de verwachtingen. Deze en andere experimentele aanwinsten hebben de meeste wetenschappers ervan overtuigd dat een oerknal-achtige gebeurtenis ongeveer 14 miljard jaar geleden plaatsvond.

Toen het werd voorgesteld, was de aanvaarding van het idee niet vanzelfsprekend en ook niet stil. De oerknal vooronderstelde de schepping van alle energie en alle materie (wat eigenlijk een andere vorm van energie is) in een eerste handeling, min of meer zoals Descartes en Newton beweerden en zoals betoogd door degenen die in het verschijnen van het universum de creatieve interventie zagen van God.

Deze omstandigheid leidde tot het resultaat dat de wetenschappelijke gemeenschap zeer terughoudend was om de theorie te accepteren. In plaats daarvan accepteerde de katholieke kerk, samen met paus Pius XII, het volledig in een toespraak die hij op donderdag 22 november 1951 hield in de Pauselijke Academie van Wetenschappen:

"Twee vragen komen zo spontaan bij me op: kan de wetenschap zeggen wanneer dit krachtige begin van de kosmos plaatsvond? En wat was de oorspronkelijke, primitieve toestand van het universum? De meest uitmuntende experts in de fysica van het atoom hebben, in samenwerking met astronomen en astrofysici, geprobeerd licht te werpen op deze twee moeilijke, maar buitengewoon interessante problemen. (...)

> Het valt niet te ontkennen dat een geest die verlicht en verrijkt is door moderne wetenschappelijke kennis, die dit probleem sereen evalueert, ertoe wordt gebracht de cirkel van een volledig onafhankelijke en autochtone materie te doorbreken, hetzij omdat het ongeschapen is, hetzij omdat het door zichzelf is gecreëerd. Een verlichte geest zal de aanwezigheid van een scheppende Geest gaan begrijpen. Met dezelfde heldere en kritische blik, waarmee het de feiten onderzoekt en beoordeelt, werpt en herkent een verlichte geest een glimp en herkent het werk van de scheppende almacht, wiens deugd werd bewogen door het krachtige "Fiat" dat miljarden jaren geleden door de scheppende Geest werd uitgesproken. Met een gebaar van liefde is een materiaal ontstaan dat vol energie zit. Het lijkt er echt op dat de wetenschap van vandaag, die plotseling miljoenen eeuwen teruggaat, erin is geslaagd te getuigen van die oer "Fiat lux", toen een zee van licht en straling uit het niets barstte met materie, terwijl de deeltjes van chemische elementen die ze opgesplitst en herenigd in miljoenen sterrenstelsels." (Pius XII)

De oerknaltheorie bevatte theologische implicaties waarvoor ze werd verworpen en bestreden, soms alleen omdat de kerk haar

Figuur 27- Niels Bohr, Deense natuurkundige en initiatiefnemer van de Copenhagen School. In de jaren na 1920 perfectioneerde hij het klassieke model van het atoom en kreeg in 1922 de Nobelprijs.

steunde. Enkele gerenommeerde natuurkundigen voerden de hypothese naar voren dat deze theorie deel uitmaakte van een complot dat door de kerk zelf was uitgebroed. De astronoom Fred Hoyle veroordeelde de oerknal en noemde het een model gebouwd op joods-christelijke fundamenten en formuleerde de alternatieve hypothese van het stationaire universum, waar de schepping van nieuwe materie continu plaatsvindt; deze theorie is echter al enige tijd verlaten omdat het de geboorte van bewegende sterrenstelsels zou hebben voorspeld tussen de reeds bestaande, iets wat niet is geverifieerd: er zijn geen jonge sterrenstelsels tussen de oude. De jongere sterrenstelsels, dat wil zeggen de sterrenstelsels die eerder zijn geboren, zijn de verste in overeenstemming met de uitdijing van het heelal die zich voortzet na een aanvankelijke creatieve handeling.

Tegenwoordig wordt de oerknaltheorie aanvaard door de absolute meerderheid van de wetenschappelijke gemeenschap, zonder duidelijk het idee te accepteren dat het eerste creatieve moment voortkwam uit een goddelijke wil.

Het atoom en zijn klassieke representatie.

Het atoom (van het Griekse atomos, ondeelbaar) is een basisstructuur van materie; in feite bestaat alle materie uit elementaire eenheden die atomen worden genoemd. Dit geldt voor materie in vaste, vloeibare en gasvormige toestand. Opgemerkt moet worden dat deze verklaring moeilijk te koppelen is aan de plasmatoestand, waar de bijzonder hoge waarden van druk en temperatuur de vorming van atomen voorkomen. Het atoom werd beschouwd als de kleinste en ondeelbare eenheid van materie totdat Joseph Thompson in 1897 de ontdekking van het elektron aankondigde, waarmee hij bewees dat het atoom eigenlijk deelbaar is.

Tegenwoordig weten we dat atomen zijn opgebouwd uit subatomaire elementen zoals protonen (positief geladen), neutronen (ongeladen) en elektronen (negatief geladen). Atomen vormen moleculen door op hogere niveaus te aggregeren.

Het laatste klassieke model van de structuur van het atoom is het model ontwikkeld in 1913 door Niels Bohr, dat vandaag de dag nog steeds geldig is zonder substantiële variaties.

Volgens dit model bestaat het atoom uit een kern, waar elektronen omheen draaien. De kern is op zijn beurt weer opgebouwd uit twee soorten deeltjes, protonen en neutronen. Protonen hebben een positieve elektrische lading, terwijl neutronen een neutrale elektrische lading hebben. De elektronen daarentegen hebben een negatieve elektrische lading en bewegen in de ruimte rond de kern, waarbij de aantrekkingskracht in evenwicht wordt gebracht met de rotatie-energie, net zoals de rotatie van de maan de aantrekkingskracht van de aarde in evenwicht houdt. Over het algemeen is het atoom elektrisch neutraal omdat het aantal protonen (atoomnummer) en dat van elektronen hetzelfde is. In de natuur verschillen atomen van elkaar in het aantal protonen dat in de kern aanwezig is: de som van protonen en neutronen wordt het massagetal genoemd.

Momenteel is de studie van de atoomkern en zijn componenten gekoppeld aan de ontwikkeling van deeltjesfysica; de laatste jaren is het mogelijk om de structuur van de kern nauwkeuriger te definiëren, vooral met de experimenten in versnellers. Volgens het standaardmodel van deeltjes zijn protonen en neutronen zelf opgebouwd uit quarks.

Om een idee te krijgen van de grootte van een atoom kunnen deze vergelijkingen handig zijn:

- de diameter van een mensenhaar komt overeen met ongeveer een miljoen koolstofatomen op een rij;
- als een sinaasappel zo groot zou worden als planeet Aarde (ongeveer 12.700 km in diameter), zouden de atomen ongeveer zo groot zijn als de oorspronkelijke sinaasappel (ongeveer 10 cm in diameter).

Het is ook belangrijk op te merken dat het atoom in wezen leeg is. Als de kern van een atoom een diameter van 3-4 millimeter zou hebben, zou het buitenste elektron zelfs op een afstand van ongeveer honderd meter roteren.

De statische representatie van het zojuist blootgelegde atoom is een geldige werkhypothese, maar de kwantumfysica laat zien dat er op subatomair niveau meer kansen dan zekerheden zijn. Een zekerheid die zeker is ontkracht, is dat de deeltjes "deeltjes materie" zijn, ook al zijn ze erg klein. Niets meer twijfelachtig.

Kwantumfysica.

Kwantumfysica is de theorie die het gedrag van materie en straling beschrijft, evenals de wederzijdse interacties, in de zeer kleine lengte- of energieschalen die typisch zijn voor atomen.

Aan het einde van de 19e eeuw leek de klassieke natuurkunde niet in staat om het gedrag van materie en elektromagnetische straling op microscopisch niveau te beschrijven, dat wil zeggen, op de afmetingen gelijk aan of kleiner dan die van een atoom, of bij energieën relatief aan de interne bindingen van atomen . Daarom werd aan het begin van de twintigste eeuw duidelijk dat de geboorte van een nieuwe fysica noodzakelijk was, totaal anders dan de tot dan toe ontwikkelde klassieke.

Zo ontstond de kwantumtheorie, ook wel kwantumfysica of kwantummechanica genoemd. Deze tak van de natuurkunde werd oorspronkelijk geïntroduceerd door Max Planck en is gebaseerd op het feit dat sommige grootheden of grootheden op microscopisch niveau, zoals energie of "impulsmoment", niet lineair kunnen variëren, maar alleen door discrete waarden, "quanta" genoemd.

Naast de samenstellende deeltjes van de hoofdcomponenten van het atoom, dat wil zeggen protonen, neutronen en elektronen, zijn er nog vele andere, en je zou bijna kunnen zeggen dat er elke dag een nieuwe wordt ontdekt. Een deeltje dat ons op een bepaalde manier interesseert, is het foton, dat is het kwantum van licht: het deeltje dat de sterren helder maakt en de zon laat schijnen.

Het concept van "hoeveel" is nogal merkwaardig en werd met grote moeite aanvaard door wetenschappers van de 19e en 20e eeuw.

Op ons macroscopisch niveau beschouwen we het concept dat alle grootheden een continue reeks waarden kunnen aannemen natuurlijk. Zo kijken we naast de kilo ook naar de quintal en de ton, evenals het hectogram, de gram, de milligram enzovoorts, zo wordt het vanzelfsprekend dat een object bijvoorbeeld 7 kilo en 356 gram kan wegen , dat is 7365 gram.

De kwantummechanica daarentegen bepaalt dat de verschillende grootheden slechts een bepaalde reeks waarden kunnen aannemen, veelvouden van een fundamentele waarde die niet kan worden afgebroken. Deze waarde wordt het "kwantum van materie of energie" genoemd.

Stel je een supermarkt voor waar je los fruit of klontjes boter van 100 gram kunt kopen. Je kunt gemakkelijk 1.365 kilo appels in de kar doen, terwijl je voor boter maar 100 of 200 of 300 gram kunt kopen, afhankelijk van het aantal blokjes dat je in de kar legt. De wereld van deeltjes voorspelt dat energie en materie niet in bulk beschikbaar zijn, maar alleen in de vorm van blokken, of bakstenen, die echter quanta worden genoemd.

Daarom zijn energie en materie in de wereld van deeltjes, naast het feit dat ze niet kunnen worden teruggebracht tot lagere waarden van het "kwantum", alleen beschikbaar als veelvouden van het kwantum zelf; elk van hun waarden moet overeenkomen met gehele hoeveelheden quanta. Zoals gemakkelijk te begrijpen is, heeft het kwantum een extreem lage waarde.

In het universum bestaat alles uit hoeveel, zelfs het boek dat je aan het lezen bent. De reden waarom je de "korreligheid" ervan niet voelt, is dat de quanta zo klein zijn dat onze zintuigen ze niet kunnen waarnemen, net zoals we individuele atomen of zelfs afzonderlijke moleculen niet op een duidelijke manier waarnemen.

Een van de eerste bestudeerde gevallen is de kwantisering van energie: de elektronen van een atoom kunnen bijvoorbeeld alleen bepaalde energiewaarden hebben, dus ze kunnen alleen in bepaalde banen om de kern draaien, niet in een baan. Evenzo zijn fotonen de quanta van het elektromagnetische veld: het zijn niet-deelbare lichtpakketten.

Figuur 28 - Albert Einstein, waarschijnlijk de bekendste natuurkundige en wiskundige van onze tijd. Hij daagde de kwantumtheorieën van Niels Bohr en de Copenhagen School uit door het EPR-experiment te bedenken om de inconsistenties ervan aan te tonen. De daaropvolgende evoluties van het onderzoek leidden daarentegen tot hun bevestiging.

Het gekwantiseerde atoom.

Het begrip "kwantum" is erg belangrijk voor het functioneren van materie in het extreem kleine, dat wil zeggen in atomen, maar dus ook in het hele universum. Om het beter te begrijpen, kan ik een gelijkenis voorstellen met een apparaat dat veel wordt gebruikt in het dagelijks leven. Laten we ons bijvoorbeeld een traditioneel gasfornuis voorstellen, uitgerust met kookplaten op één oppervlak en een ingebouwde oven. De keukenbedieningen zijn uitgelijnd op een frontpaneel en bestaan uit doseerknoppen waarmee het gas naar de respectievelijke branders kan worden gestuurd.

De meeste knoppen kunnen lineair van links naar rechts worden gedraaid om het gas te blokkeren wanneer het volledig naar links is gedraaid, of om het in toenemende hoeveelheden naar de betreffende kachel te sturen, terwijl het naar rechts wordt gedraaid. de eindschakelaar, d.w.z. de maximaal toegestane. Laten we zeggen dat de knop een lineaire (of continue) toename van de hoeveelheid gas mogelijk maakt.

Een van de knoppen, vooral die op de oven, werkt echter anders. Deze knop kan niet continu draaien, alleen schokkerig. Op deze manier laat het de gasstroom in bepaalde hoeveelheden toe, geschikt voor het verkrijgen van de warmte die bij elke klik wordt gesignaleerd met waarden uitgedrukt in graden Celsius: 120 ° C, 180 ° C, 270 ° C of vergelijkbare waarden. In dit geval kan het gas niet continu toenemen, maar op een "discrete" manier: dat wil zeggen alleen voor vaste en bepaalde hoeveelheden.

In werkelijkheid werken zelfs de knoppen op het fornuis discreet. Het probleem is dat de variaties tussen het ene punt en het andere zo klein zijn dat ze ons de indruk geven van een lineaire toename of afname. Simpel gezegd, onze zintuigen kunnen de variatieshots niet vangen, omdat ze te klein zijn.

Op het gemiddelde niveau van de dimensies van de materie, waarin we leven en waarin onze zintuigen werken, lijkt alles ons lineair toe te nemen (of af te nemen). De verspreiding van licht bij zonsopgang of zonsondergang, het geluid van een auto die nadert of wegrijdt, een vlieg die om ons heen zoemt. Op die vlieg zouden we alles zeggen, maar we zouden zeker niet zeggen dat hij met schokken vliegt.

Dit geeft ons opnieuw de maatstaf van hoe bedrieglijk onze zintuigen zijn, omdat in werkelijkheid niets lineair beweegt, maar alles doet het op een discrete manier, dat wil zeggen door hoeveelheid energie, of "hoeveel".

Het verschil tussen ons macroscopische niveau en het microscopische niveau van deeltjes ligt in het feit dat we bewegingen en energieën als lineair benaderen.

In de praktijk kan volgens een in de natuurkunde gebruikte conventie een stoffelijk lichaam op macroscopisch niveau worden bestudeerd als een continu lichaam, aangezien het zeer hoge aantal, de samenhang en de onderlinge afhankelijkheid tussen de deeltjes elke granulariteit doen verdwijnen.

In plaats daarvan is het in het oneindig kleine niet langer mogelijk om dit kenmerk te negeren, omdat de afmetingen van subatomaire lichamen gevoelig zijn voor kwantumkorreligheid.

Concluderend, in de kwantummechanica is het kwantum (van het Latijnse kwantum dat hoeveelheid betekent) een discrete en ondeelbare hoeveelheid. Bij uitbreiding wordt de term soms gebruikt als synoniem voor "deeltje".

Kwantummechanica werd vooral geïnitieerd door Niels Bohr, Louis-Victor de Broglie, Paul Dirac, Albert Einstein, Enrico Fermi, Wolfgang Pauli, Erwin Schrödinger, Richard Feynman en Werner Heisenberg.

De intuïtie van de kwantisering van materie werd in 1900 geboren uit het werk van Max Planck, die deze conventie aannam om zijn theorie met betrekking tot de elektromagnetische emissie van het zwarte lichaam te bevestigen. In de praktijk merkte Planck op dat zijn hypothese over zwarte lichamen alleen zou werken in de aanwezigheid van gekwantiseerde energie. Planck was echter zeer terughoudend om deze mogelijkheid als reëel te beschouwen. Hoewel hij de eerste was om deze realiteit te theoretiseren, vond hij het altijd moeilijk om het geldig te achten.

Deze fysieke realiteit werd pas later bevestigd door andere geleerden die de waarde van het kwantum van energie bepaalden.

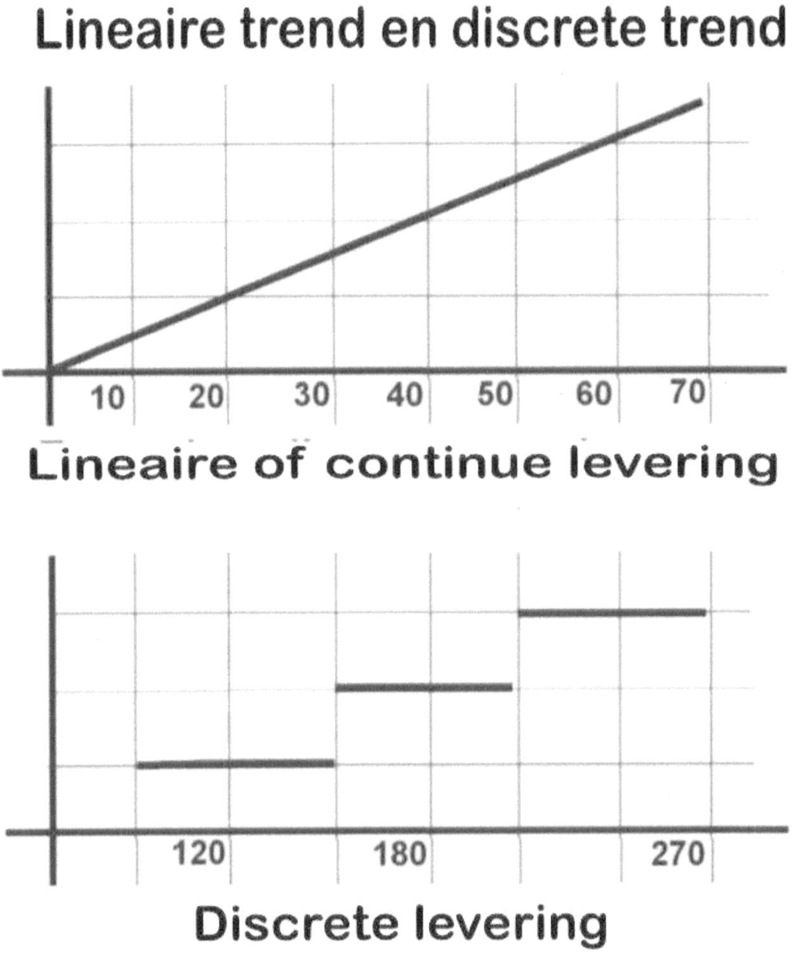

Figuur 29. Een lineaire trend en discrete trend.
1 Lineaire of continue levering.
2 Afzien van discrete waarden
- De lineaire trend gaat uit van een (bijna) oneindig aantal tussenliggende niveaus. De discrete trend bevat daarentegen slechts enkele geplande verhogingen.

Deze waarde kreeg de naam van de constante van Planck, omdat de wetenschappelijke gemeenschap oprecht het werk wilde erkennen van degenen die het als eerste hadden aangevoeld en gebruikt. De constante van Planck, of de grootte van het "kwantum", wordt aangegeven met de letter h en is 6,6 × 10−34Js, wat een onvoorstelbaar kleine waarde is.

De hypothese van de korrelstructuur van mechanische energie vond volledige en definitieve bevestiging in de theorie van de soortelijke warmte van vaste stoffen, geformuleerd in 1907 door Einstein.

De kwantumsprong.

Nog steeds verwijzend naar de traditionele weergave van het atoom, dat wil zeggen een kern omringd door elektronen die eromheen draaien, kunnen we een volgende stap zetten om een aspect te begrijpen dat verband houdt met zijn functioneren en dat een kwantumsprong wordt genoemd.

Allereerst moet worden opgemerkt dat elektronen niet kunnen roteren in een regime van anarchie, maar bepaalde regels moeten respecteren. De eerste is het Pauli Exclusion Principle, dat van toepassing is op "fermionen", een klasse van deeltjes die protonen, neutronen en elektronen omvat.

Dit principe gaat uit van het concept dat er rond een atoom slechts enkele "toegestane zones" zijn en dat twee identieke fermionen niet tegelijkertijd dezelfde zone (of kwantumtoestand) kunnen bezetten.

Daarom kan een baan door maximaal twee elektronen worden ingenomen, op voorwaarde dat ze een tegengestelde "spin" hebben.

De tweede voorwaarde is dat elke baan niet willekeurig ver van de kern kan zijn.

Volgens het door Niels Bohr voorgestelde atoommodel roteert het elektron rond de kern en beschrijft het een cirkelvormige baan; elk elektron, dat een negatieve lading heeft, komt overeen met een zeer nauwkeurige baan, omdat het met een snelheid moet bewegen die voldoende is om de aantrekkende elektrische kracht die de positief geladen kern erop uitoefent tegen te gaan. De rotatie voorkomt dat de elektronen door de kern worden gezogen, maar het moet plaatsvinden met een energie die evenredig is met hun afstand.

Hoe verder een elektron van zijn kern verwijderd is, hoe meer energie het elektron nodig heeft; maar het moet een goed uitgebalanceerde energie zijn. De juiste hoeveelheid energie moet voorkomen dat het elektron in de kern valt of wordt weggeblazen, buiten het invloedsgebied van het atoom.

Omdat we weten dat de energie op het niveau van elektronen wordt gemeten in quanta, kunnen de banen alleen op de afstand van een kwantum worden geplaatst, of veelvouden van een kwantum.

Geen enkel elektron zal ooit draaien in een baan die een niet-gehele waarde van energie vereist, gemeten in quanta.

Daarom is er tussen een elektron dat in een interne baan draait (laten we het E-Internal noemen) en een ander dat in een buitenste baan draait (laten we het E-Extern noemen) een verschil in energie: E-Extern heeft meer energie nodig dan E -intern.

Als voorbeeld kunnen we zeggen dat als het interne elektron één kwantum energie nodig heeft, het externe elektron er twee nodig heeft om in zijn baan te blijven. Er kunnen geen banen zijn die anderhalve kwantum nodig hebben, omdat het kwantum de kleinst mogelijke maat is.

Te midden van zoveel orde moeten we bedenken dat elektronen nogal onhandelbaar zijn en soms, om redenen die alleen aan hen bekend zijn, ze graag van een buitenste naar een binnenste baan springen. Dus als een elektron met twee quanta energie in een binnenbaan zou willen springen (waarvoor slechts één kwantum energie nodig zou zijn), zou het een van zijn quanta moeten opgeven. Wat gebeurt er met deze vrijgekomen energie? Het neemt de vorm aan van een foton terwijl het elektron een zogenaamde "kwantumsprong" maakt

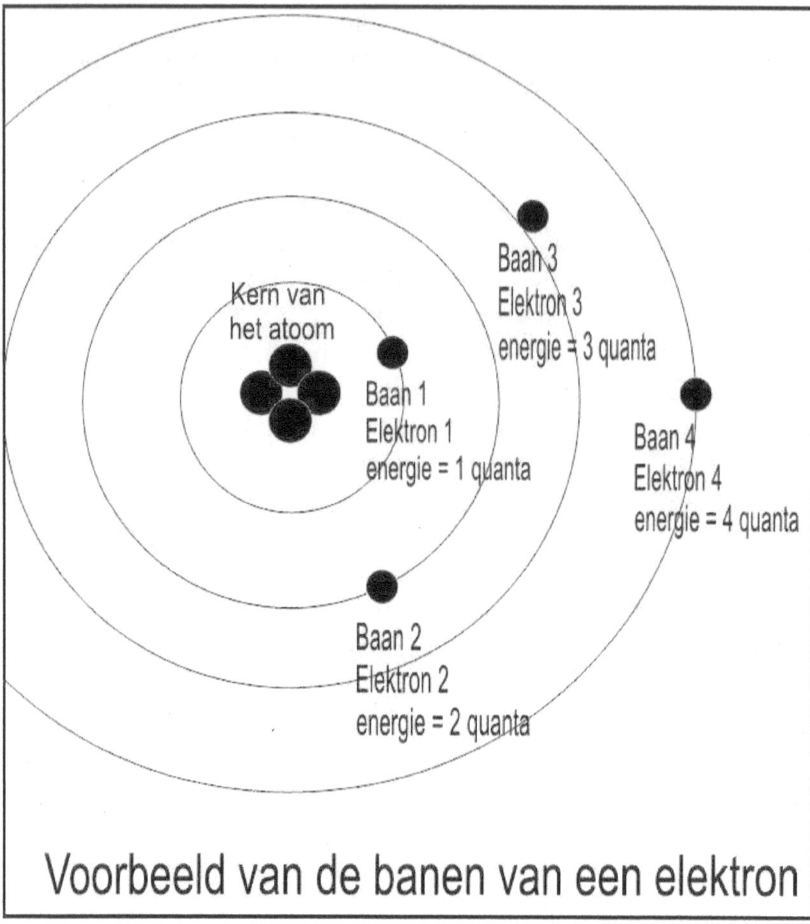

Figuur 30 - Voorbeeldillustratie van een atoom met vier elektronen en vier protonen. Elk elektron roteert op een verschillende baan en heeft een hoeveelheid energie die kan worden gemeten in quanta.

1 Het elektron op baan 1 heeft 1 kwantum energie.
2 Het elektron op baan 2 heeft 2 kwantumenergie.
3 Het elektron op baan 3 heeft 3 kwantumenergie.
4 Het elektron op baan 4 heeft 4 kwantumenergie.
5 Kern van het atoom.

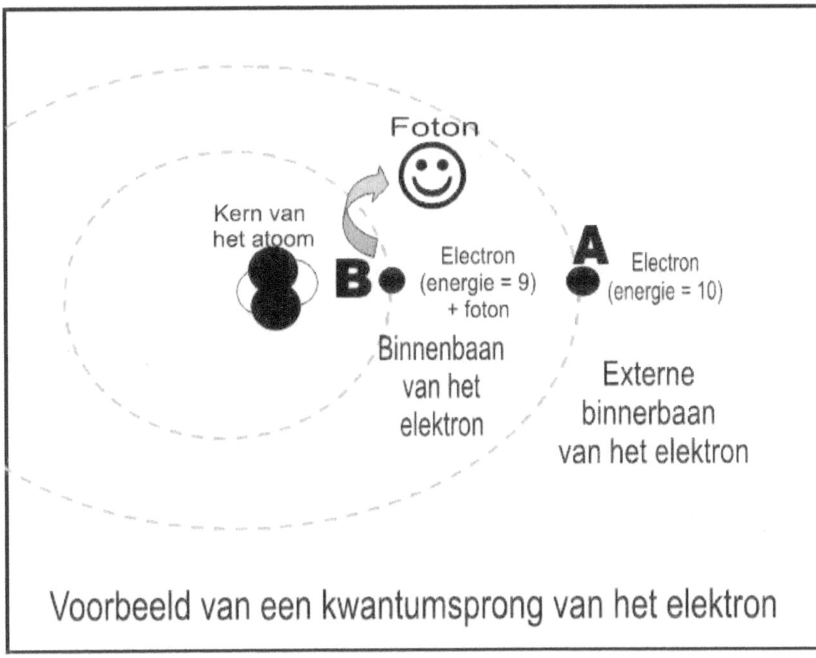

Figuur 31 - Voorbeeld van een kwantumsprong.

A het elektron A geplaatst op een externe baan heeft een energie van 10 kwantum.

B Het elektron springt naar een binnenbaan. Hier heeft het een lagere energie nodig (9 kwantum) dus geeft het een kwantum op.

C Het vrijkomende kwantum wordt een foton.

D Kern van het atoom.

Figuur 31 vertegenwoordigt een kwantumsprong. Op punt A heeft het elektron, geplaatst op een baan, een energie gelijk aan 10 quanta (een voorbeeldwaarde). Op punt B sprong het elektron naar een binnenbaan. Nu is de benodigde energie gelijk aan 9 kwanta. Het kwantum dat niet meer nodig is, is weggegeven in de vorm van een foton: dat wil zeggen, het is een kwantum van licht geworden.

Zoals we later zullen zien, hebben natuurkundigen deze eigenschap uitgebuit door elektronen te stimuleren een dubbele kwantumsprong te maken om twee dubbele fotonen of verwante fotonen te produceren; het bestuderen van hun gedrag leidde tot de ontdekking van het fenomeen verstrengeling.

De dualiteit van golven en deeltjes.

Het fundamentele kenmerk van de kwantumfysica is dat het aan straling en materie zowel de vorm van een golfverschijnsel als die van een deeltjesentiteit kan toeschrijven. Dit in tegenstelling tot de klassieke natuurkunde waar bijvoorbeeld licht uitsluitend als golf wordt beschreven en het elektron uitsluitend als deeltje.

Deze volledig onverwachte eigenschap wordt golf-deeltjesdualiteit genoemd. Dat niet hebben overwogen, vormde de reden voor het mislukken van alle klassieke theorieën die eerder waren ontwikkeld over het functioneren van het atoom. Een bepalend kenmerk van de kwantumfysica is het principe van complementariteit, volgens welke de twee aspecten, golf en deeltje, niet gelijktijdig kunnen worden waargenomen tijdens hetzelfde experiment. Dit concept werd geformaliseerd in het onzekerheidsprincipe van Heisenberg. Heisenberg stelt dat het niet mogelijk is om gelijktijdig en met extreme nauwkeurigheid de eigenschappen te meten die de toestand van een elementair deeltje bepalen. Als we bijvoorbeeld zijn positie met absolute precisie zouden kunnen bepalen, zouden we maximale onzekerheid hebben over zijn snelheid.

De komst van de kwantumfysica heeft voor verbijstering en verstoring gezorgd in de wetenschappelijke gemeenschap die de fundamenten van haar concept van de wereld in twijfel zag trekken en een revolutie teweegbracht.

Einstein zelf, toen hij zich bewust werd van de nieuwe realiteit van de kwantumfysica, noemde het "een sinistere actie op afstand".

Zoals vermeld in het boek "Albert Einstein wetenschapper en filosoof", schreef Einstein in zijn dagboek als volgt:

> “Al mijn pogingen om de theoretische grondslagen van de natuurkunde aan deze veronderstellingen aan te passen, mislukten. Het was alsof de aarde onder onze voeten ontbrak, en nergens een vast punt te bekennen was om op te bouwen”.

De ontdekkingen van de kwantumfysica maakten het noodzakelijk om fundamentele concepten zoals materie, tijd, ruimte en oorzaak-gevolg relaties opnieuw te bekijken, allemaal onmisbaar voor het begrijpen van de wereld zoals wij die waarnemen. De noodzaak om ze te wijzigen heeft ongetwijfeld geleid tot diepgaande culturele crises in de wetenschappelijke gemeenschap. Zelfs vandaag is het niet mogelijk om volledig te definiëren wat de exacte visie van de fysieke realiteit is, als het niet afzonderlijk op verschillende niveaus wordt onderzocht: dat van de middelgrote dimensies, dat is ons gevoelige niveau, en dat van de subatomaire dimensies.

Het dubbele spleten experiment.

De verworvenheden van de moderne natuurkunde hebben geleid tot
een significante verandering in ons wetenschappelijke imago van de wereld: ze hebben de absolute geldigheid van natuurwetten aan het wankelen gebracht en omgezet in een relatieve geldigheid. Natuurwetten zijn statistische waarheden, dat wil zeggen, ze zijn, om zo te zeggen, alleen volledig geldig als het gaat om macrofysische grootheden. Op het gebied van minimale hoeveelheden daarentegen wordt het voorspellen van wat er zal gebeuren onzeker en onmogelijk, aangezien zeer kleine hoeveelheden zich niet meer conform de bekende natuurwetten gedragen.
(Carl Gustaaf Jung)

Een van de bekendste experimenten in de kwantumfysica (waarschijnlijk de bekendste van allemaal) zal ons helpen de aard van elementaire deeltjes beter te begrijpen. Het experiment baseert zijn belang op de oude oorsprong: de eerste versie werd meer dan twee eeuwen geleden, in 1801, gemaakt door Thomas Young. Vervolgens behield het experiment zijn waardigheid, waardoor het actueel werd in veel latere herproposities, geüpdatet naarmate de technologie meer actuele versies mogelijk maakte. Op dit moment vertegenwoordigt het een van de belangrijkste sleutels tot het begrijpen van de kwantumfysica en aanverwante verschijnselen, waaronder verstrengeling. Ik zal daarom proberen dit experiment zo te illustreren dat het gemakkelijk assimileerbaar is voor de niet-gespecialiseerde lezer en wiskundige formules vermijdt.

Het experiment is conceptueel niet ingewikkeld en ik zal een voorbeeld geven dat, denk ik, door iedereen kan worden begrepen, als jongen, die ervan heeft genoten stenen naar allerlei soorten doelen te gooien, of ze in het water te gooien om de typische concentrische cirkels te zien.

Steek je hand op als je nog nooit een steen hebt gegooid. Degenen die dat hebben gedaan, bereiden zich voor om anderen te lanceren, zelfs als ze niet meer jong zijn.

Het spel bestaat uit het bevestigen van een stevige barrière voor ons, waarin we een gat of spleet hebben geboord. De spleet is groot genoeg om een steen die in zijn richting wordt gegooid door te laten. Net achter de barrière hebben we een dun moltonvel. In die zin, wanneer een steen door het gat gaat, raakt hij de metalen plaat en deukt deze, waardoor de impactmarkering achterblijft.

Op dit punt kan het experiment worden uitgevoerd, zoals weergegeven in figuur 34. Laten we een paar meter verderop gaan staan en zoveel stenen gooien als we willen, in een poging ze door de spleet te krijgen. We kijken alleen naar de stenen die door de spleet gaan en het scherm van de ontvanger raken, en we negeren de stenen die niet raken en worden afgewezen door de barrière.

Elke steen die het scherm van de ontvanger raakt, veroorzaakt een enkele deuk (fig. 34-1).

Afbeelding 32 Thomas Young (Milverton, 13 juni 1773 - Londen, 10 mei 1829) was een Britse wetenschapper, beroemd om zijn onderzoek naar licht en de mechanica van vaste stoffen, en om zijn bijdragen aan de fysiologie en egyptologie..

Figuur 33. Werner Karl Heisenberg (Würzburg, 5 december 1901 - München, 1 februari 1976) was een Duitse natuurkundige. Hij was een van de belangrijkste architecten van de kwantummechanica, bekend vanwege het blootleggen van het onzekerheidsprincipe in 1927. Hij ontving de Nobelprijs voor de natuurkunde in 1932.

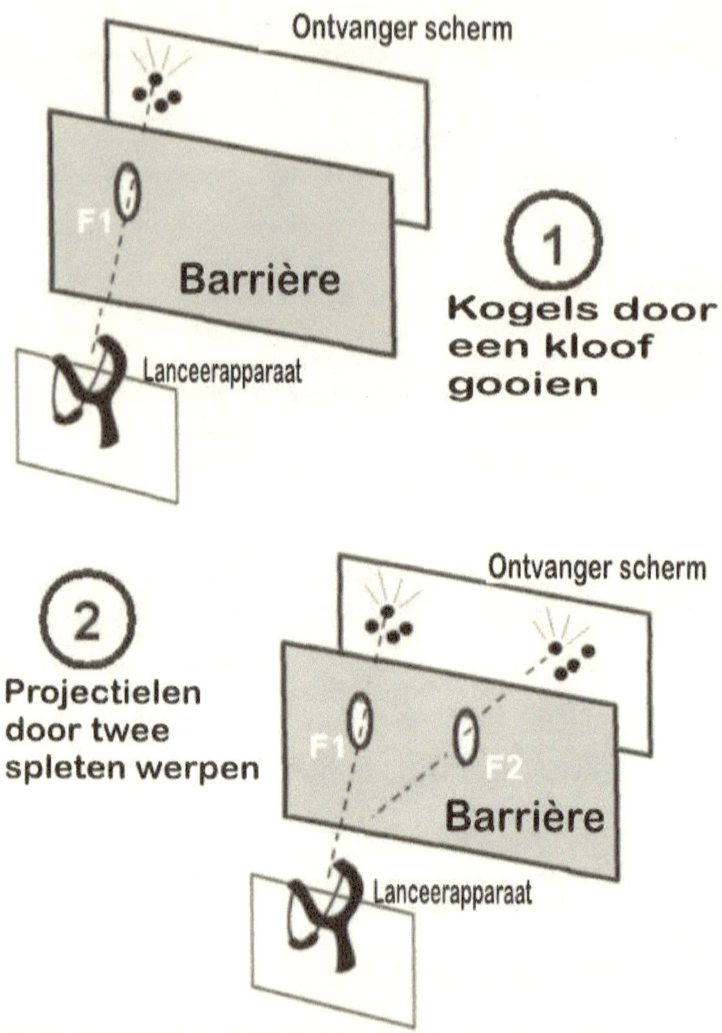
Ontvanger scherm
F1
Barrière
Lanceerapparaat
1
Kogels door
een kloof
gooien
Ontvanger scherm
2
Projectielen
door twee
spleten werpen
F1
F2
Barrière
Lanceerapparaat

Figuur 34 - Simulatie van het experiment met dubbele spleet. 1) Projectielen door een spleet gooien. 2) Projectielen door twee spleten gooien.

1) De lancering vindt plaats door een barrière met een gleuf.

A - Lanceer apparaat

B - barrière

C - Ontvangerscherm

2) De lancering vindt plaats door een barrière met twee spleten.

A - Lanceer apparaat

B - Barrière

C - Ontvangerscherm.

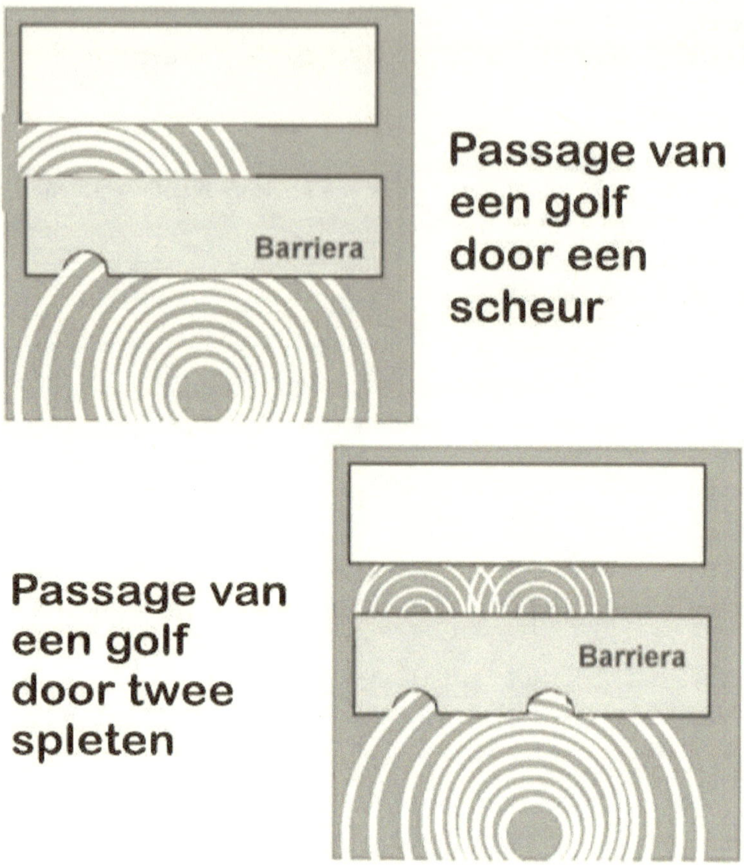

Figuur 35 - De golf gaat door twee spleten en produceert twee halve golven die elkaar kruisen en optellen.

A) Doorgang van de watergolf door een spleet.

B) Overlapeffect dat optreedt wanneer de golf twee spleten kruist.

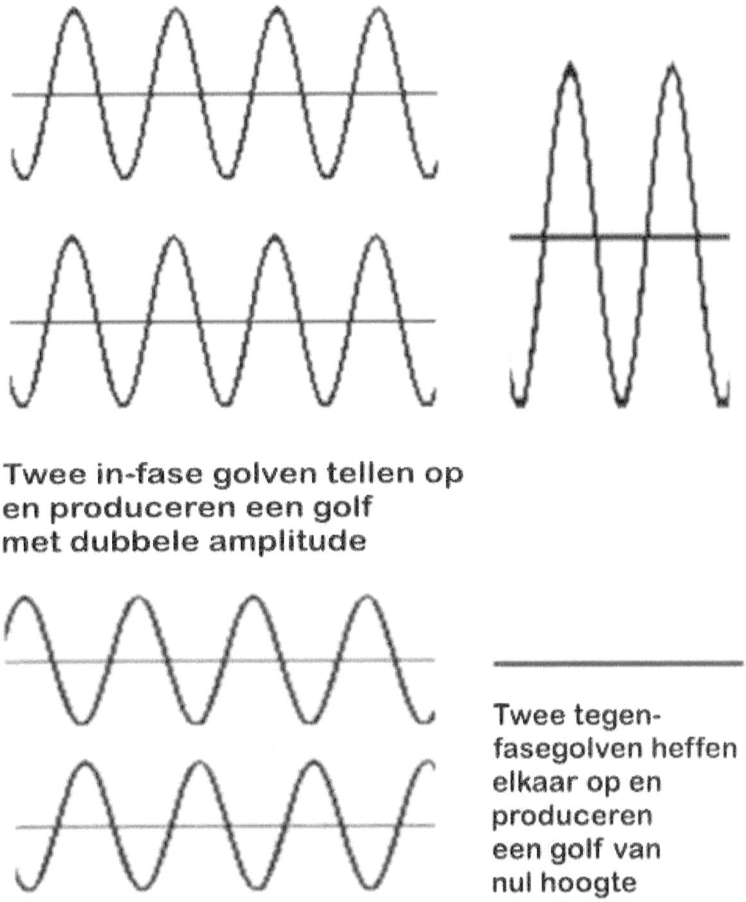

Twee golven met andere fase- en frequentieverhoudingen produceren golven die gelijk zijn aan hun algebraïsche som

Figuur 36 - Som van golven met verschillende amplitudes, frequenties en fasen

A) De twee golven a1-a2 zijn in fase. Hun amplitude telt op en produceert de a1 + a2 golf met dubbele amplitude.

B) De twee golven b1-b2 zijn in tegenfase. Hun amplitude wordt opgeteld en levert een negatief resultaat op, de b1 + b2-golf met amplitude nul.

Als twee golven niet precies in fase of in tegenfase zijn, produceren ze een golf die gelijk is aan hun algebraïsche som.

Als we een tweede spleet in de barrière openen (fig. 34-2), zullen de succesvolle lanceringen door de ene of de andere spleet gaan en zullen deuken op het scherm van de ontvanger ontstaan in overeenstemming met de gekruiste spleet.

Samenvattend kunnen we in dit deel van het experiment begrijpen dat de barrière werd overschreden door enkele massieve kogels, simpelweg door de deuken te observeren die op het scherm van de ontvanger werden geproduceerd. We kunnen nu verder gaan met het tweede deel van ons experiment. We zullen het apparaat, d.w.z. de barrière met een spleet en het ontvangerscherm, onderdompelen in een vat met water, zodat de spleet half ondergedompeld is, zoals in figuur 35

Deze keer gooien we onze steen niet direct in de richting van de spleet, maar in het water, op enige afstand voor de kering. De steen zal de typische watercirkels produceren die we allemaal kennen; deze zullen zich naar de barrière voortplanten, de scheur oversteken en aan de andere kant weer tevoorschijn komen, waarbij nieuwe voortplantingsgolven worden gevormd die worden geblokkeerd door het scherm van de ontvanger..

Stel je nu voor dat je een tweede scheur opent en een nieuwe steen gooit, zoals in figuur 35.

De watercirkels gecreëerd door de enkele steen, die zich voor de barrière voortplanten, zullen beide scheuren oversteken. Aan de achterkant van de barrière met twee gaten verschijnen ze en produceren ze twee nieuwe cirkels van water. Deze cirkels, die zich verder uitspreiden, zullen met elkaar interfereren door op te tellen.

Op basis van wat er tot nu toe is gezegd, kunnen we enkele eenvoudige conclusies trekken:

- Als we kogels naar de dubbele spleetbarrière gooien, gaan de projectielen door de ene of de andere spleet.We kunnen dit verifiëren door de deuken op het scherm van de ontvanger te observeren.

- Als we met twee spleten een steen in het water gooien richting de kering, dan ontstaat er een groep watercirkels. Deze cirkels gaan door beide spleten en produceren twee nieuwe sets watercirkels aan de achterkant van het rif. Deze twee groepen zullen samenkomen en een interferentiepatroon produceren.

We zagen dus het verschil tussen het gooien van een steen en het gooien van een golf: het gooien van stenen produceert deuken, terwijl het gooien van voortplantingsgolven interferentiecijfers oplevert.

Toen de wetenschapper wilde begrijpen of licht uit deeltjes of golven bestaat, stelde iemand zich voor om "lichtflitsen" te gooien naar een apparaat zoals het zojuist beschreven apparaat. Het experiment had de neiging om te verifiëren welke effecten zouden worden geproduceerd op het scherm van de ontvanger, "deuken" of "interferentie".

Thomas Young

Thomas Young was een Britse wetenschapper, bekend om zijn onderzoek naar licht en de mechanica van vaste stoffen, maar ook om zijn bijdragen aan de egyptologie. Hij werd geboren in Milverton op 13 juni 1773 en stierf in Londen in 1829.

Hij was de eerste van tien broers en zussen in een Quaker-familie. Hij wordt beschreven als een wonderkind, en dat was hij zeker ook. Sterker nog, op tweejarige leeftijd kon hij al lezen. Op zesjarige leeftijd had hij al Latijn geleerd en de hele Bijbel twee keer gelezen. Al snel leerde hij andere talen en op veertienjarige leeftijd kende hij naast Grieks, Frans, Italiaans en Hebreeuws ook veel oosterse talen zoals Chaldeeuws, Syrisch, Samaritaans, Arabisch, Perzisch en Turks.

Young studeerde in 1796 in Göttingen af met een graad in natuurkunde en in 1799 begon hij als arts te werken in een studie aan Welbeck Street in Londen. Een plaquette op de deur herinnert vandaag nog aan die samenwerking, terwijl hij zijn essays intussen anoniem publiceerde omdat hij bang was dat dit gevolgen zou hebben voor zijn reputatie als arts.

In 1802 trad Young toe tot de Council of the Royal Society, waarvan hij sinds 1794 lid was.

In de natuurkunde staat Young bekend om zijn werk op het gebied van optica, aangezien hij de auteur was van een onderzoek naar het dualisme van golven en deeltjes; de ontdekking van het fenomeen van interferentie in licht is ook aan hem te danken. In 1801 bedacht hij zelfs het experiment met de dubbele spleet.

De tirade over de aard van licht begon toen Newton het als van corpusculaire aard beschouwde. Later werd deze hypothese betwist, dus in 1801 ontwierp en voerde Young zijn beroemde experiment uit. Hij stuurde lichtstralen naar een barrière waar twee gaten waren geboord en op het achter de barrière geplaatste ontvangerscherm kreeg hij een interferentiepatroon. Daarom concludeerde Young dat de barrière was overgestoken door golven in plaats van door bloedlichaampjes, en bevestigde het golfkarakter van licht. Maar is licht echt een golf?.?

Evolutie van het experiment met dubbele spleet.

Aan het begin van de twintigste eeuw begonnen er twijfels te ontstaan, geïntroduceerd door Plancks studies over zwarte lichamen en over enkele aspecten die door Einstein naar voren werden gebracht met betrekking tot het gedrag van het foton, dat erg op een deeltje leek als het werd bestudeerd in het foto-elektrische effect.

In 1916 veronderstelde de Amerikaan Robert Millikan het bestaan van het foton als deeltje, zoals later werd bevestigd door de ontdekking van het Compton-effect in 1922. Dit zorgde voor een groot probleem in de natuurkunde, aangezien licht een mysterieus dualisme leek te hebben waardoor het leek als een golf of als een deeltje in experimenten van verschillende typen.

In 1924 formuleerde de Franse natuurkundige en wiskundige Louis de Broglie de hypothese dat niet alleen fotonen, maar alle materiële lichamen, en vooral alle deeltjes, ook de typische fysische eigenschappen van golven bezaten. Deze hypothese vond al snel experimentele bevestiging en gaf een fundamentele impuls aan de ontwikkeling van de kwantummechanica. Experimenteel bewijs van de dualiteit van golven en deeltjes werd in 1927 verkregen door Clinton Davisson en Lester Germer, bij Bell Laboratories in Murray Hill, in de staat New Jersey van de Verenigde Staten van Amerika. Deze wetenschappers vuurden een elektronenstraal af op een nikkelkristal en observeerden diffractiepatronen. Dit maakte het mogelijk om met deeltjesbundels interferentie-experimenten uit te voeren met twee spleten, net zoals Young had gedaan.

Moderne versie van het dubbelspletenexperiment.

Het dubbelspletenexperiment werd in 1961 voor het eerst in moderne vorm met behulp van elektronen uitgevoerd door Claus Jönsson aan de Universiteit van Tübingen, in Baden-Württemberg in Duitsland. Het werd vervolgens herhaald in 1974 aan het LAMEL Instituut van de CNR in Bologna door Pier Giorgio Merli van het LAMEL en door Gian Franco Missiroli en Giulio Pozzi, beide van de afdeling Natuurkunde van de Universiteit van Bologna.
Het LAMEL-instituut had een microscoop van de nieuwste generatie, een Siemens Eliskop 101, die was gekalibreerd en aangepast om te werken in interferentie-elektronenmicroscopie.
De microscoop werd zowel gebruikt als een interferometer als als een bron van elektronen die één voor één door een dubbel elektronisch prisma werden gevoerd om vervolgens naar een fotografische plaat te worden gestuurd.

Beschrijving van het experiment gebaseerd op de lancering van een enkel foton.

Nu willen we het experiment in zijn klassiek-moderne versie in detail bekijken, gebaseerd op het gebruik van enkele fotonen of quanta van licht. Laten we ons dus een apparaat voorstellen dat in staat is om enkele fotonen één voor één te lanceren, een barrière met één of twee spleten en een scherm erachter. Het scherm bestaat uit een donkere kamer met daarin een fotografische film. De film zal worden "gemarkeerd" door de fotonen die erop vallen, aangezien de fotonen helder zijn.
Het apparaat in de configuratie met één spleet wordt getoond in figuur 37.

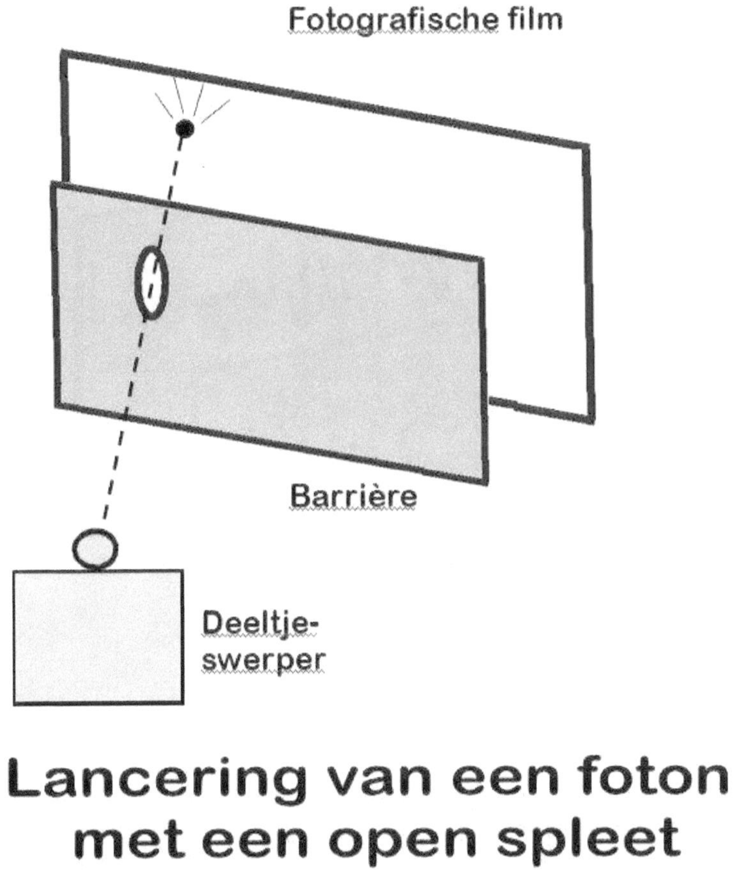

Figuur 37 - Lancering van een enkel foton naar een barrière met een spleet. Het foton kruist de spleet en snijdt een punt op de fotografische plaat erachter. Daarom gedraagt het zich als een deeltje.

A) Lanceer apparaat

B) Barrière met een spleet

C) Fotografische film.

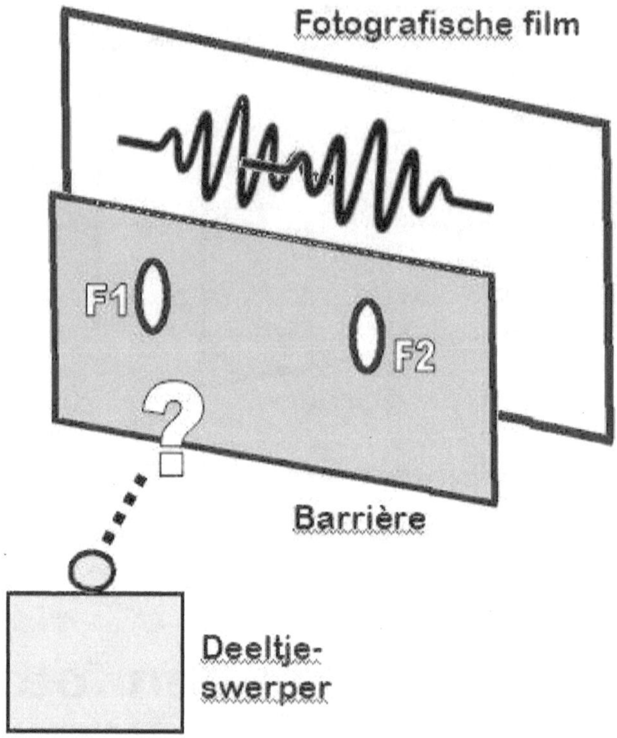

Lancering van een foton
met TWEE open spleten

Figuur 38 - Als we een enkel foton zouden lanceren naar een barrière met twee spleten, zou dit, als een deeltje, maar één keer passeren, terwijl het als een golf beide zou passeren.

A) Lanceer apparaat

B) Barrière met twee sleuven

C) Fotografische film.

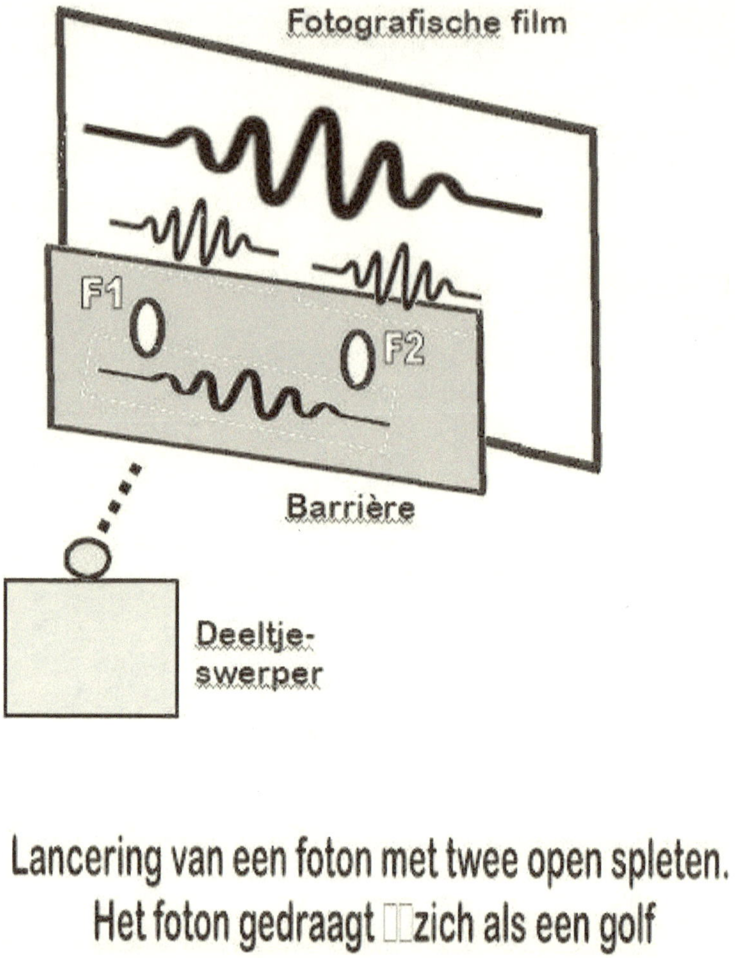

Figuur 39 - In feite gedraagt het enkele foton, als het maar één spleet ervoor heeft, zich als een deeltje; als hij er twee voor zich heeft, gedraagt hij zich als een golf.

A) Lanceer apparaat

B) Barrière met een spleet

C) Fotografische film.

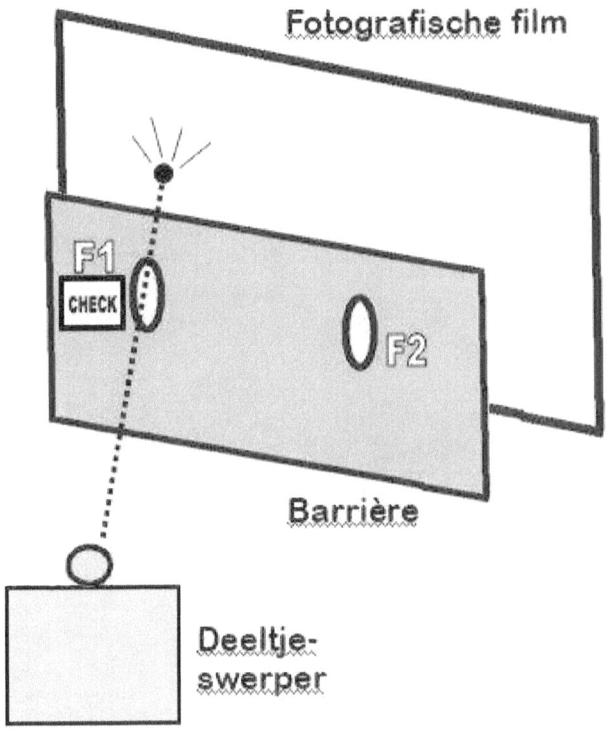

Lancering van een foton met
CONTROL DEVICE.
Het foton gedraagt zich als een deeltje

Figuur 40 - Als we een foton lanceren tegen een barrière met twee spleten, waarvan er één is uitgerust met een controleapparaat om de doorgang van fotonen te controleren, dan kiest ons foton precies de gecontroleerde spleet en gedraagt het zich als een deeltje.
A) Lanceer apparaat
B) Barrière met een spleet
C) Fotografische film
CHECK) Besturingsapparaat.

Fotonen die worden afgestoten door de barrière worden niet in aanmerking genomen; degenen die de spleet kruisen, markeren een stip op de fotografische film, een duidelijk teken dat ze zich als deeltjes hebben gedragen. Tot nu toe niets bijzonders; fotonen gedragen zich zoals onze stenen, en het experiment suggereert dat fotonen deeltjes zijn.

Figuur 38 illustreert de lancering van een enkel foton naar een barrière met twee spleten. Het vraagteken symboliseert de vraag: door welke spleet gaat het foton?

Het antwoord blijkt uit figuur 39: het enkele foton is door beide spleten gegaan.

In feite gedraagt het foton zich voor een enkele spleet als een deeltje, terwijl het zich voor twee spleten gedraagt als een golf en door beide gaat.

In het eerste geval wordt de bevestiging gegeven door de enkele lichtgevende stippen die op de fotografische film verschijnen. In het tweede geval verschijnen hier donkere en lichte balken op, dat wil zeggen het interferentiegetal dat wordt gegeven door de golf die beide spleten heeft gekruist, waardoor twee uitgaande golven ontstaan. Voorbij de barrière interfereren de twee golven en vullen elkaar algebraïsch aan. De donkere of lichte balken geven het resultaat weer (afb. 39).

Een eerste overweging die gemaakt kan worden is dat fotonen (maar niet alleen, de eigenschap is gemeenschappelijk voor alle elementaire deeltjes) zich, afhankelijk van het geval, gedragen als deeltjes of als golven, in die zin dat ze tegelijkertijd deeltjes en golven zijn. tijd.

Hierdoor kan een enkel foton tegelijkertijd door beide spleten gaan.

Maar de verrassingen zijn nog niet voorbij. Stel je voor dat de onderzoeker besluit om de passage van het foton door de spleet te verifiëren, uitgaande van het principe dat het foton in ieder geval een deeltje is en ergens moet passeren.

Plaats daarom een instrument net voorbij een van de twee spleten (of beide) om te controleren welke door het foton wordt gekruist (Figuur 40).

Welnu, in dit geval, dat wil zeggen, wanneer de doorgang van het foton wordt gecontroleerd door een instrument, gebeurt er iets ongelooflijks, bijna alsof het foton weigert mee te werken. Hoewel de open spleten twee zijn, gaat het foton alleen door het foton dat met het instrument is uitgerust en gaat het een stip op het scherm erachter indrukken. Als beide spleten worden gecontroleerd, gaat het door slechts één en gedraagt het zich nog steeds als een deeltje. Maar als je het gereedschap eraf haalt, wordt het weer als een golf.

In de praktijk daagt het foton de onderzoeker uit door te laten zien dat hij voor hem een onoplosbaar mysterie is.

Leon Max Lederman, Amerikaans natuurkundige, schrijft in zijn boek "Quantum Physics for Poetsi":

> “Het lijkt erop dat een enkel elektron, als bij toverslag, tegelijkertijd door de twee spleten gaat als niemand het waarneemt, terwijl het een mogelijk pad kiest als iemand of iets ernaar kijkt! Dit is mogelijk omdat elektronen geen deeltjes of golven zijn: ze zijn iets anders, volledig nieuw. Deeltjes zijn 'kwantumtoestanden'.

Het moet gezegd dat het experiment, aanvankelijk beperkt tot elementaire deeltjes, toen ook op complexe lichamen werd uitgevoerd. Aan de Universiteit van Wenen gebruikten Anton Zeilinger en zijn collega's "bucky balls" bij het experiment. Dit zijn moleculen die bestaan uit zestig of meer koolstofatomen die zijn geassembleerd om een structuur te vormen die lijkt op een geodetische koepel; dit arrangement werd beroemd gemaakt door de Amerikaanse architect Richard Buckminster en kreeg zijn naam. Het is duidelijk dat een molecuul met zestig atomen een gigantische structuur wordt in vergelijking met een enkel foton. Desondanks werden in het dubbele spleetexperiment, met behulp van "bucky balls" in plaats van fotonen, dezelfde resultaten verkregen.

Hiermee is bewezen dat een molecuul materie golfverschijnselen kan veroorzaken, zoals een energiedeeltje. Daarom hebben deze materiemoleculen ook de gave van alomtegenwoordigheid, dat wil zeggen dat ze door beide spleten gaan en het vermogen hebben om tegelijkertijd op twee verschillende plaatsen te zijn.

Wordt bilocatie aannemelijk?

Het zal in de toekomst mogelijk zijn om het experiment uit te voeren op complexere lichamen, samengesteld uit miljarden moleculen, hoe zou een menselijk lichaam kunnen zijn? In dit geval zou er wetenschappelijke bevestiging zijn van controversiële fenomenen zoals verdubbeling, astrale projectie, uittredingen of bilocatie, d.w.z. alle uittredingen, ook bekend als OBE en soms OOBE (uittredingservaring) . Het zijn allemaal ervaringen, waarvan de interpretatie controversieel blijft, waarbij een persoon waarneemt dat hij zijn fysieke lichaam "uitgaat", dat wil zeggen zijn geweten buiten de lichamelijke grenzen projecteert; ze behoren tot het domein van de parapsychologische disciplines, die niet erkend worden door de wetenschappelijke en academische wereld, maar die in veel westerse en oosterse culturen aanwezig zijn.

Het fenomeen bilocatie maakt al eeuwenlang deel uit van de Vedische en boeddhistische traditie; deze cultuur zou in staat zijn om onderwerpen met een bepaalde neiging de filosofische en spirituele kennisbasissen over te dragen om hen, door een lange training, het vermogen van bilocatie te geven. De bekende Indiase filosoof Paramahansa Yogananda getuigt in zijn boeken tot in detail over episodes die hemzelf betreffen.

Robert Allan Monroe is een Amerikaanse schrijver, oprichter in 1978 van het gelijknamige Instituut voor onderzoek naar het menselijk bewustzijn. In zijn boek "Mijn reizen uit het lichaam" beschrijft hij de oosterse disciplines en beveelt hij voorbereidende technieken aan voor inwijding in het fenomeen. bilocatie.

In het christendom zijn er veel hagiografische getuigenissen van bilocatie met betrekking tot, onder andere, St. Antonius van Padua, St. Franciscus van Assisi, St. Alphonsus Maria de 'Liguori, St. Joseph van Copertino, St. Franciscus van Paola, St. John Bosco.

De precognitieve vermogens van deeltjes.

Uit het dubbelspletenexperiment kunnen we conclusies trekken die zelfs de meest deskundige natuurkundigen versteld zullen doen staan, en die waarschijnlijk meer betrekking hebben op de filosofie van de natuurkunde dan op de natuurkunde zelf.

Laten we ons even voorstellen dat het foton zijn eigen bewustzijn heeft en zijn gedrag kan 'beslissen' in de verschillende situaties waarin het betrokken is.

In de praktijk vragen we ons af: als een foton naar de barrière wordt gelanceerd, hoe weet het dan of het één of twee open spleten zal hebben?

Waarom het foton eigenlijk pas na het passeren van de barrière zou moeten weten hoeveel spleten er zijn, weet het foton blijkbaar eerst. In feite moet het foton de barrière in de vorm van een deeltje of in de vorm van een golf onder ogen zien, voordat het deze is gepasseerd.

Niet alleen; het foton weet, voordat het door een gat gaat, of dit wordt gecontroleerd door een instrument om zijn passage te verifiëren. Het foton weet door welke van de twee gaten het wordt gecontroleerd voordat het er doorheen gaat. In de zeer korte momenten van zijn bestaan tussen het moment dat het wordt gelanceerd en het moment dat het de barrière tegenkomt. het foton verwerft kennis van wat hem te wachten staat..

Aangezien het foton geen geest of bewustzijn heeft, moeten we ons afvragen waar zijn vermogen vandaan komt om 'eerst te weten' wat het in zijn nabije toekomst te wachten staat. De provocerende titel van dit hoofdstuk, over de precognitieve vermogens van het foton, zou suggereren dat deze echt bestaan.

Waarschijnlijk wel. Het foton weet waarom het kennis ontvangt, het maakt zelfs deel uit van een universele wijsheid, een kennis die de hele kosmos verbindt. Het foton weet omdat de hele kosmos het weet, en deze kennis kent geen grenzen in tijd, ruimte of grootte. Het foton "weet het niet eerder", het weet het gewoon. Hij weet het niet vanwege het feit dat de barrière dichtbij in de ruimte is, hij zou het zelfs weten als het zich aan de buitengrenzen van het universum bevond. Het foton weet waarom het deel uitmaakt van een universele kosmische wijsheid die buiten alle grenzen en buiten elke door de materie bepaalde beperking is geplaatst. Zijn kennis is informatie en intelligentie op puur psychisch of spiritueel niveau. Dat ene foton, en elk ander deeltje in het universum, "voorspelt niet de toekomst", het weet het gewoon.

Dan rijst een andere vraag: waarom hebben wij mensen, die in wezen uit deeltjes bestaan, niet dezelfde kennis?

Natuurlijk bezitten alle deeltjes waaruit ons lichaam bestaat deze kennis, elk afzonderlijk; wij, beschouwd als het aggregaat van een eindeloos aantal deeltjes, zouden een geaggregeerde kennis moeten bezitten, de som van de kennis van al onze deeltjes.

Er is een groot verschil tussen het enkele deeltje en het geheel van deeltjes dat we zijn. Allereerst zijn deeltjes leden van universele kennis zonder enige tussenkomst. De deeltjes zijn er direct onderdeel van. In plaats daarvan wordt ons lichaam, als een aggregaat van deeltjes, beïnvloed door krachtige tussenpersonen die in feite afscheiders worden.

Deze negatieve bemiddelaars hebben gezamenlijk de naam "ik". Ons bewustzijn en onze persoonlijkheid vervullen de functie van afscheiders naar kosmische kennis. Inderdaad, hoewel deeltjes bescheiden leden zijn die volgzaam aan deze kennis vasthouden, plaatsen we onszelf in het centrum van het universum: alles om ons heen, wat er om ons heen gebeurt, herinneringen aan het verleden en verwachtingen van de toekomst zijn absoluut gecentreerd op onze persoonlijke kosmos .

Dit maakt ons heel weinig meegaand en niet erg doorlaatbaar met betrekking tot een kennis die helemaal niet op onszelf is gericht.

Overwegingen die vergelijkbaar zijn met deze roepen instinctief de verschrikkelijke kreet op van Lucifer die uit de aanwezigheid van God is geworpen: "Ik zal je niet dienen!". Misschien zijn wijzelf de gevallen engelen, aangezien we eigenlijk niets anders willen dienen dan ons ego en dit stort ons in een existentiële eenzaamheid die bestaat uit egoïsme en zelfreferentie.

Zo ook vertelt de bijbelse mythe van Adam en Eva over een verdrijving uit Eden wegens ongehoorzaamheid. God had een boomgaard geplant waar het paar volop van kon profiteren, met één uitzondering: "Van elke boom in de tuin zul je kunnen eten; maar van de Boom van Kennis van Goed en Kwaad zul je niet eten; want de dag dat je het eet, ga je zeker dood ».

De kennis van Goed en Kwaad transformeert Adam en Eva in subjecten die in staat zijn om te oordelen, maar dit vermogen wordt helaas aangetast door de ambitie om op God te willen lijken.

Desondanks zijn er veel aspecten die ons, zij het vaag, verbonden houden met een "kosmische kennis". Ondanks dat we worden afgeschermd, bezitten we kruimels van bewustzijn van het bestaan ervan. Allereerst hebben we het gevoel van een aanwezigheid die superieur is aan onszelf, die we waarnemen en die we soms nodig hebben, zoals het zou kunnen zijn voor de herinnering aan verre of vermiste ouders. De schaduw van een onbekende te omarmen ouder dwarrelt mystiek in onze gedachten, fascineert ons.

Dit is het gevoel dat velen "verlangen naar God" noemen. Het is een nostalgie die van ver komt, opgeroepen door gebeurtenissen die vaak geen deel uitmaken van onze levenservaring; het is een nostalgie die put uit herinneringen voorafgaand aan ons fysieke bestaan.

Dan zijn er buitenzintuiglijke waarnemingen, dat wil zeggen die lichtflitsen die soms oplichten en het pad dat ons verenigt naar kosmische kennis begaanbaar maken. Ons onbewuste is in staat om verbinding te maken met het collectieve onbewuste en, zij het kronkelig, flitsen van kennis stromen van het universele bewustzijn naar ons individuele bewustzijn. Wanneer dit gebeurt, 'weten en zien we' gedurende een paar korte ogenblikken de dingen die we, vanwege onze toestand als slaven die aan de materie zijn vastgeketend, normaal niet zien. .

Maar de meest concrete link met de wijsheid van de kosmos is te vinden in de synchroniciteiten die ons bestaan verdringen, vaak in onze onverschilligheid. Hoewel we in onze afgrond van gevallen engelen zijn gezonken, reikt een hand naar ons om ons uit de put te tillen en ons te leiden naar een spirituele en culturele evolutionaire verlossing. Synchroniciteiten zijn het bewijs dat "Kennis" ons niet voor altijd als vervloekt beschouwt en in ons die evangelische verloren zoon ziet die bij zijn terugkeer niet door zijn vader wordt afgewezen maar met vreugde wordt verwelkomd.

Het atoom en zijn meest actuele weergave.

In de klassieke weergave van het atoom heeft een elektron een goed gedefinieerde hoeveelheid energie, die het in een bepaalde baan kan houden, die daarom het energieniveau van de baan wordt genoemd. Bijgevolg vertegenwoordigt de baan het pad dat het elektron rond de kern aflegt, terwijl het energieniveau de hoeveelheid energie vertegenwoordigt die voldoende is om het in die baan te houden.

Zoals we hebben gezien, is de kwantummechanica in staat om het gedrag van zeer kleine deeltjes, zoals elektronen, te beschrijven, en we hebben ook gezien dat de regels van de klassieke fysica niet van toepassing zijn op deze deeltjes. In de kwantumvisie is een nieuw, complexer atoommodel geïntroduceerd, waarin we niet meer spreken van baan maar van "orbitaal".

"Baan" en "orbitaal".

De kwantummechanica heeft ruimschoots aangetoond dat het niet mogelijk is om de baan van een elektron te definiëren, dus de term "baan" is niet geschikt. Het is noodzakelijk om het concept van een baan die door een elektron wordt afgelegd te verlaten om het te vervangen door dat van "orbitaal", ook gedefinieerd als een "waarschijnlijkheidswolk". Dit gebeurt omdat we niet met zekerheid kunnen vaststellen wat de positie is van het elektron binnen het atoom op een bepaald moment of in het volgende moment. Door ingewikkelde wiskundige functies is het mogelijk informatie te verkrijgen over de positie van het elektron, maar alleen in termen van de waarschijnlijkheid van zijn aanwezigheid in een bepaalde ruimte rond de kern (Fig. 41).

Met andere woorden, terwijl de baan een gedefinieerd traject is, is de baan een wiskundige functie waarmee je kunt bepalen waar het elektron het meest waarschijnlijk zal vinden in de ruimte rond het atoom.

Dit alles is een direct gevolg van een fundamenteel principe van de kwantummechanica, ontdekt door de Duitse natuurkundige Werner Heisenberg, het "Onzekerheidsprincipe" of "Heisenbergprincipe", volgens welke het niet mogelijk is om tegelijkertijd de positie en snelheid van het elektron te kennen. Dit bevestigt de eigenaardigheid van het gedrag van elementaire deeltjes in vergelijking met dat van lichamen op macroscopisch niveau, dat wil zeggen op het niveau van onze dimensies en onze ervaring.

Op ons niveau is het in feite mogelijk om met extreme precisie het traject en de snelheid van een steen te berekenen voordat deze wordt gelanceerd, net zoals het mogelijk is om het pad van hemellichamen of de reisroute van ruimtesatellieten te berekenen. Op subatomair niveau wordt dit vermogen echter onmogelijk. Het principe van Heisenberg bevestigt opnieuw de mysterieus verhulde diversiteit van het gedrag van deeltjes.

Met betrekking tot niet alleen het elektron maar elk ander elementair deeltje, kunnen we alleen een bepaald gebied in de ruimte definiëren waar het deeltje zou kunnen worden gevonden; het is dit gebied van de ruimte dat orbitaal wordt genoemd en wordt bepaald door de energie die het deeltje bezit.

We kunnen de orbitaal voorstellen als een compromis tussen de afstoting van de verschillende elektronen daartussen en de aantrekkingskracht die door de kern wordt uitgeoefend. Daarom, hoe meer protonen en elektronen een atoom heeft, hoe gecompliceerder de situatie van de interne relaties van aantrekking en afstoting wordt; het atoom wordt een kruipruimte waarin wespen met onvoorstelbare snelheden langs probabilistische orbitalen bewegen.

Onder deze omstandigheden is de enige manier om heel grofweg te weten waar een elektron zich bevindt en met welke snelheid het beweegt, het als een golf te behandelen; het elektron zal zich in elk punt X van de golf bevinden die het beschrijft. Dit principe wordt bepaald door een wiskundige functie, de golffunctie, ontdekt door de Oostenrijkse natuurkundige en wiskundige Erwin Schrödinger..

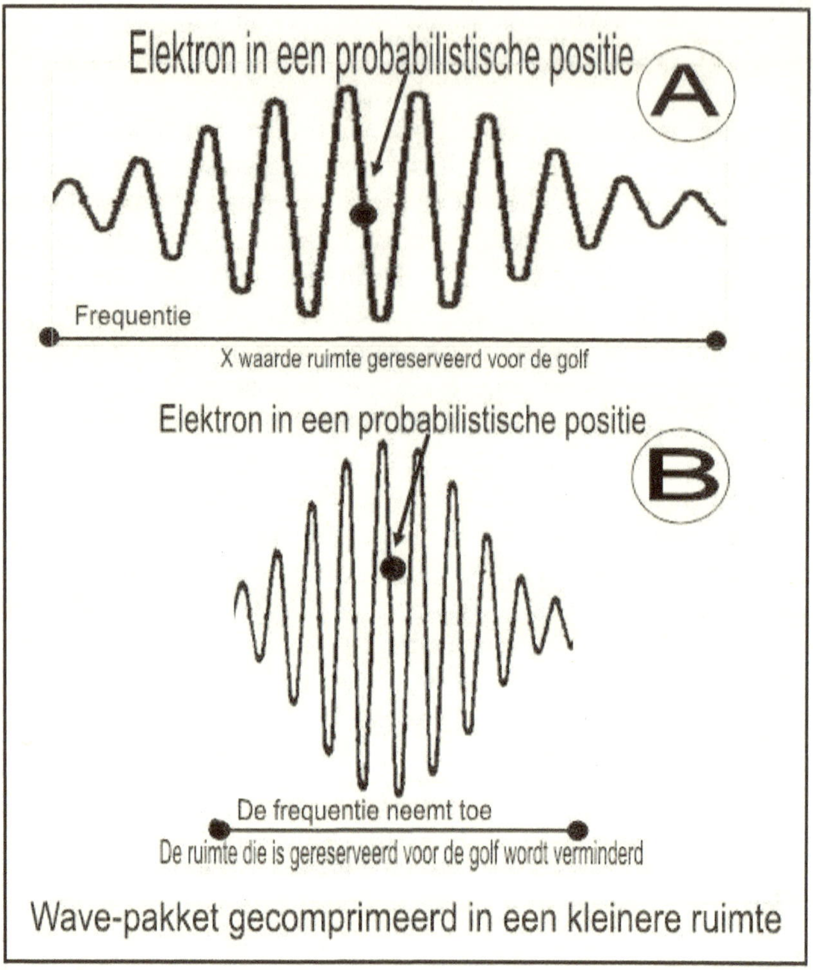

Figuur 41 - Het comprimeren van het ruimtegebied van de golf verhoogt de frequentie en daarmee de rotatiesnelheid van het deeltje.

A In de ruimte van waarde "X" heeft de frequentie van de golf de waarde "a".

B In een smallere ruimte heeft de golffrequentie een waarde "b", hoger dan "a".

Deze functie definieert in feite niet de precieze coördinaten van het elektron, maar begrenst een ruimtevolume waarbinnen het met grotere waarschijnlijkheid kan worden gevonden.

Tegenwoordig weten we dat kwantumwetten niet alleen kunnen worden toegepast op het elektron, maar ook op de deeltjes die aanwezig zijn in de kernen van atomen, protonen en neutronen.

Dynamische weergave van het atoom.

Wat tot nu toe is gezegd, geeft een veel dynamischer beeld van het atoom dan het klassieke. Als we een elektron als een deeltje beschouwen, kunnen we in feite niet weten waar het precies is, behalve dat het in een willekeurig punt van de golffunctie wordt geplaatst dat het beschrijft (fig. 41A).

De moderne natuurkunde is het universum gaan opvatten als een onlosmakelijk netwerk, waarbinnen relaties absoluut dynamisch zijn, niet statisch. In de kwantummechanica wordt dit dynamische aspect, indien mogelijk, versterkt en is het een direct gevolg van het golfkarakter van de deeltjes. Bijgevolg kunnen de eigenschappen van subatomaire deeltjes alleen worden begrepen in de context van hun dynamiek.

Het feit dat de deeltjes ook golven zijn zorgt voor ogenschijnlijk bizar gedrag waarmee rekening moet worden gehouden. Als we een deeltje in een bepaalde ruimte dwingen, reageert het door in die ruimte te bewegen. De agitatie is veel sneller naarmate de ruimte beperkter is.

Deze eigenschap wordt begrijpelijk door te kijken naar figuur 41.

In het bovenste deel is de golffunctie van een elektron afgebeeld, ingesloten in een ruimtegebied van waarde X met het elektron in een probabilistische positie.

In het onderste deel van figuur 41B, door de beschikbare ruimte te beperken, trilt de golf met een hogere frequentie en dit veroorzaakt een toename van de snelheid van het elektron. Hoe kleiner het opsluitingsgebied, hoe meer de beweging van het elektron zal toenemen.

De neiging van deeltjes om op elke vernauwing van de ruimte te reageren door de snelheid te verhogen, genereert de staat van agitatie van de materie, typisch voor de subatomaire wereld.

Bovendien is er zelfs in de kern geen onbeweeglijkheid; inderdaad, indien mogelijk, neemt agitatie paroxysmale vormen aan. We kunnen dit begrijpen als we bedenken dat het volume van de kern duizend miljard keer kleiner is dan het totale volume van het atoom. In feite, zoals we al hebben vermeld, als de kern 3-4 millimeter groot zou zijn, zou het buitenste elektron roteren in een bolvormig volume met een diameter van ongeveer 100 meter. In het ruimtevolume van zo'n ongelooflijk kleine kern komen twee krachten in het spel: aan de ene kant heeft de afstoting tussen de protonen, die allemaal een positieve elektrische lading hebben, de neiging om de kern de ruimte in te "exploderen". Aan de andere kant komt echter de sterke nucleaire interactie die aantrekkingskracht uitoefent tussen alle deeltjes die uit quarks bestaan, in het spel. Daarom trilt de kern, in een eeuwig conflict bestaande uit afstoting en aantrekking, met een snelheid die exponentieel wordt verhoogd door zijn zeer kleine formaat.

"Dingen" of gebeurtenissen?

Omdat deeltjes deel uitmaken van de grotere structuren zoals moleculen en grotere aggregaten van materie, hebben ook deze de neiging om in een eeuwigdurende dans te bewegen, dat wil zeggen dat ze van nature in beweging zijn. De kwantummechanica laat zien hoe materie nooit inert is, maar constant in beweging. Hoewel de objecten ons op macroscopisch niveau onbeweeglijk en solide lijken, bruisen ze in hun intieme compositie van hectische activiteit.

De objecten van onze dagelijkse realiteit zijn samengesteld uit atomen die met elkaar verbonden zijn om alle moleculaire structuren te vormen die we kennen. Deze trillen in harmonie met de omgevingstemperatuur. De elektronen zijn aan de atomen gebonden door elektrische aantrekkings- en afstotingskrachten die ze naar de kern drukken, waardoor een zeer hoge rotatiesnelheid wordt veroorzaakt. In dezelfde kern zijn protonen en neutronen in zulke kleine volumes beperkt dat ze met onvoorstelbare snelheden in beweging komen.

Hoe verder men in de studie van het atoom gaat, hoe duidelijker het wordt dat het niet de ultieme component van materie is, vast en compact, zoals door Newton wordt gesuggereerd, maar een reeks activiteiten, d.w.z. trillingen als gevolg van deeltjes die tegelijkertijd golven zijn , in eeuwige hectische beweging in een overwegend lege ruimte.

Karl Raimund Popper, Oostenrijkse filosoof en geleerde van de methoden om bepaalde en wetenschappelijke kennis van dingen te verkrijgen, schrijft aan metafysica, indien correct begrepen, de functie toe van het stimuleren van vooruitgang. Fysiek determinisme wordt fel bestreden door Popper, zowel vanuit wetenschappelijk oogpunt als als vooronderstelling van totalitarisme. In zijn boek "Het ego en zijn brein" drukt Popper zijn gedachten over het materiële universum als volgt uit:

> “Materie blijkt sterk geconcentreerde energie te zijn, die kan worden omgezet in andere vormen van energie en dus iets procesmatigs, aangezien het kan worden omgezet in andere processen zoals licht en natuurlijk beweging en warmte. We kunnen daarom zeggen dat de resultaten van de moderne natuurkunde de noodzaak suggereren om het idee van een substantie of essentie los te laten.
>
> Nu (zoals A.N. Whitehead bovenal opmerkte) verschijnt het universum niet als een verzameling dingen, maar als een reeks op elkaar inwerkende gebeurtenissen en processen.
>
> Daarom kan een moderne natuurkundige heel goed zeggen dat fysieke dingen - lichamen, materie - een atomaire structuur hebben. Maar op hun beurt hebben de atomen een structuur die nauwelijks kan worden gedefinieerd als "mate-

> rieel" en zeker niet "substantieel": (...) In de geschiedenis van het materialisme en vooral van het atomisme werd de realiteit van de materie twijfelachtig geacht, niet alleen door idealisten filosofen als Berkeley en Hume, maar ook door natuurkundigen als Mach, juist in de tijd dat de kwantumtheorie in opkomst was."

In zijn theorie van de kwantumelektrodynamica (gedefinieerd als het juweel van de natuurkunde) suggereert de natuurkundige Richard Feynman dat uit het onzekerheidsprincipe van Heisenberg afleidt dat het kwantumvacuüm, ook wel "nulpuntveld" genoemd, doordrongen is van een zee van fluctuaties die creëren paren virtuele deeltjes en antideeltjes, die vernietigen in een tijd omgekeerd evenredig met hun energie.

Einsteins beroemde formule E = mc2 stelt vast dat materie en energie in elkaar kunnen worden omgezet. Daarom kan energie vele vormen aannemen: het kan klassiek mechanisch zijn in twee modi, kinetisch of potentieel; bovendien kan het chemisch, elektromagnetisch, zwaartekracht, thermisch, nucleair zijn. Al deze uitdrukkingen van energie zijn componenten van dezelfde mondiale energie, die van vorm kan veranderen, maar niet de regel kan omzeilen dat de hoeveelheid altijd hetzelfde blijft. In zijn onveranderlijkheid en convertibiliteit speelt energie de rol van het verbinden van alle fysieke verschijnselen in een netwerk van transformaties, maar elke fysieke transformatie moet er noodzakelijkerwijs voor zorgen dat de hoeveelheid energie, ervoor en erna, hetzelfde blijft. Daarom kan energie niet worden vernietigd, maar kan het verschillende vormen aannemen; inderdaad, het is voortdurend in transformatie.

Plaats en niet-plaats.

De plaats definieert het gebied waarin zich manifestaties van energieën en gebeurtenissen voordoen, begrensd door de wetten van de klassieke fysica; in de lokale realiteit is er causaliteit of determinisme (elke gebeurtenis wordt bepaald door een eerdere gebeurtenis), alle realiteit is onderworpen aan de pijl van de tijd die alleen vooruit gaat - het is in ieder geval niet mogelijk om de snelheid van het licht te overschrijden. Deze limiet voorkomt het bestaan van directe informatiecommunicatie over lange afstanden. Bovendien ondergaat elke energie die informatie draagt, een afname in kracht die veel hoger is, hoe verder het zich van de bron verwijdert, zoals gebeurt bij een licht of een geluid dat steeds zwakker wordt naarmate de afstand groter wordt.

In het "niet-lokale" domein daarentegen zijn er gebeurtenissen en manifestaties die niet de typische beperkingen van het lokale domein ondergaan: ze zijn noch door tijd noch door afstand beperkt. Op het niet-lokale niveau bestaat het niet gisteren en vandaag, ervoor en erna, maar alleen "nu en altijd". Evenzo is er geen hoog en laag, dichtbij en ver weg, maar alleen "hier en overal."

Kwantumverstrengeling.

Entiteiten die betrokken zijn bij een 'verstrengeling', deeltjes of fotonen, zijn met elkaar verbonden omdat ze zijn geproduceerd door een proces dat ze op een speciale manier aan elkaar heeft gebonden. Bijvoorbeeld twee fotonen die door hetzelfde atoom worden uitgezonden. Dergelijke fotonen of deeltjes blijven voor altijd "verstrengeld", dwz gekoppeld. Als iemand op de een of andere manier handelt op een van de twee, zal zijn "tweeling", waar hij ook is in het universum, op zijn beurt onmiddellijk reageren (Amir Dan Aczel, Israëlische wiskundige en natuurkundige)

Het golfgedrag van materie is de basis van een ander verrassend kwantumfenomeen dat bekend staat als "verstrengeling", een Engelse term die kan worden vertaald als verstrengeling. Verstrengeling vertegenwoordigt een van de meest mysterieuze en nog steeds grotendeels onverklaarde verschijnselen in de hele moderne natuurkunde. Volgens Erwin Schrödinger, een van de grondleggers van de kwantummechanica, is dit ongetwijfeld het 'kenmerkende kenmerk' van de hele theorie.

Verstrengeling heeft zulke ongelooflijke eigenschappen dat ze Einstein deden twijfelen aan de realiteit van het fenomeen. In 1935 formuleerde hij samen met Boris Podolsky en Nathan Rosen de beroemde "EPR-paradox" (zo genoemd naar de initialen van de achternamen van de drie wetenschappers) die, in de betekenis van de naam, het fenomeen van verstrengeling als paradoxaal benadrukte.

Inderdaad, de EPR-paradox, die eerst werd beschouwd als een geldige weerlegging van verstrengeling, bevatte een fundamentele fout, die in 1964 werd benadrukt door John Stewart Bell en in 1982 werd bevestigd door de experimenten van Alain Aspect. Vervolgens, in 1998, verbeterden Anton Zeilinger en anderen de experimenten van Aspect en bevestigden de resultaten.

Vandaag de dag kunnen we concluderen dat in talloze studies de kwantumfysica in staat is gebleken om correcte experimentele voorspellingen te produceren met een ongekende precisie, en dat de correlatiefenomenen tussen deeltjes, typisch voor kwantumverstrengeling, daadwerkelijk zijn waargenomen. Momenteel ligt deze theorie aan de basis van opkomende technologieën zoals kwantumcomputers en kwantumcryptografie en heeft het mogelijk gemaakt om experimenten uit te voeren met betrekking tot teleportatie, waarop de verwachtingen van de technologische wereld zijn geconcentreerd.

Het superpositieprincipe.

Bij het onderzoek van het experiment met dubbele spleet, uitgevoerd door slechts één deeltje tegelijk te sturen, zagen we dat het

Figuur 42 - Het P-deeltje dat door beide spleten gaat, bevindt zich in een staat van "kwantumsuperpositie".
F1 Het P-deeltje gaat door de F1-spleet en heeft de toestand Pa
F2 Hetzelfde deeltje P gaat ook in de spleet F2 en heeft de Pb-toestand
Het deeltje P bevindt zich in "superpositie van toestanden". Zijn toestand is P (a + b).

deeltje beide spleten kruist en een interferentieverschijnsel veroorzaakt. Het is duidelijk dat het deeltje, als enige aanwezig, met zichzelf interfereert. Dit is een verbazingwekkend maar reëel fenomeen, dat de naam draagt van het "kwantumprincipe van superpositie van staten".

Het superpositieprincipe bevestigt dat twee of meer kwantumtoestanden kunnen worden "gesuperponeerd", dwz bij elkaar opgeteld, en het resultaat zal een andere geldige kwantumtoestand zijn. Iets soortgelijks gebeurt met de overlappende golven in het water.

Daarom kan de toestand van een systeem uit twee of meer toestanden bestaan, om enkele eigenschappen van elk van de toestanden waaruit het bestaat, te delen.

Als we met A en B twee verschillende eigenschappen van hetzelfde deeltje markeren, zoals:

toestand A: het deeltje bevindt zich op de plaats F1

toestand B: het deeltje is op zijn plaats F2

dan kan de superpositie van de toestanden van dat deeltje worden geschreven als A + B omdat het iets gemeen heeft met zowel toestand A als toestand B (fig. 42).

Het deeltje bevindt zich in toestand A wanneer het door de spleet F1 gaat en in toestand B wanneer het door de spleet F2 gaat. Omdat het deeltje tegelijkertijd door beide spleten gaat, bevindt het zich tegelijkertijd in de twee toestanden, dat wil zeggen in een superpositietoestand, die wordt geschreven als A + B en een combinatie is van de twee toestanden

"Het deeltje is in staat A"

"Het deeltje bevindt zich in toestand B".

Als we het deeltje zouden observeren terwijl het de barrière passeert, zouden we het door slechts één van de twee spleten zien gaan en zouden we het interferentieverschijnsel niet verkrijgen; als we het daarentegen niet waarnemen, gaat het door beide spleten, genereert de superpositietoestand en signaleert het door de interferentiecijfers op het scherm erachter te produceren.

Het superpositieprincipe is een van de grootste mysteries van de kwantumfysica en de essentiële sleutel tot het begrijpen van het fenomeen verstrengeling.

De correlatie.

De correlatie kan worden beschouwd als het resultaat van verstrengeling: twee deeltjes die met elkaar verstrengeld zijn geraakt, zouden verwant zijn. Dit betekent dat de deeltjes met elkaar verbonden zijn om een met elkaar verweven systeem te vormen, en dat ze eenstemmig reageren op de gebeurtenissen die de ander beïnvloeden. Ze gedragen zich net zoals tweelingen zouden doen, bijvoorbeeld degenen wiens verhalen ik aan het begin van dit boek presenteerde.

Twee verwante deeltjes kunnen dus als tweelingen worden beschouwd. Net zoals menselijke tweelingen betrokken zijn bij dezelfde geboorte, raken elementaire deeltjes verstrikt wanneer ze betrokken zijn bij een fenomeen dat hen op een niet-triviale manier interesseert.

De gevallen van de gebroeders McWhirter en de zussen Furness kunnen als buitengewoon worden beschouwd omdat de hoofdrolspelers zonder enige duidelijke oorzaak reageerden op de gebeurtenissen die hun tweelingbroer troffen, waardoor het causaliteitsbeginsel werd verstoord dat elke gebeurtenis die in het universum plaatsvindt de oorzaak moet zijn van een andere gebeurtenis die eerder heeft plaatsgevonden. In feite reageren zelfs de verwante deeltjes elk op de gebeurtenissen die de ander (of de anderen) beïnvloeden zonder enig causaal verband. In feite treedt de reactie van een van de tweelingen op wanneer deze zich totaal niet bewust is van wat er met de ander gebeurt.

Zelfs in het geval van verstrengelde deeltjes gebeurt hetzelfde: de toestandsveranderingen zijn niet de een na de ander, maar gelijktijdig; en dit, let wel, op welke afstand de deeltjes ook zijn.

Deze omstandigheid is een echte hoofdpijn voor natuurkundigen omdat het maar twee dingen kan betekenen:

- de deeltjes communiceren met elkaar door signalen uit te zenden met een nagenoeg oneindige snelheid, en in ieder geval hoger dan die van licht,

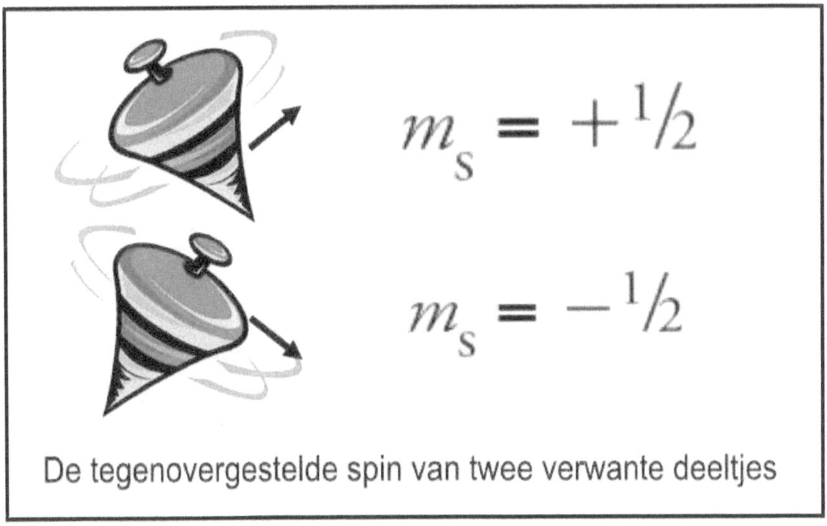

Figuur 43 - Spin (rotatie) werd aanvankelijk geïntroduceerd om het moment van het intrinsieke momentum van het elektron aan te geven.

- er is een andere vorm van communicatie die onafhankelijk is van ruimte en tijd. Het is dus een puur psychische vorm, vergelijkbaar met het denken. in staat om onmiddellijk overal in het universum rond te dwalen, in het verleden in de toekomst, zonder enige fysieke beperking.

Maar zelfs dit voorbeeld is onvolmaakt omdat het zou voorzien dat een van de twee deeltjes een "oproep" naar de andere zou lanceren, hoe dan ook, zij het met de snelheid van het denken.

In plaats daarvan beslissen de twee deeltjes tegelijkertijd over hun variatie; geen van de twee deeltjes beslist dit als eerste. Als dat zou gebeuren, zou causaliteit in het spel komen - zij het met extreme snelheid. Niet zo: deeltjes gedragen zich net alsof ze een enkel deeltje zijn.

Verstrengeling is een band van samenhang. Als bijvoorbeeld twee fotonen met tegengestelde spin gecorreleerd zijn en een verstrengeld systeem vormen, heeft de variatie van de spin (fig. 43) van de ene tegelijkertijd invloed op de spin van de andere. Er is geen manier om te controleren welke variatie het eerst optrad.

Afbeelding 31 illustreert een methode die in laboratoria wordt gebruikt om gecorreleerde deeltjes te verkrijgen. Op punt A heeft een elektron, geplaatst op een baan, een energie van 10 (een voorbeeldwaarde). Op punt B sprong het elektron naar een binnenbaan; nu is de benodigde energie lager, en kunnen we deze gelijk stellen aan 9. De onnodige hoeveelheid, (een kwantum), diende om een foton te genereren.

Om twee gecorreleerde fotonen te verkrijgen, zal een elektron een dubbele sprong maken.

Superpositie van twee deeltjes.

We nemen aan dat elk van de twee deeltjes (P1 en P2) op twee plaatsen tegelijk kan zijn en dus twee toestanden heeft. Het deeltje P1 zal de toestanden P1A en P1B hebben, terwijl het deeltje P2 de toestanden P2Y en P2Z zal hebben. Bedenk dat de toestanden A, B, Y en Z verschillende plaatsen vertegenwoordigen waar deeltjes kunnen zijn (Figuur 44).

Afbeelding 44 - Kwantumverstrengeling van twee gecorreleerde deeltjes. (Eerste fase)

De twee deeltjes P1 en P2 hebben beide twee toestanden.

Het deeltje P1 is gesuperponeerd op (P1 (a + b)

Deeltje P2 is gesuperponeerd (P2 (a + b).

De twee verwante deeltjes hebben de eigenschap twee toestanden te bezitten. Stel je nu voor dat het deeltje P1 zich in de toestand A bevindt, en het deeltje P2 in de toestand Y. Het resultaat is een systeem van twee deeltjes met de toestand AY, wat de "geproduceerde toestand" wordt genoemd. Als we ons daarentegen voorstellen dat het deeltje P1 zich in toestand B bevindt en het deeltje P2 in toestand Z, dan is het resultaat de producttoestand BZ (Figuur 45).

Afbeelding 45 - Kwantumverstrengeling van twee gecorreleerde deeltjes. (Tweede fase)

"Productstatus" van verwante deeltjes P1 en P2

De twee deeltjes P1a en P2y produceren de superpositietoestand P1-P2 (a + y)

De twee deeltjes P1b en P2z produceren de superpositietoestand P1-P2 (b + z).

Op dit punt, met een volgende stap, kunnen we het superpositieprincipe toepassen op de verzameling van twee systemen AY + BZ.

Deze toestand wordt de "verstrengelde toestand" genoemd (Figuur 46).

Figuur 46 - "Kwantumverstrengeling" van twee gecorreleerde deeltjes. (Derde fase).

De superpositie van twee systemen AY en BZ produceert de "verstrengelde" toestand.

De overlap van de twee systemen wordt "verstrengeling" genoemd. De "producttoestand" AY geeft aan dat het P1-deeltje zich in de A-toestand bevindt en het P2-deeltje in de Y-toestand.

Evenzo geeft de producttoestand BZ aan dat het deeltje P1 zich in de B-toestand bevindt en het P2-deeltje in de Z-toestand.

De verstrengelde toestand AY + BZ, die een superpositie van toestanden vertegenwoordigt, geeft aan dat er verplichte conclusies zijn met betrekking tot de twee deeltjes.

Als je namelijk een meting doet waaruit blijkt dat het deeltje P1 zich in de toestand A bevindt, dan moet het deeltje P2 zich noodzakelijkerwijs in de toestand Y bevinden en vice versa.

Evenzo, als door het uitvoeren van de meting blijkt dat het deeltje P1 zich in de toestand B bevindt, dan moet het deeltje P2 noodzakelijkerwijs in de toestand Z zijn.

Met andere woorden, wanneer twee deeltjes in de verstrengelde toestand zijn, is het niet mogelijk om de een los van de ander te beschouwen. Uiteindelijk komt de verstrengelde toestand voort uit de superpositie van twee "producttoestanden".

Als twee deeltjes eenmaal gecorreleerd zijn, ontstaat er een verstrengeling tussen hen die geen rekening houdt met tijd of ruimte. Elke ingreep op een van de twee deeltjes veroorzaakt tegelijkertijd een wederzijdse verandering in de andere, waar deze zich ook in het universum bevindt.

De Deense natuurkundige Niels Bohr, oprichter van de zeer beroemde Copenhagen School, heeft fundamentele bijdragen geleverd aan het begrip van de structuur van het atoom en de kwantummechanica, en hiervoor ontving hij in 1922 de Nobelprijs voor de natuurkunde. Met betrekking tot de correlatie van deeltjes zei hij :

> "Zelfs als twee verwante fotonen zich op twee verschillende sterrenstelsels zouden bevinden, zouden ze altijd een enkele entiteit blijven, en de actie die door een van hen wordt uitgevoerd, zou ook de andere beïnvloeden".

Hiermee verkondigt verstrengeling plechtig dat het universum niet allemaal onderworpen is aan de wetten van de klassieke fysica, maar, althans op subatomair niveau, zijn deze wetten niet langer geldig.

Het feit dat de twee "verstrengelde" deeltjes zich unisono blijven gedragen, ongeacht de afstand ertussen, vormt een schijnbaar onoplosbaar probleem.

Hoe communiceren de twee deeltjes met elkaar? Zeker niet met signalen die met klassieke methoden worden verzonden; deze zouden in feite vervagen met toenemende afstand en zouden in elk geval de snelheid van het licht niet kunnen overschrijden. Er moet zeker een mogelijkheid zijn van niet-fysieke communicatie.

Niet-lokale en buitenzintuiglijke verschijnselen.

Het meest verrassende en intrigerende kenmerk dat naar voren komt uit wat tot nu toe is gezegd, is dat de subatomaire deeltjes in staat zijn om onmiddellijk informatie uit te wisselen, dat wil zeggen dat ze op een niet-lokale manier met elkaar zijn verbonden; Simpel gezegd, de informatie passeert geen enkele fysieke plaats om de twee deeltjes te verbinden; het niet-lokale niveau is een puur psychisch niveau (om het gebruik van de term spiritueel te vermijden), dat wil zeggen, bestaande uit pure informatie of intelligentie.

Er zou ook kunnen worden beweerd dat de twee deeltjes alleen qua uiterlijk van elkaar gescheiden zijn, en in feite één ding blijft, omdat ze zich precies zo gedragen. Dit lost het probleem niet op. Als de twee deeltjes nog steeds één ding waren, dan zou het hele universum één moeten zijn, dat wil zeggen dat het niet zou bestaan uit afzonderlijke objecten (zo niet op macrofysisch niveau), terwijl het op subatomair niveau één enkele realiteit zou zijn

Misschien hebben we het over de "Unus Mundus", het concept dat voortkwam uit de samenwerking van Jung en Pauli, of misschien hebben we het over het betrokken universum, getheoretiseerd door David Bohm. Zelfs in dit geval zou er echter één universele intelligentie nodig zijn om de kosmos te besturen.

Albert Einstein was fel gekant tegen het principe van niet-lokaliteit omdat het in strijd was met de natuurkundige wetten die hij zelf had geformuleerd, allemaal gebaseerd op lokaliteit. Hij probeerde in zijn leven voortdurend een theorie te ontwikkelen die in staat was de concepten van de klassieke fysica te verenigen met die van de kwantum; helaas is het hem niet gelukt.

In 1982 werd, na de experimenten van Alain Aspect, de theorie van de verstrengeling en daarmee het concept van niet-lokaliteit definitief bevestigd. Sindsdien weten we dat het 'lokale realisme' dat we in onze dimensie waarnemen, geen absolute natuurwet is.

Op dit punt wordt het mogelijk om je voor te stellen dat ruimte en tijd inconsistent zijn en alleen op een perceptueel niveau bestaan. Het experiment van Aspect heeft ons laten zien dat er een verband is tussen deeltjes dat verder gaat dan ruimte-tijd. Bovendien, aangezien het hele universum uit deeltjes bestaat, kunnen we ons afvragen of het fenomeen van niet-lokaliteit beperkt moet blijven tot de subatomaire realiteit of dat het ook kan voorkomen tussen grotere objecten, of zelfs tussen levende wezens.

Is het mogelijk voor biologische organismen, zoals de mens, om toegang te krijgen tot het niet-lokale niveau? Als het antwoord ja was, dan zouden we ons een uitwisseling van informatie tussen verschillende organismen kunnen voorstellen met onconventionele middelen, via die mysterieuze dimensie die niet-lokaliteit is.

In feite mag deze mogelijkheid niet worden uitgesloten, integendeel, ze bestaat en is zeer wijdverbreid en bekend. Het wordt telepathie genoemd.

Een kenmerk van telepathie is dat het het beste werkt tussen mensen die verbonden zijn door bepaalde banden van genegenheid of verwantschap, zoals moeders en kinderen, dat wil zeggen, emotioneel 'verstrengeld' met elkaar.

Ons brein is zeker in staat wensen uit te werken om verbinding te maken met de mensen die het dichtst bij ons staan. Misschien vertegenwoordigt niet-lokaliteit het tot nu toe onbekende middel waarmee dergelijke communicatie daadwerkelijk kan plaatsvinden. Zelfs als mensen niet weten hoe ze telepathie volledig moeten gebruiken, hebben ze nog steeds de middelen om dat te doen, dat wil zeggen een geest die in staat is gedachten te verwerken en hun overdracht te verlangen. Soms gebeurt dit spontaan, dat wil zeggen, het gebeurt zelfs als we niet kunnen verklaren hoe het gebeurt.

Telepathie bestaat waarschijnlijk uit een fenomeen van correlatie tussen geesten. Bewustzijn kan, in de uitoefening van zijn vermogen om intenties te ontwikkelen, twee hersenen met elkaar in verband brengen, waardoor ze in een verstrengelde toestand raken.

Een ander aspect dat in verband kan worden gebracht met niet-lokaliteit is dat met betrekking tot de verschijnselen vooruitzien en voorgevoel.

Op het niet-lokale niveau zou men inderdaad grote overeenkomsten kunnen herkennen met het collectieve onbewuste, het door Jung getheoretiseerde kosmische niveau dat de hele geschiedenis en wijsheid van de mensheid in haar evolutie bevat. De mogelijkheid van een 'verstrengeling' die zich op niet-lokaal niveau ontwikkelt, valt samen met de mogelijkheid van een collectief bewustzijnsniveau en maakt het aannemelijk dat individuele gewetens toegang hebben tot de inhoud van het verleden, het heden en de toekomst.

In die zin kunnen de experimenten van Alain Aspect en zijn medewerkers ook worden beschouwd als ervaringen van kwantummetafysica. Door non-lokaliteit aan te tonen, toonden ze ook het bestaan aan van een niveau dat de realiteit van ruimte-tijd overstijgt, en verwierpen ze de hypothese van een uitsluitend materieel universum.

Brian Josephson is een natuurkundige uit Wales, geboren in Cardiff in 1940. Toen hij nog maar 22 was, ontdekte hij het Josephson-effect, en als resultaat hiervan ontving hij in 1973 de Nobelprijs voor de natuurkunde.

Josephson is een van de beroemdste wetenschappers onder degenen die de mogelijkheid ondersteunen dat parapsychologische verschijnselen echt zijn. Hij waagde zich in het bijzonder aan de studie van oosterse mystiek en de mogelijke implicaties die het zou kunnen hebben met betrekking tot de interpretatie van wetenschappelijke verschijnselen in een mystieke of metafysische sleutel.

Josephson stelt in het bijzonder dat een van zijn leidende methoden is: "nullius in verba" (vertrouw niemands woorden) met verwijzing naar het feit dat:

> "... als alle wetenschappers een idee verwerpen, hoeft dit niet noodzakelijkerwijs te worden beschouwd als bewijs dat het bovengenoemde idee absurd is; integendeel, de redenen voor dergelijke meningen moeten zorgvuldig worden onderzocht om te beoordelen of ze het onderzoek van een zorgvuldige inspectie."

Een "verstrikt" universum.

Brian Greene is een Amerikaanse natuurkundige, een van de belangrijkste geleerden van de snaartheorie. Hij heeft het boek "The plot of the cosmos. Space, time, reality" gepubliceerd.

In dit boek, dat zich concentreert op het raadsel van de tijd, stelt Greene dat geen enkele fysieke regel het idee bevestigt dat tijd in een bepaalde richting stroomt. Verder vindt u onder de thema's van dit boek, naast een basisverklaring van de snaartheorie, de bespreking van kwantumverstrengeling. Het is in wezen een analyse van de aard van de werkelijkheid met excursies over onderwerpen als ruimtetijd, kosmologie en de oorsprong van het heelal (de zogenaamde theorie van alles).

Greene gelooft in feite dat het universum een geheel is dat intrinsiek verstrikt is en consistent is met zichzelf.

Een andere gezaghebbende bevestiging komt uit het boek "The Non-Local Universe: The New Physics and Matters of the Mind", geschreven door twee natuurkundigen, Robert Nadeau en Menas Kafatos. Hier is een citaat dat vaak uit deze tekst wordt gehaald:

> “Alle deeltjes in de geschiedenis van de kosmos hebben interactie gehad met andere deeltjes op de manier die is gedetecteerd door de experimenten van Aspect.

> Vrijwel alles in onze directe fysieke omgeving bestaat uit quanta die op deze manier interactie hebben gehad met andere quanta vanaf de oerknal tot het huidige moment. (...) Ook moet worden bedacht dat kwantumverstrengeling exponentieel groeit met het aantal deeltjes dat betrokken is bij de oorspronkelijke kwantumtoestand en dat er geen theoretische limiet is aan het aantal van deze verstrengelde deeltjes. Als dit het geval is, zou het heelal op een heel basaal niveau een enorm netwerk van deeltjes kunnen zijn, die over alle afstanden en in nultijd en bij afwezigheid van energie- of informatieoverdracht met elkaar in contact blijven. Dit suggereert, hoe vreemd of bizar het ook mag lijken, dat alle fysieke realiteit een Single Quantum System is dat koorlijk reageert op verdere interacties."

Als we kijken naar de oerknaltheorie die ik hierboven heb beschreven, blijkt de basisaanname de zeer krachtige explosie te zijn, die ongeveer 15 miljard jaar geleden plaatsvond, van een puntachtige "singulariteit" van energie. Uit deze "singulariteit" zou het hele universum zijn geboren, dankzij een nog steeds gaande expansie. Dit betekent dat het hele universum aanvankelijk werd samengeperst tot een realiteit van bijna oneindige dichtheid. Het feit dat alle deeltjes zo nauw met elkaar verbonden waren en dat ze allemaal uit dezelfde explosieve gebeurtenis zijn geboren, maakt het legitiem om te denken dat alle deeltjes van het universum in werkelijkheid met elkaar verstrengeld zijn.

Niet alleen dat, het is mogelijk om te veronderstellen dat alle deeltjes van het universum de herinnering aan hun verbroedering met elk ander deeltje behouden. Dit betekent dat de scheiding van de werkelijkheid in "dingen" slechts een illusie is. De scheiding is te wijten aan het feit dat we het macroscopische niveau van het universum waarnemen. In werkelijkheid zou het universum, hoewel uitgebreid tot miljarden sterrenstelsels die miljarden jaren van elkaar verwijderd zijn, nog steeds in zichzelf verenigd zijn met niet-lokale banden, voorbij elke ruimte en elk moment. Als dit zou kunnen worden aangetoond, zou het ook worden aangetoond dat we allemaal in een immense holistische realiteit leven waarin elk onderdeel het geheel waard is omdat het het geheel omvat.

Zeker, er zijn nog veel dingen die we niet weten en die zelfs onze verbeelding kunnen overtreffen.

De bevestigingen van kwantumverstrengeling.

Einstein had het bij het verkeerde eind toen hij zei: "God dobbelt niet." In feite suggereert de beschouwing van zwarte gaten niet alleen dat God dobbelt, maar dat hij ons soms in verwarring brengt door ze te gooien waar ze niet kunnen worden gezien.
(Stephen Hawking)

Iemand zal zich "Noein" waarschijnlijk nog herinneren. Het is een sci-fi animatieserie uit 2005, geproduceerd door Satelight Studio, bestaande uit 24 afleveringen, bedacht en geregisseerd door Kazuki Akane.

Noein, het personage waaraan de serie zijn naam ontleent, is een vergankelijke figuur, gekenmerkt door een gouden masker met één oog. Hij is degene die vanaf het begin aan de touwtjes van de gebeurtenissen trekt. Het is diep doordrenkt met theorieën over de kwantummechanica.

Noein behandelt het begrip tijd als een dimensie die resoneert met andere tijdlijnen. In het bijzonder ziet hij dat het universum zich vertakt in een oneindig aantal waarschijnlijkheden, wat de voorkeur geeft aan Hugh Everetts interpretatie van de vele werelden. Het bevat echter ook veel aspecten van de interpretatie van Bohr en de Copenhagen School dat de aanwezigheid van een waarnemer essentieel is om de ineenstorting van de waarschijnlijkheidsgolf in een meetbare situatie te bepalen.

Haruka, een vrouwelijk personage, heeft de kracht van een waarnemer in het multiversum, een kracht die haar in staat stelt de uitkomst van een actie te bepalen door deze simpelweg te 'observeren'.

In de aflevering "Overlaps" legt Uchida de kattenparadox van Schrödinger uit aan haar lijfwacht Koriyama. Dit is een ideale situatie waarin alleen een waarnemer de dood van de kat kan bevestigen op het moment dat hij de doos opent. In dezelfde aflevering wordt ook verwezen naar de uitdrukking "God dobbelt niet", een beroemd citaat van Albert Einstein.

> 'God dobbelt niet, wist je dat? Laten we zeggen dat je een dobbelsteen gooit, en uit die worp komt het getal zes."
>
> "Ik heb liever nummer één, omdat het de eerste is."
>
> "Oké, één of zes is hetzelfde. Dus laten we zeggen dat nummer één uit is. De nummer vijf kan ook uitkomen, of de nummer vier kan naar buiten komen. Ze hebben dezelfde kansen, nietwaar?

"Inderdaad ja."

"Kun je je een wereld voorstellen waar nummer vijf uitkwam en een andere wereld waar nummer vier uitkwam? Is het mogelijk dat er talloze werelden zijn waarin talloze kopieën van jezelf een oneindig aantal dobbelstenen gooien?"

"God dobbelt niet".

Dit citaat is een van Einsteins beroemdste spreuken, die het meerdere keren herhaalde bij verschillende gelegenheden. De wetenschapper gebruikte het in tegenstelling tot de niet-deterministische implicaties van de kwantummechanica, bepleit door Niels Bohr en zijn Copenhagen School.

Het feit dat de positie en snelheid van een elektron niet met zekerheid konden worden vastgesteld, en dat deze gegevens alleen konden worden uitgedrukt in termen van waarschijnlijkheid, verstoorde het rigoureuze wetenschappelijke gevoel van Einstein, dat stevig gebaseerd was op de zekerheden van plaats en determinisme, enorm.

Volgens de theorie van Bohr wordt, als een elektron meerdere keren wordt "gegooid", onder dezelfde experimentele omstandigheden, niet altijd hetzelfde resultaat verkregen. Dit hangt af van het feit dat zijn traject telkens onderhevig is aan de "instabiele wolk" van waarschijnlijkheid.

Een beetje alsof, door een dobbelsteen te gooien met hetzelfde mechanisme, de output van hetzelfde nummer altijd wordt verkregen. Maar we weten dat dit niet gebeurt, vanwege de talloze variaties die van invloed zijn op de lancering. Bijvoorbeeld de temperatuur en vochtigheid van de omgeving.

Met zijn aforisme bedoelde Einstein dat kwantummechanica niet kan worden beschouwd als vergelijkbaar met de dobbelsteenworp, maar het moet noodzakelijkerwijs betrouwbare resultaten opleveren in zijn berekeningen.

Er zijn veel citaten waarin Einstein sterk zijn twijfels uit. Op 4 december 1926 schreef hij deze woorden in zijn dagboek:

> "De kwantummechanica verdient alle respect, maar een innerlijke stem vertelt me dat het nog steeds niet de juiste oplossing is. Het is een theorie die ons veel dingen vertelt, maar het laat ons niet dieper ingaan op het geheim van de" Grote Oude Man ". Ik ben er in ieder geval van overtuigd dat de "Grote Oude Man" niet dobbelt met de wereld. "

In 1942 schreef Einstein aan Cornelius Lanczos, een Hongaarse wiskundige en natuurkundige en zijn grote vriend Einstein:

> "Hoe moeilijk is het om een glimp op te vangen van Gods kaarten. Maar ik geloof geen moment dat Hij dobbelt of 'telepathische' methoden gebruikt zoals de huidige kwantumtheorie zou willen."

Vooral de talrijke gedachtewisselingen tussen Einstein en Niels Bohr, aanhanger van de tegenovergestelde stelling, zijn bekend. Veel getuigen en Bohr zelf herinneren zich de verbale confrontatie die plaatsvond op het Solvay-congres in 1927. Bohr schrijft:

> "Einstein van zijn kant vroeg ons voor de grap of we echt konden geloven dat de goddelijke Voorzienigheid had" gedobbeld ". Ik antwoordde dat de oude denkers ons hadden gewaarschuwd zeer voorzichtig te zijn bij het definiëren van de kenmerken van de Voorzienigheid in gewone taal."

Werner Heisenberg was bij die gelegenheid ook aanwezig en herinnert zich de grap van Einsteinm waarop Bohr antwoordde: "Maar het is niet aan ons om God te vertellen hoe hij de wereld moet laten draaien!".

In 1944, op 7 september, schreef Einstein als volgt aan Bohr:

> "Onze wetenschappelijke perspectieven zijn nu het tegenovergestelde. Jij gelooft dat God dobbelt met de wereld; ik geloof in plaats daarvan dat alles een wet gehoorzaamt. Ik geloof in een wereld van objectieve realiteiten en ik probeer ze op een furieus speculatieve manier te vatten. Ik hoop dat iemand een realistischer pad zal ontdekken dan de mijne." Zelfs het grote aanvankelijke succes van de kwantumtheorie slaagt er niet in om me ervan te overtuigen dat willekeur de basis van alles is.
>
> Ik ben me er echter goed van bewust dat jongere collega's deze houding als een effect van sclerose beschouwen. Op een dag zullen we weten welke van deze twee instinctieve houdingen de juiste was."

Einsteins stelling was gebaseerd op het concept van verborgen variabelen. Volgens hem, als de Copenhagen School-versie van de kwantummechanica niet-deterministische resultaten had opgeleverd, hing dit zeker af van het feit dat een belangrijke parameter over het hoofd was gezien.

De EPR-paradox.

Kwantumverstrengeling, afgeleid van de Kopenhagen-interpretatie, werd als paradoxaal beschouwd omdat het als onverenigbaar werd beschouwd met de speciale relativiteitstheorie die de snelheid van het licht beschouwt als het maximum waarmee elk type informatie kan reizen. Bovendien was kwantumverstrengeling onverenigbaar met het lokaliteitsprincipe. Hieruit ontstond Einsteins overtuiging dat de kwantumtheorie onvolledig was. Volgens hem bevatte de theorie verborgen variabelen, dat wil zeggen parameters waarmee in de berekeningen geen rekening werd gehouden.

In 1935 stelde Einstein samen met Boris Podolsky en Nathan Rosen een gedachte-experiment voor in het essay "Can Quantum-Mechanical Description of Physical Reality Be Considered Complete?" (Kan de kwantumbeschrijving van de fysieke werkelijkheid als compleet worden beschouwd?). Het essay werd gepubliceerd in de "Physical Review" XLVII, 1935, pp. 777-780).

In dit werk, bekend als "Paradox EPR" naar de initialen van hun namen, wilden de drie makers aantonen dat de kwantummechanica tot geldige resultaten leidde, maar paradoxale gevolgen had. Volgens hen was dit dus geen volledige natuurkundige theorie.

Vijf maanden later reageerde Niels Bohr door in hetzelfde tijdschrift een artikel met dezelfde titel te publiceren (Physical Review XLVIII, 1935, p. 700).

In werkelijkheid had de botsing tussen de twee wetenschappers destijds geen winnaars, vooral omdat de instrumenten van die tijd geen echte experimentele verificatie van de ondersteunde argumenten mogelijk maakten. Zoals nog steeds wordt gebruikt, werden de voorgestelde "experimenten" "mentale experimenten" of "Gedankenexperiment" genoemd, volgens de Duitse term die is bedacht door de Deense natuurkundige Hans Christian Ørsted. Daarom is een gedachte-experiment, ook nu nog, gericht op het toetsen, bevestigen of weerleggen van een hypothese of theorie, maar het heeft een denkbeeldig en niet empirisch karakter omdat de praktische beperkingen het onmogelijk maken.

Het moet ook gezegd worden dat het EPR-experiment een zodanige mate van complexiteit had dat de conclusies die eruit konden worden getrokken in ieder geval twijfelachtig waren.

Desondanks was Einstein niet de enige die twijfelde, maar andere wetenschappers benadrukten in hun werk ook de paradoxale kanten van de Kopenhagen-interpretatie van de kwantummechanica.

Figuur 47 - Hierboven, Erwin Schrödinger op een vintage foto en een Oostenrijkse herdenkingszegel. Hieronder een grapje over de beroemde kattenparadox, van de blog "Cenacolo Jung-Pauli".

Schrödinger's kattenparadox.

In 1935 publiceerde Erwin Schrödinger, een Oostenrijkse natuurkundige die in 1933 de Nobelprijs had ontvangen, het artikel waarin hij de beroemde "kattenparadox" beschreef, in een poging aan te tonen hoe bizar de superpositietheorie was. Met deze paradox wilde Schrödinger inderdaad, net als Einstein, de grenzen van de kwantumfysica aantonen, hoewel hij zelf een van de grondleggers van deze wetenschap was geweest. Zoals gezegd is volgens de kwantumfysica het gedrag van een elementair deeltje niet exact te voorspellen, maar alleen op een probabilistische manier.

Dit is niet het geval voor macroscopische systemen, dat wil zeggen die bestaan uit miljoenen geaggregeerde atomen: zodra bepaalde gegevens bekend zijn, is het mogelijk om precies te berekenen wat erin zal gebeuren en wanneer het zal gebeuren.

Het (mentale) experiment van Schrödinger houdt in dat een kat wordt opgesloten in een doos met een radioactieve stof. We weten zeker dat een enkel atoom van zo'n stof straling zal uitzenden, maar we kunnen niet met zekerheid zeggen wanneer dit zal gebeuren.

In de doos zit, samen met de kat, een apparaat waarmee, wanneer de radioactieve stof een straling afgeeft, dit een cyanide-flacon zal doen scheuren waardoor de kat zal sterven.

De tijden zijn zeker veranderd en een wetenschapper die vandaag een dergelijk experiment voorstelt, zou het laboratorium onmiddellijk belegerd vinden door dierenrechtenactivisten. We weten echter dat Schrödinger nooit een kat in een doos heeft gestopt, integendeel, hij had waarschijnlijk een kat waar hij dol op was.

Terugkerend naar het experiment, weten we dat de dood van het dier alleen zal plaatsvinden als de radioactieve stof een straling uitzendt, maar we weten niet of dit zal gebeuren en wanneer het uiteindelijk zal gebeuren.

De box blijft een uur gesloten. Wetende dat er een kans van 50% is dat het atoom in dit uur vervalt, kunnen we vaststellen dat we dezelfde kans hebben om de kat levend of dood te vinden wanneer we de doos openen.

Volgens de kwantummechanica in de Kopenhagen-interpretatie, als het gedrag van het atoom niet expliciet wordt waargenomen, bevindt het zich in een superpositie van toestanden, dat wil zeggen dat het is vervallen maar tegelijkertijd niet is vervallen; het atoom blijft in deze superpositie totdat iemand de doos opent die de "instorting van de golffunctie" veroorzaakt.

Als we de paradox van Schrödinger toepassen op de kwantummechanica: zolang de doos gesloten blijft, hebben we een atoom dat zowel vergaan als niet vergaan is, een flesje cyanide zowel heel als gebroken en een kat die zowel levend als dood is.

Aan de andere kant, wanneer de doos wordt geopend, stort het systeem in tot een gedefinieerde toestand. Dit is vergelijkbaar met wat werd gezegd in het geval van het dubbelspletenexperiment: wanneer een foton wordt gelanceerd, gedraagt het zich als een golf, gaat door beide spleten en veroorzaakt een interferentieverschijnsel. Als we daarentegen een instrument op een van de twee spleten toepassen om de doorgang te observeren, stort de golffunctie in en gedraagt het foton zich als een deeltje dat door een enkele spleet gaat.

Daarom neemt het systeem dat bestaat uit een radioactief atoom, een cyanideflesje en een kat alleen wanneer de doos wordt geopend een niet-over elkaar heen geplaatste, unieke en coherente toestand aan.

Gekscherend kunnen we zeggen dat uit deze situatie het besef zou ontstaan dat, door de doos te openen, het waarschijnlijk zou zijn om de dood van de kat vast te stellen. In plaats daarvan zou de kat blijven leven (of in ieder geval zowel dood als levend) zolang de doos gesloten was.

Het is duidelijk dat Schrödinger's kattenparadox een situatie beschrijft die absoluut ver van de werkelijkheid verwijderd is, zodat we, ter verdediging van de kwantumfysica, kunnen zeggen dat Schrödinger in zekere zin vals speelde door twee werkelijkheden samen te voegen, de kwantum en de macroscopische. Natuurlijk hebben we de eenwording van de verschillende fysieke wetten van de twee niveaus nog niet bereikt.

De ongelijkheid van John Stewart Bell.

Erwin Schrödinger was niet de enige die de twijfels van Einstein ondersteunde. Veel andere wetenschappers waren conceptueel kritisch over de stelling van de Copenhagen School. Een groot deel van de wetenschappelijke gemeenschap was er echter geleidelijk van overtuigd geraakt dat Einsteins standpunt verkeerd was. Maar het argument was opgeschort en, hoewel zonder bewijs, erkende de meerderheid van de wetenschappers de geldigheid van Bohrs 'niet-lokale' theorie.

Een heropleving van het debat vond plaats dankzij John Stewart Bell, (fig. 48), een stille, sproeten, roodharige jonge man geboren in Belfast, Noord-Ierland, in 1928.

Bell was in 1948 afgestudeerd in experimentele natuurkunde aan de Queen's University in Belfast. Na een aantal jaren in verschillende instituten te hebben doorgebracht, was hij gaan werken bij CERN, (Europese organisatie voor nucleair onderzoek), het grootste laboratorium ter wereld voor deeltjesfysica, gelegen aan de de grens tussen Zwitserland en Frankrijk, aan de westelijke rand van de stad Genève in de gemeente Meyrin.

In de loop van de jaren die hij bij CERN doorbracht, ontwikkelde Bell zijn onderzoek in theoretische fysica en werkte hij op het gebied van deeltjesversnellers. Momenteel omvat het CERN-complex 7 hoofdversnellers, gebouwd in verschillende periodes vanaf de oprichting van het instituut.

Een deeltjesversneller is een machine die in staat is om bundels van ionen of subatomaire deeltjes te produceren, waaronder elektronen, positronen, protonen en antiprotonen, met een hoge kinetische energie. Deze machines worden gebruikt voor industriële, medische doeleinden en voor de studie van de structuur van materialen. Op het niveau van theoretische experimenten maakt het gebruik ervan in de deeltjesfysica het mogelijk om hoogenergetische deeltjesbundels te verkrijgen die worden gebruikt om zeer kleine objecten te onderzoeken. Met name de "Large Hadron Collider" (LHC) in Genève, die op 10 september 2008 in gebruik werd genomen, strekt zich uit over een omtrek van 27 kilometer en was.

Figuur 48 - John Stewart Bell stelde een experiment voor, uitgevoerd in 1982 door Alain Aspect, dat de onnauwkeurigheid aantoonde van de theorie die Einstein samen met Podolski en Rosen formuleerde (EPR-paradox), wat het fenomeen van verstrengeling bevestigt.

ontworpen om protonen te versnellen om hun studie mogelijk te maken onder omstandigheden die vergelijkbaar zijn met die van de eerste levensmomenten van het heelal, onmiddellijk na de oerknal

Hoewel Bell verzonken in deze verplichtingen, vond hij ook tijd om zich te wijden aan de fundamentele vragen van de kwantumtheorie die vergeten waren. In 1964, ongeveer dertig jaar na het essay over de EPR-paradox, heropende Bell het debat over dit onderwerp dat inmiddels terzijde leek te zijn geschoven en schreef hij een artikel voor het tijdschrift "Physics" getiteld "On the Einstein-Podolsky-Rosen paradox" (Over de Einstein-paradox -Podolsky-Rosen) waarin hij het probleem van verborgen variabelen onder ogen zag.

Bells vraag was of de kwantumtheorie verborgen variabelen nodig had, zoals Einstein beweerde, om geruststellend in de categorie van deterministische verschijnselen te worden geplaatst. Hij geloofde dat dit essentieel was om de kwantumfysica uit de impasse van niet-lokaliteit te halen, dat wil zeggen, van de mogelijkheid dat twee deeltjes op een niet-lokale manier met elkaar konden communiceren en elkaar konden beïnvloeden zonder beperkingen van ruimte en tijd.

Zoals we al hebben gezien, twijfelde Einstein, hoewel hij een van de grondleggers van de kwantumtheorie was, aan de volledigheid ervan. Vanuit zijn oogpunt zou een meer complete theorie het bestaan van elementen van de werkelijkheid, of verborgen variabelen, hebben moeten voorspellen om het concept van plaats te behouden. Bovendien zou de niet-lokaliteit in strijd zijn geweest met zijn relativiteitstheorie, want de relativiteitstheorie sluit uit dat de effecten van een fysieke handeling ogenblikkelijk op afstand kunnen worden waargenomen. Dit zou hebben geleid tot een snellere overdracht van informatie dan de snelheid van het licht. In plaats daarvan heeft de Einsteiniaanse relativiteitstheorie een zeer nauwkeurige lichtsnelheid, gelijk aan 299.792,458 kilometer per seconde. Het is een parameter die, als er geen rekening mee wordt gehouden, de hele theorie zou doen instorten.

Helaas werd op het moment dat Einstein zijn bezwaren uitte, nog aan het enige theoretische veld gewerkt, gezien de onmogelijkheid om controles uit te voeren vanwege de ontoereikendheid van de experimentele hardware. Bijgevolg bleef Einsteins 'lokale realisme', geldig op theoretisch niveau maar in tegenstelling tot even theoretisch geldige hypothesen, beperkt tot het niveau van een onderwerp van filosofisch debat.

De ontsluiting van deze impasse kwam toen John Bell in 1964 de vraag weer op tafel legde door het probleem te stellen in termen die door experimenten kunnen worden geverifieerd. Deze moesten zorgen voor het meten van fysische eigenschappen van deeltjes die ver van elkaar verwijderd zijn, maar met elkaar verbonden (gecorreleerd) zijn door kwantumeffecten.

Bell formuleerde de beroemde "Bell-ongelijkheid" op de verdiensten. In deze theorie toonde hij aan dat geen enkele toevoeging van verborgen variabelen, zoals gepresenteerd in de EPR-paradox, in staat zou zijn om alle eigenschappen te reproduceren die worden voorspeld door de kwantummechanica, in het bijzonder die met betrekking tot verstrengeling.

Bells ongelijkheid bracht een alternatief aan het licht: ofwel een kwantumtheorie die onder de paraplu van de Einsteiniaanse plaats viel, was correct dankzij de bijdrage van verborgen variabelen, ofwel de kwantummechanica van Bohr en de School van Kopenhagen was correct, met zijn implicaties van niet-lokaliteit. Het sloot natuurlijk uit dat beide theorieën correct zouden kunnen zijn.

Bell ontwikkelde zijn theorie inderdaad in de veronderstelling dat er inderdaad de mogelijkheid was om de integratie van de kwantumtheorie met verborgen variabelen voor te stellen, zoals Einstein had gesuggereerd.

Dit was in overeenstemming met andere studies uitgevoerd door David Bohm, volgens welke de verborgen variabelen vectoren van informatie waren. Dat wil zeggen, Bohm suggereerde dat de deeltjes al waren uitgerust met een reeks instructies die hen van tevoren vertelde wat hun gedrag onder alle omstandigheden moest zijn.

De ongelijkheid van Bell had het voordeel dat een experimentele verificatie mogelijk was door de polarisatie van fotonen te meten. De experimenten die daarna werden uitgevoerd waren het "rokende geweer" tegen het lokale realisme en toonden aan dat de "gruwelijke acties op afstand", die de EPR-paradox voorstelt, vast onderdeel van de werkelijkheid zijn.

Bovenal tonen deze experimenten ongetwijfeld aan dat het, zelfs in de hypothese van het bestaan van verborgen variabelen, nog steeds onmogelijk zou zijn om het principe van niet-lokaliteit te ontkennen.

In zijn boek "Information. The new language of science" schrijft Hans Christian von Baeyer, een Amerikaanse academicus: "In tegenstelling tot Einsteins intuïtie, dobbelt niet alleen God, maar lijkt hij de enige te zijn op wie we kunnen vertrouwen dat hij een eerlijk spel."

De experimenten die niet-lokaliteit bevestigen.

In 1969 ontving Bell een brief van de jonge Berkeley-natuurkundige John Clauser waarin hij hem vertelde dat hij een experiment had bedacht om zijn theorie van ongelijkheid te testen. Hij was niet de enige die dit soort experimenten uitvoerde. Verificatie van experimentele resultaten had de neiging om de lokale of niet-lokale aard van de echte fysieke wereld vast te stellen. De vooruitgang van de technologie door de jaren heen heeft geleid tot aanzienlijke verbeteringen in efficiëntie, maar in ieder geval bevestigden alle experimenten de kwantumtheorie van niet-lokaliteit en leverden resultaten op die zelfs niet verklaard konden worden door verborgen variabelen toe te voegen.

In 1972 gebruikte John Clauser, in samenwerking met Stuart Freedman, calciumatomen om, met de dubbele kwantumsprong van een elektron, een paar gecorreleerde fotonen te verkrijgen. Door een reeks metingen van ongeveer 200 uur uit te voeren, kregen Clauser en Fredman bevestiging van het fenomeen verstrengeling en niet-lokaliteit. Dit resultaat verbaasde Clauser zelf, die de neiging had om de inconsistentie van de kwantumtheorie aan te tonen. Misschien heeft het experiment daarom niet de aandacht gekregen die het verdiende.

Anders was het met de experimenten die werden uitgevoerd door Alain Aspect, (afb. 49), geboren in 1947 in Agen, een klein Frans dorpje niet ver van Bordeaux.

In tegenstelling tot Clauser begreep Aspect dat de kwantumtheorie grote wetenschappelijke successen boekte op theoretisch niveau, en dat het conflict tussen lokaliteit en niet-lokaliteit, gesuggereerd door de ongelijkheid van Bell, kon worden opgelost door experimenten die de lokaliteitsthese zouden verslaan; Aspect was ervan overtuigd dat hij de kwantumtheorie en de niet-lokale effecten ervan kon aantonen.

Halverwege de jaren zeventig, toen hij nog een doctoraatsstudent was, stelde hij een echt experiment voor, dat gebaseerd was op twee enkele fotonen, maar verwant was omdat ze samen werden uitgezonden door dezelfde atomaire bron. In zijn experiment zouden de twee fotonen in tegengestelde richting van elkaar zijn gereisd en zouden zijn gecontroleerd door twee op afstand geplaatste detectoren.

Het idee was heel origineel. Bell gaf desgevraagd zijn goedkeuring; maar onder voorbehoud. Eerst wilde hij nagaan of de jonge Fransman al een vast salaris had. Bell geloofde zelfs dat het idee van Aspect zo bizar was, dat het zijn carrière in gevaar had kunnen brengen.

Na een lang voorbereidend werk voerden Aspect en zijn medewerkers, Jean Dalibard en Gérard Roger, twee onderzoekers van de "Institut d'Optique Graduate School", het experiment drie keer uit tussen 1981 en 1982. Hun inzet nam niet af door economische moeilijkheden. Ze maakten onder meer handgemaakte polarisatoren die dankzij hun snelle rotatie een antwoord hadden kunnen geven op de locatievraag. Deze polarisatoren worden momenteel tentoongesteld in de historische vitrine van het Institut d'Optique waar de experimenten plaatsvonden in de afhankelijkheid van Orsay. Het hoofdkantoor van het Institut bevindt zich op zijn beurt in Palaiseau, op de campus van de Paris-Saclay University.

Het werk van Aspect was succesvol. Hij en zijn team vonden de best mogelijke bevestiging van niet-lokaliteit in de kwantummechanica en ontkenden ronduit elke mogelijke lokale theorie van verborgen variabelen.

De gevolgen van de experimenten gingen veel verder dan het aantonen van de validiteit van de kwantummechanica, maar benadrukten de fundamentele rol die verstrengeling speelt. Zoals we hebben gezien, stelt de waarneming van de toestand van het ene foton ons in de verstrengelde toestand in staat om de toestand van het andere af te leiden.

De experimenten van Aspect hebben een enorme weerklank gevonden en hebben plaats gemaakt voor een lange opeenvolging van theoretische en experimentele onderzoeken naar verstrengeling. Men kan zeggen dat de experimenten van Alain Aspect het begin markeerden van Quantum Computer Science.

In 2013 ontving Aspect de prestigieuze Balzan Prijs met de volgende motivatie:

> "Voor zijn baanbrekende experimenten die Quantum Mechanics bevestigden, in tegenstelling tot de theorieën met lokale verborgen variabelen. Zijn werk maakte de weg vrij voor de experimentele controle van verstrengelde kwantumtoestanden, een essentieel onderdeel van Quantum Computing."

Afbeelding 49 - Alain-aspect. Vanaf het begin van de jaren tachtig voerde hij het door John Bell voorgestelde experiment verschillende keren uit om de EPR-paradox te bevestigen. Het experiment bevestigde daarentegen de theorie van verstrengeling van gecorreleerde deeltjes.

Bij de daaropvolgende experimenten is het nuttig om die van Wolfgang Tittel te onthouden. Deze geleerde promoveerde aan de Universiteit van Genève, werkte als postdoc aan de Universiteit van Aarhus en de Universiteit van Genève en trad in 2006 toe tot de Universiteit van Calgary (Canada) als president van industrieel onderzoek. Hij is vanaf het allereerste begin bezig met baanbrekende experimenten met kwantumcommunicatiestudies die worden toegepast op cryptografie.

In 1988 voerde hij samen met de "Groep van Genève" een experiment uit waarmee hij aantoonde dat afstand geen invloed heeft op verstrengeling. Het licht werd door glasvezelkabels gestuurd over afstanden van enkele kilometers voordat het werd geanalyseerd, zonder dat de resultaten varieerden.

Tien jaar later, in 1998, voerden Gregor Weihs en zijn team uit Innsbruck onder leiding van Anton Zeilinger een experiment uit dat verbeterde ten opzichte van dat van Aspect uit 1982, waarbij dezelfde resultaten werden bevestigd.

Helaas stierf Bell in 1990 onverwachts aan een hersenbloeding zonder de Nobelprijs te kunnen ontvangen waarvoor hij zojuist de nominatie had gekregen.

Deel drie. De vooruitzichten.

Alles is "één ding".

Als God de wereld schiep, kunnen we niet zeggen dat hij veel zorg besteedde om het begrip te vergemakkelijken.
(Albert Einstein)

De experimenten van Alain Aspect vormden de definitieve bevestiging van de voorspellingen van de kwantummechanica, en in het bijzonder van niet-determinisme en niet-lokaliteit.

In de context van de algemene acceptatie van deze principes was er nog een wetenschapper die zich onderscheidde als een non-conformist en de poging om de kwantummechanica in een deterministische context te plaatsen, niet wilde opgeven. Ik verwijs naar David Bohm. In zijn verlangen om het niet-rationaliseerbare te rationaliseren, ontwikkelde hij uiteindelijk een nog romantischere versie, indien mogelijk, van de orthodoxe kwantumversie, en verdiende hij volledig de plaatsing in de Olympus van de wetenschapsfilosofen.

Het verhaal dat ik in dit derde deel vertel, is dat van een uiterst eerlijke en vastberaden man in zijn gedurfde wetenschappelijke theorieën, die niet aarzelde om zijn theorieën om te zetten in sociaal gedrag. Dit leverde hem krachtige antipathieën op wanneer hij merkte dat hij opereerde in conformistische en politiek onverdraagzame contexten, zoals die typisch zijn voor zijn tijd.

David Bohm

David Bohm, een Amerikaanse natuurkundige en filosoof, werd geboren op 20 december 1917 in Wilkes-Barre, een stad in de Verenigde Staten van Amerika, gelegen in het centrum van de Wyoming Valley, in Luzerne County, in het noordoosten van Pennsylvania.

Hij staat vooral bekend om zijn interpretatie van de kwantummechanica waarin hij Louis de Broglie's concept van de "pilootgolf" ontwikkelt en het concept van de kwantumpotentiaal introduceert.

Zijn ouders waren van joodse afkomst. Zijn vader, Samuel Bohm, was een Hongaarse emigrant en zijn moeder kwam uit Litouwen.

De vader, die een meubelzaak had, was ook assistent van de plaatselijke rabbijn. Hij zorgde zelf voor de jeugdopleiding van zijn zoon David. Op 17-jarige leeftijd, in 1930, ging David naar Pennsylvania State College, waar hij leerde over kwantummechanica. Hij voelde zich onmiddellijk aangetrokken tot dit onderwerp, dat het onderwerp van zijn studie werd. Hij studeerde af in de natuurkunde in 1939.

David vervolgde zijn studie onder leiding van Robert Oppenheimer. Bedenk dat de bekendheid van deze wetenschapper vooral te maken heeft met de bouw van de eerste atoombom als onderdeel van het Manhattan-project. Vervolgens kreeg Oppenheimer een gewetenscrisis en weigerde hij te werken voor de waterstofbom.

Misschien waren het de leringen van Oppenheimer die Bohms sterke morele rechtvaardigheidsgevoel verder hebben ontwikkeld.

Na zijn studie aan CalTech (California Institute of Technology) in Pasadena voort te zetten, schreef hij zich in aan de UC (University of California) in Berkeley, waar hij in 1943 promoveerde. Bohm oefende zijn activiteit als theoretisch fysicus uit aan de belangrijkste Amerikaanse universiteiten.

Van 1947 tot 1951 doceerde hij aan de Princeton University terwijl hij zich toelegde op de studie van plasma's.

Plasma is een sterk geïoniseerd gas en over het algemeen elektrisch neutraal: concreet een systeem dat bestaat uit vrije positieve en negatieve ionen, met gelijke concentraties.

De term "geïoniseerd" geeft aan dat een aanzienlijk groot deel van de elektronen van hun respectievelijke atomen is gestript.

Plasma wordt beschouwd als de vierde toestand van materie, die opvalt en bijdraagt aan de vaste stof, vloeistof en gas. In die zin reproduceert het het idee van de vier elementen (vuur, aarde, lucht en water), dat historisch teruggaat tot de Griekse filosoof Empedocles.

Plasma werd in 1879 geïdentificeerd door Sir William Crookes, maar de naam "plasma" is te danken aan Irving Langmuir die het in 1928 bedacht.

Tot het einde van de vorige eeuw bleven studies over plasma's vooral een curiositeit, op enkele uitzonderingen na, waaronder die van Nikola Tesla over plasma-ontladingen, plasmalampen en koud plasma gebruikt bij de productie van ozon. Na 1920 bestudeerde Irving Langmuir de interactie van plasma's met de wanden van de container waarin ze werden gevormd, waarmee hij in 1932 de Nobelprijs ontving.

Een meer concrete interesse in plasma's ontwikkelde zich toen de Geneva Atoms for Peace Conference studies startte over de vreedzame exploitatie van kernfusie.

In zijn studie over plasma's merkte Bohm onmiddellijk de eigenaardigheid op, typisch voor elektronen wanneer ze deel gaan uitmaken van een plasma, om hun "individualisme" te verliezen om zich te gaan gedragen als onderdeel van een grotere en onderling verbonden realiteit, waardoor de indruk wordt gewekt te worden bezield door een intelligentie die in staat is hun activiteiten te coördineren.

Al snel ontdekte hij, samen met zijn collega Yakir Aharonov, het Aharonov-Bohm-effect, een fenomeen van de kwantummechanica waarbij een geladen deeltje wordt beïnvloed door elektromagnetische velden in gebieden waar deze velden nul zijn.

In 1947 bestudeerde Bohm het gedrag van elektronen in metalen. Op basis van wat hij observeerde voor plasma's, merkte hij op dat zelfs in metalen de individuele bewegingen van de afzonderlijke elektronen georganiseerde "collectieve" effecten kunnen produceren.

In zijn filosofische interpretatie ging Bohm het gedrag van elektronenmassa's gelijkstellen met dat van gemeenschappen van mensen. Hij legde een verband tussen het gecoördineerde gedrag van individuele elektronen in metalen en dat van individuen in hun sociale context. Volgens Bohm was het typische gedrag van plasma's een geldige metafoor voor georganiseerd menselijk gedrag. Hij ontwikkelde de overtuiging dat de grootste analogieën die waren tussen de 'plasmagemeenschappen' en menselijke samenlevingen die volgens marxistische theorieën waren georganiseerd.

Figuur 50 - Natuurkundige David Bohm stelde een fascinerende holistische interpretatie van de kwantummechanica voor, die inging tegen de orthodoxe opvatting die bekend staat als de "Kopenhagen-interpretatie".

Deze ideeën versterkten Bohms marxistische idealen in zijn jeugd. In latere jaren gaf hij echter resoluut afstand van deze ideeën vanwege hun materialistische basis en wijdde hij zich liever aan een meer spirituele kijk op de kosmos.

De resultaten van zijn studies naar het gedrag van elektronen in metalen overtuigden zijn oude leraar, Oppenheimer, om hem op te nemen bij de wetenschappers die werden geroepen om te werken in Los Alamos, aan het Manhattan Project, een onderzoeks- en ontwikkelingsprogramma op militair gebied dat leidde tot de creatie van de eerste atoombommen tijdens de Tweede Wereldoorlog. Helaas had Bohm een politieke achtergrond die voor die tijd niet erg geruststellend was en generaal Leslie Groves verzette zich tegen Bohms deelname aan het project, vanwege de ideeën die hij in zijn jeugd had beleden.

Tussen het einde van de jaren veertig en het midden van de jaren vijftig beleefde men inderdaad de maximale fase van de zogenaamde "heksenjacht" of "McCarthyisme". Dit was een wijdverbreide politieke houding in de Verenigde Staten van Amerika, gekenmerkt door een verbitterd klimaat van achterdocht en vervolgingsgedrag jegens mensen of groepen die als subversief werden beschouwd. Het is vernoemd naar senator J.R. McCarthy, directeur van de Commissie voor de onderdrukking van niet-Amerikaanse activiteiten.

Duizenden mensen werden gesurveilleerd en velen werden persoonlijk aangevallen, vaak op basis van ongefundeerde beschuldigingen.

Bijzondere aandacht werd besteed aan regeringsfunctionarissen, entertainers en mannen van cultuur en leidende figuren van de industriële middenklasse die werden gebrandmerkt als "communisten die zich inzetten voor het ondermijnen van de fundamenten van de Amerikaanse samenleving".

In dit klimaat werd Bohm in 1948 opgeroepen om te getuigen vanwege zijn toetreding tot de Communistische Partij, die plaatsvond in 1942 en eindigde na slechts negen maanden, maar hij weigerde een beroep te doen op het vijfde amendement, dat wil zeggen het recht om niet te antwoorden .

Na een jaar werd hij opnieuw uitgenodigd om voor de Grand Jury te verschijnen, maar opnieuw weigerde hij, een beroep doend op dezelfde grondwettelijke bepaling. Maar nu was de aandacht op hem gericht. In 1949 werd hij gearresteerd wegens minachting van de rechtbank en diende hij een paar dagen in de gevangenis, totdat hij op borgtocht werd vrijgelaten.

In 1950 werd hij vrijgesproken, maar intussen was hij zijn baan aan de Princeton University kwijtgeraakt, die hem onder druk van zijn financiers had ontslagen.

Inmiddels stond Bohm op de lijst van verboden onderzoekers en zelfs Einstein, die hem als assistent had gewild, kon hem die kans niet bieden. Hij werd gedwongen te emigreren naar Brazilië aan de Universiteit van Sao Paulo, maar hij was nog steeds een Amerikaans staatsburger, dus trok de Amerikaanse ambassade zijn paspoort in uit angst dat hij naar de Sovjet-Unie zou gaan.

Om volledig isolement te voorkomen, nam Bohm de Braziliaanse nationaliteit aan. Hierdoor kon hij in 1955 Brazilië verlaten en voor twee jaar naar Israël gaan, aan het Technion Institute in Haifa. Van hieruit verhuisde hij voor vier jaar naar de Universiteit van Bristol in Groot-Brittannië en tenslotte, in 1961, vestigde hij zich definitief in Londen, waar hij werd benoemd tot hoogleraar theoretische fysica aan het Birkbeck College.

In 1951 publiceerde Bohm "Quantum Theory", een tekst over de kwantumfysica waarin hij de interpretatie van de kwantumtheorie analyseerde en zich, op basis van enkele ideeën van het EPR-gedachte-experiment, onder de critici van de Kopenhagen-interpretatie plaatste. Bohm benadrukte zelfs de onduidelijke aspecten van de theorie en betwistte de onmogelijkheid om willekeur en determinisme uit te breiden tot de objecten van de kwantummechanica. Bohm was, net als Einstein, diep verontrust door de positie van de wetenschappelijke gemeenschap, die nu de realiteit van onbepaaldheid en non-lokaliteit 'op de rug' accepteerde.

Bohm beschouwde het als zijn missie om een vorm van determinisme opnieuw te introduceren die zelfs in de extreem kleine werkte. Hij voelde zich vereerd door Einstein een exemplaar van zijn boek te geven.

Het "kwantumpotentieel".

Het principe van Heisenberg stelt dat het niet mogelijk is om vast te stellen wat de baan van een deeltje, zoals een elektron, is, omdat het nodig zou zijn om tegelijkertijd zijn snelheid en positie te kennen. Zoals gezegd is de enige mogelijkheid om een golffunctie te berekenen, waarbinnen het deeltje een probabilistische positie inneemt. Wanneer een meting wordt gedaan, "klapt" het deeltje in en verschijnt het op een precieze plaats, maar tussen de ene meting en de andere "verdwijnt" het in een wolk van waarschijnlijkheid.

Dit beviel Bohm niet; hij verwierp het idee dat de probabilistische functie de best mogelijke weergave van een deeltje zou kunnen zijn. Hij besloot daarom te onderzoeken hoe een elektron de baan bepaalt die het moet afleggen. Simpel gezegd, hij probeerde het concept van causaliteit opnieuw in te voeren, dat wil zeggen, een nauwkeurig mechanisme te identificeren dat in staat is om deeltjes te geleiden. Op deze manier zouden de deeltjes worden bevrijd van de onbepaalde en waarschijnlijke context.

Bohm ging uit van het onzekerheidsprincipe van Heisenberg en herwerkte de formule door een nieuwe parameter toe te voegen, het "kwantumpotentieel". Hiermee creëerde hij een nieuwe kwantumwiskunde, 'Bohmaanse mechanica'.

De "Bohmaanse mechanica" stelt voor dat het deeltje niet willekeurig beweegt, maar reageert op een kracht, de "kwantumpotentiaal". Deze kracht voorziet het deeltje van informatie via instantane, dus niet-lokale, verbindingen.

Om niet-lokaal te werken, moet de kwantumpotentiaal zijn intensiteit behouden, ongeacht de afstand. Dat wil zeggen, de kwantumpotentiaal moet op een tegengestelde manier werken aan die van alle andere elektromagnetische krachten. Zoals bekend, nemen de andere elektromagnetische krachten af door de inverse van het kwadraat van de afstand.

Volgens Bohm drijft de kwantumpotentiaal het elektron aan op een manier die niet willekeurig of mechanisch is, maar intelligent. Met andere woorden, Bohm pleit voor het bestaan van een informatieveld, waardoor het deeltje niet onderhevig is aan de mysterieuze grillen van het toeval, maar voortdurend wordt geïnformeerd over de omgeving en informatie uit dezelfde omgeving haalt. Blijkbaar suggereert Bohm een metafysische omgeving, zonder ruimte en zonder tijd.

Daarom, wanneer de deeltjes op hun pad bewegen (en onthoud dat de deeltjes constant in beroering zijn), doen ze dit niet willekeurig, maar reageren ze op het informatiepakket dat door de kwantumpotentiaal wordt geleverd. Op deze manier herstelt Bohm een deterministisch gedrag voor elementaire deeltjes, dat echter te wijten is aan een absoluut mysterieuze kracht.

Bohm vertegenwoordigt dit concept met een van zijn beroemde metaforen, die van het schip.

Een schip (fig. 51) kan zich voortbewegen dankzij de kracht van zijn motoren, maar wordt geleid door navigatie-instrumenten, zonder welke het nooit een haven zou bereiken en elk moment het risico zou lopen tegen een aantal scholen aan te storten.

Metaforen door David Bohm.
Het schip
Het kwantumpotentieel
vertegenwoordigt
de informatie die
het schip aandrijft
De motoren vertegenwoordigen de kracht die het schip voortstuwt

Figuur 51 - In de metafoor van het schip stelt Bohm het deeltje voor als een schip dat wordt voortgestuwd door de "brute kracht" van zijn motoren, maar geleid door de intelligentie van de instrumentatie, dat wil zeggen door het kwantumpotentieel dat kan putten uit wereldwijde informatie en doorgeven aan het schip.

Metaforen door David Bohm. Het schip

A Het kwantumpotentieel vertegenwoordigt de informatie die het schip aandrijft

B De motoren vertegenwoordigen de kracht die het schip voortstuwt.

De motoren vertegenwoordigen de kracht, de zekerheden van de klassieke fysica die het schip in de zee laten bewegen. In plaats daarvan zijn navigatie-instrumenten, van het oude kompas tot de moderne radar, de informatie die de veilige koers bepaalt en het kwantumpotentieel representeert.

Een klein radarsignaal, niet te sterk, is voldoende om het schip te geleiden. Volgens Bohm is de kwantumpotentiaal niet afhankelijk van intensiteit maar van vorm. Het is een energie die, zij het bescheiden, zeer goed geïnformeerd is en erin slaagt vorm te geven aan de grote energie van de motoren, die op zichzelf "rauw" en "vormloos" zou zijn!

Veel concrete elementen suggereren dat kwantumpotentiaal niet alleen een theoretische abstractie van Bohm is. Het bestaan van een immense zee van energie die het hele universum doordringt, wordt voorspeld door dezelfde klassieke kwantumtheorie. Deze bijna oneindige afzetting zou het "kwantumvacuüm" zijn, ook vaak het "nulpuntsveld" of het "Casimir-effect" genoemd. Deze laatste definitie vloeit voort uit het feit dat het bestaan van het "kwantumvacuüm" al in 1948 werd aangetoond door de Nederlandse natuurkundige Hendrik Casimir.

Het Casimir-effect bestaat uit de aantrekkingskracht die wordt gecreëerd tussen twee lichamen die zich in de leegte bevinden, dat wil zeggen waar er geen reden voor aantrekking zou moeten zijn. Maar aangezien de attractie er is, betekent dit dat de leegte niet echt leeg is. In feite wordt aangenomen dat er een kracht aanwezig is, het nulpuntsveld. Dit veld komt voort uit de vacuümenergie, bepaald door virtuele deeltjes die continu worden gecreëerd als gevolg van kwantumfluctuaties, zoals voorzien door het onzekerheidsprincipe van Heisenberg.

Daarom heeft het vacuüm een "onderliggende energie" of "transcendent de realiteit van materie", die zich uitstrekt tot in elk "lege" gebied van het universum. De dichtheid van zijn energie is geschat gelijk te zijn aan immense waarden, die een onevenredig onevenwichtige relatie tot stand brengen met die van de kosmos die we kennen en die wordt gepresenteerd in de vorm van materie.

Als we de afbeelding van het atoom nemen, herinneren we ons dat het bijna volledig uit leegte bestaat. Welnu, het Casimir-effect voorspelt dat die leegte niet leeg is, maar energie. Hieruit begrijpen we hoe de energie van het vacuüm enorm groter is dan die van het "niet-vacuüm". Als we al deze energie de mogelijkheid geven zich uit te drukken in de vorm van een kwantumpotentiaal, realiseren we de kracht van het door Bohm ontwikkelde concept.

De rol van de waarnemer.

De kwantummechanica voorspelt dat de kosmische realiteit het resultaat is van twee factoren. De eerste factor is een "brute" kracht die inherent is aan materie. De tweede factor is een "geleidingssysteem" dat de materie instructies geeft die in staat zijn haar kracht intelligent te laten werken.

De eerste factor, brute kracht, kenmerkt het macroscopische niveau, of het niveau van de middendimensies, waarin we leven en dat we interpreteren volgens de wetten van de Newtoniaanse fysica en de relativiteitstheorie van Einstein.

Op dit niveau heeft de rol van de waarnemer geen invloed. In feite is het heel moeilijk dat we, door een fenomeen te observeren, de ontwikkeling ervan kunnen veranderen. We zullen geen stoelen kunnen verplaatsen door ernaar te kijken. Tegelijkertijd, als we niet naar een stoel kijken, zal hij niet op twee verschillende paden bewegen.

De tweede factor, namelijk het geleidingssysteem, vereist dat de waarnemer deel uitmaakt van het fenomeen zelf en de ontwikkeling ervan beïnvloedt door het simpelweg te observeren. Zoals al genoemd. dit gebeurt bij fotonen die zich gedragen als deeltjes wanneer ze worden waargenomen en als golven wanneer ze niet worden waargenomen. Op subatomair niveau neemt de rol van de waarnemer zeer specifieke kenmerken aan. De waarnemer wordt onderdeel van een enkel systeem dat zowel zichzelf als het waargenomen object omvat. Waarnemer en waargenomene worden niet te onderscheiden en oefenen een wederzijdse invloed uit die niet kan worden genegeerd.

In de kwantumfysica kan de wetenschapper zich niet voorstellen een objectieve waarnemer te zijn die 'buiten wordt geplaatst', omdat alleen al zijn aanwezigheid helpt om de werkelijkheid die hij waarneemt te modelleren.

John Wheeler was een Amerikaanse natuurkundige, een charismatisch figuur in de natuurkunde van de jaren dertig en veertig; onder zijn leiding werden vele beroemde natuurkundigen opgeleid, waaronder Richard Feynman. Wheeler bedacht onder andere de term "warmgat" die de mogelijke ruimtetunnels of doorgangen tussen de verschillende gebieden van ruimte-tijd aangeeft.

Wheeler is van mening dat de betrokkenheid van de waarnemer bij de waargenomen subatomaire realiteit zelfs het belangrijkste aspect van de kwantumfysica is, tot het punt dat hij voorstelt de term "waarnemer" te elimineren door deze te vervangen door die van "deelnemer". Hij drukt dit geloof uit in een beroemd citaat:

> “In de kwantummechanica is niets belangrijker dan het feit dat het concept dat wordt opgevat als 'iets van buitenaf' wordt vernietigd.
>
> Dit geldt zelfs als de waarnemer zich op veilige afstand bevindt, gescheiden van het waargenomen object met glazen platen van twintig centimeter dik. Bij het observeren van een klein object zoals een elektron, moet de waarnemer verder gaan dan het glas: hij moet "binnenkomen" om het meetapparaat te installeren dat hij heeft gekozen. De waarnemer moet kiezen of hij positie of momentum wil meten. De installatie van het apparaat om een van de twee hoeveelheden te meten, voorkomt dat hij een ander apparaat installeert om de andere hoeveelheid te meten.
>
> Bovendien verandert de meting de toestand van het elektron. Na de meting is het heelal niet meer hetzelfde. Om te beschrijven wat er is gebeurd, moet het oude woord "waarnemer" worden verwijderd en vervangen door het nieuwe woord "deelnemer". In zekere zin is het universum een participatief universum.".

Geen fragmentatie.

Volgens Bohm worden subatomaire deeltjes, dankzij de kwantumpotentiaal, ondergedompeld in een "veld van vorm". Vanuit dit veld ontvangen de deeltjes op elk moment alle informatie die nodig is om te beslissen hoe ze zich moeten verplaatsen.

Maar aangezien het macroscopische niveau is samengesteld uit een bijna oneindig aantal subatomaire deeltjes, is elk levend wezen onderworpen aan een vormveld dat op elk moment aan elk deeltje van zijn lichaam de coördinaten van zijn microscopische bewegingen suggereert.

Het verschil tussen de twee factoren (macroscopisch en microscopisch) is dat de eerste ruimte en tijd nodig heeft om plaats te vinden, dat wil zeggen dat het lokale kenmerken heeft, terwijl de microscopische factor, dat wil zeggen het geleidingssysteem, geen ruimte of tijd nodig heeft. het bestaat in een dimensie die 'niet-lokaal' wordt genoemd. Het geleidingssysteem is de uitdrukking van een "oneindigheid" die zich buiten ruimte en tijd bevindt. Het gidssysteem produceert geen informatie door het van een specifieke plaats te ontvangen, maar bezit het in een "universeel geheel", een soort "ruimtevoorkamer" die het bewustzijn van het universum bevat.

In de context van de Bohmaanse mechanica zijn de deeltjes van een systeem op een "niet-lokale" manier verbonden dankzij de kwantumpotentiaal. Dit gebeurt ongeacht de afstand waarop ze zich bevinden. Het meest directe gevolg is het besef dat er geen afzonderlijke en onafhankelijke objecten zijn, maar dat het geheel met elkaar verbonden is om één ding te vormen.

Bovendien, zoals we al hebben gezien, is er niets "buiten" van ons dat we van buitenaf kunnen waarnemen. Wij zijn zelf een actief onderdeel van het geheel. Kwantummechanica manifesteert een volledig onderling verbonden universum. Het is een realiteit die we niet kunnen opsplitsen in elementaire delen met onafhankelijk leven. Door de intimiteit van materie te bestuderen, komen we tot het inzicht dat de deeltjes waaruit het is samengesteld niet de fundamentele bouwstenen vertegenwoordigen in de zin die Democritus bedoelde. Deeltjes zijn pure idealiseringen, studiehypothesen die in staat zijn om ideale representaties te geven van een realiteit die onmogelijk te representeren is. In feite zijn deeltjes conventionele abstracties.

In werkelijkheid is er een kosmische onderlinge verbinding die bestaat uit probabilistisch vibrerende energieën, die niet precies in de ruimte kunnen worden geplaatst zoals wij die begrijpen. Over de verdiensten drukt Bohm zichzelf als volgt uit in het essay dat samen met Basil Hiley is geschreven voor het tijdschrift "Foundation of Physics", gepubliceerd in 1975 met de titel "Over het intuïtieve begrip van niet-lokaliteit zoals geïmpliceerd door de kwantumtheorie":

> "We hebben de gebruikelijke klassieke opvatting omvergeworpen volgens welke de onafhankelijke" elementaire delen "van de wereld de fundamentele realiteit zijn, en de verschillende systemen slechts bijzondere en contingente vormen en rangschikkingen van dergelijke delen zijn,
>
> Laten we inderdaad zeggen dat de fundamentele realiteit een kwantuminterconnectie is van het hele universum. De delen die een relatief onafhankelijk gedrag vertonen, zijn slechts bijzondere en contingente vormen binnen dit geheel".

Alsof hij wil zeggen dat de strijdwagen van koning Milinda niet de volledig willekeurige som is van wielen, as en paarden, zoals het materialisme beweert. In plaats daarvan zijn de verschillende delen incidentele elementen van een realiteit die de wagen is.

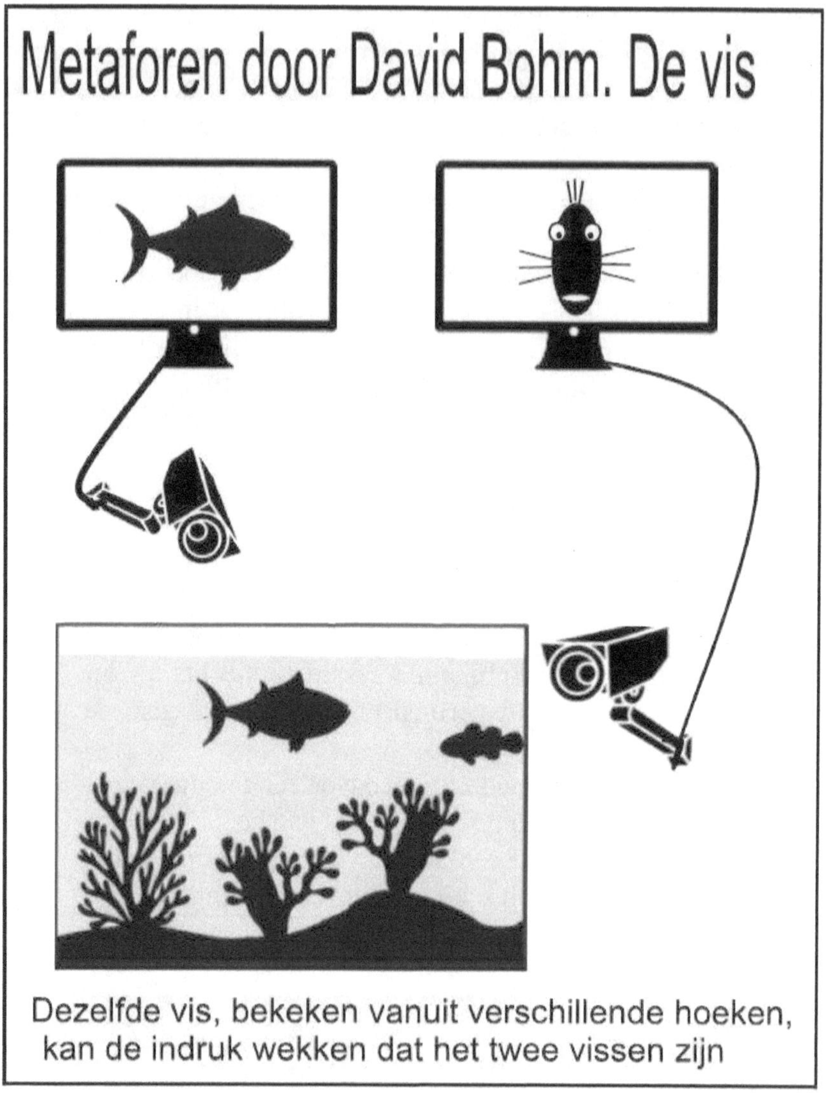

Figuur 52 - Bohms metafoor over kwantumsuperpositie.
Metaforen door David Bohm. De vis.
Dezelfde vis kan, vanuit verschillende hoeken bekeken, de indruk wekken dat het twee verschillende vissen zijn.

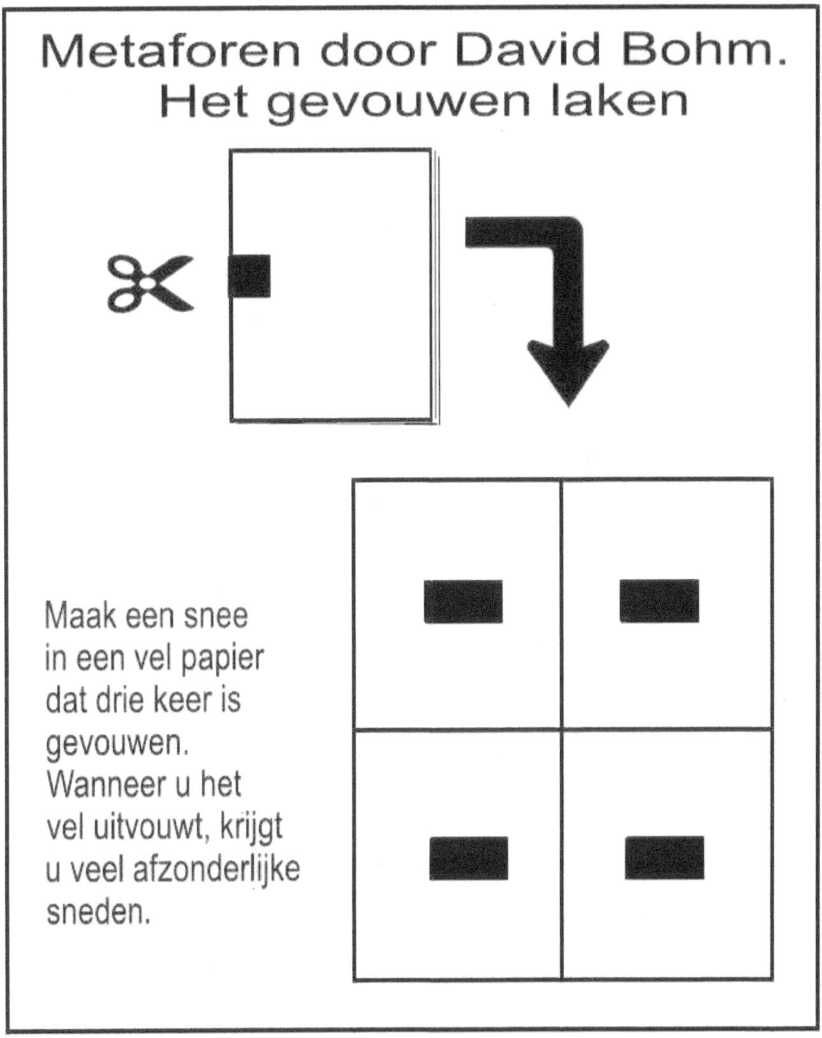

Afbeelding 53 - De vele gaten die op het opengevouwen vel verschijnen, zijn in werkelijkheid het resultaat van een enkele snede.

Metaforen door David Bohm. Het gevouwen vel papier.

Maak een snede op een vel papier dat drie keer is gevouwen.

Wanneer u het blad uitvouwt, krijgt u veel afzonderlijke sneden.

Welke vorm de as ook aanneemt, welk aantal spaken de wielen ook hebben, wat de kleur of het aantal paarden ook is, dit zijn details die niet relevant zijn voor het transcendente "wagen"-project.

Op subatomair niveau lossen de objecten waarin vaste materie zich materialiseert op in waarschijnlijkheidsgolven die onderling tot een geheel zijn verbonden.

Er is geen fragmentatie, maar slechts een unicum dat wemelt van de trillingen. Als we een kwantumfysica-bril dragen, kunnen we het universum niet langer zien als een verzameling verschillende objecten, van stuifmeelkorrels tot sterrenstelsels, goed gedefinieerd en van elkaar te onderscheiden. Wat ons lijkt, is een immens netwerk van gerelateerde energieën in een geheel dat ook onszelf omvat.

In het essay "S-matrix interpretatie van Quantum Theory" stelt de Amerikaanse natuurkundige Henry Pierce Stapp:

> "De wereld verschijnt als een gecompliceerd web van gebeurtenissen, waarin verschillende soorten onderlinge verbindingen elkaar afwisselen, overlappen en combineren, waardoor de structuur van het geheel wordt bepaald".

De metafoor van de vis die vanuit verschillende hoeken wordt gefotografeerd (fig. 52) geeft een voortreffelijke beschrijving van het concept volgens welke, hoewel er schijnbaar verschillende manifestaties van een object zijn, zoals iemand doet geloven dat het verschillende afzonderlijke objecten zijn, het in feite is alleen een object.

"De impliciete bestelling" en "de expliciete bestelling".

"Op een heel diep niveau zijn materie en bewustzijn volledig onafscheidelijk en met elkaar verbonden, net zoals in een videogame de speler en het scherm verenigd zijn door deelname aan een gemeenschappelijk proces. In deze visie zijn geest en materie twee aspecten van één geheel. 'Geest en materie' zijn net zo min te scheiden als 'vorm en inhoud'. Op zeer diepe niveaus is het bewustzijn van de mensheid één.
(David Bohm)

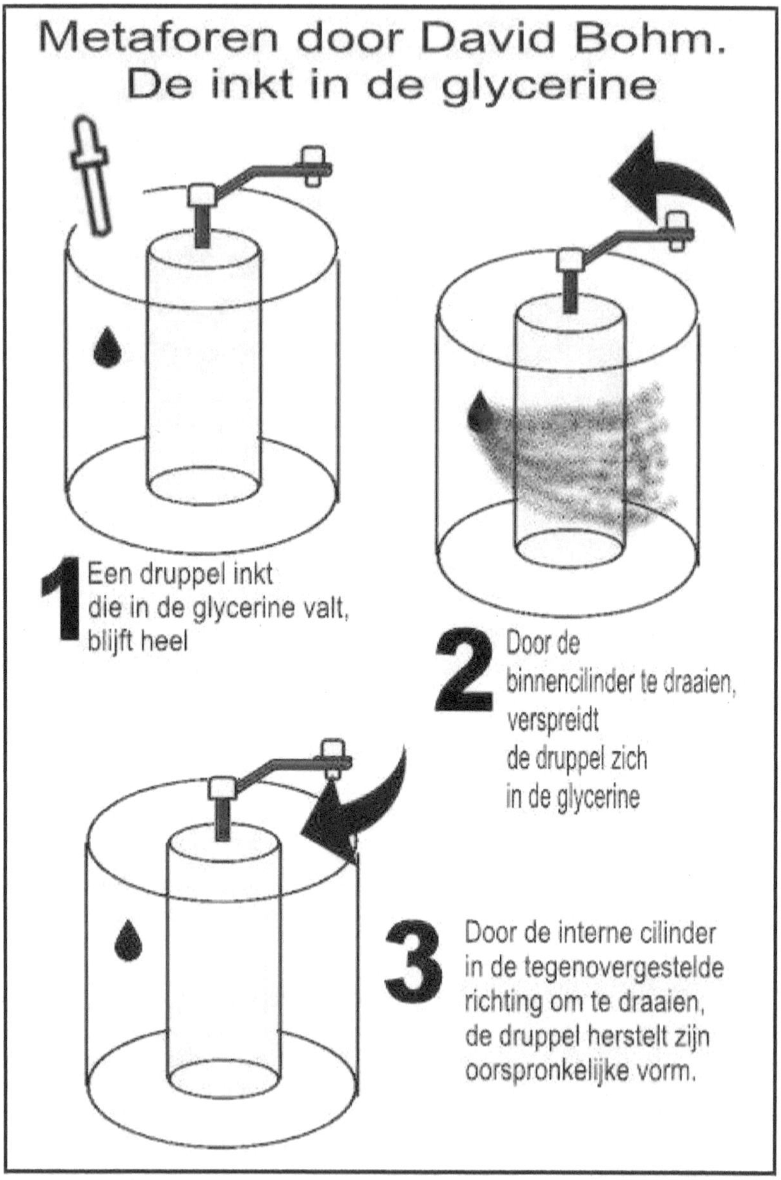
Metaforen door David Bohm.
De inkt in de glycerine
1 Een druppel inkt
die in de glycerine valt,
blijft heel
2 Door de
binnencilinder te draaien,
verspreidt
de druppel zich
in de glycerine
3 Door de interne cilinder
in de tegenovergestelde
richting om te draaien,
de druppel herstelt zijn
oorspronkelijke vorm.

Figuur 54 - David Bohms metafoor over een druppel inkt verspreid in glycerine.

Metaforen door David Bohm. De inkt in de glycerine

1 Een druppel inkt die in de glycerine valt, blijft heel

2 Door de binnencilinder te draaien, verspreidt de druppel zich in de glycerine

3 Door de binnencilinder in de tegenovergestelde richting te draaien, herstelt de druppel zijn oorspronkelijke vorm..

In zijn onderzoek naar plasma was Bohm gefascineerd door hoe in een oppervlakkige situatie van ogenschijnlijke chaos ineens uit een diepere laag orde kon komen. Deze ervaring trof hem zodanig dat het een kenmerkend element van al zijn studies werd. Elk van zijn intuïties ging uit van de mogelijkheid dat een fenomeen kon worden begrepen in zijn meest intieme connotaties, uitgaande van de veronderstelling van het bestaan van een onderliggende, of impliciete, 'regulerende intelligentie'.

Dit bracht hem ertoe te theoretiseren dat er een transcendente orde van tijd en ruimte bestaat, inherent aan de diepste plooien van de werkelijkheid, die hij "impliciete orde" of "omhulde orde" noemde. Bohm nam aan dat deze orde niet alleen in de wereld van elementaire deeltjes bestond, maar in het hele universum. De impliciete volgorde, typerend voor het meest verborgen deel van de kosmos, is tegengesteld aan de 'expliciete volgorde': dit is de volgorde van de dingen zoals we ze zien, of zoals ze aan ons verschijnen in onze ervaring.

Bohm had de eerste intuïties van het bestaan van een betrokken orde toen hij droomde van een universum bestaande uit een oneindig aantal bolvormige spiegels, die in elkaar werden weerspiegeld. Hij stelde zich materie voor als samengesteld uit atomen waarbij elk atoom, als een spiegel, oneindige reflecties weerkaatst.

De metafoor van figuur 53 illustreert welke relatie er kan bestaan tussen de impliciete volgorde en de expliciete volgorde. Stel je voor dat je een vel papier in drie of meer delen vouwt. Met de schaar openen we een enkel venster op een willekeurig punt op het blad. Het is voldoende voor ons om het blad uit te vouwen om het bestaan van vele vensters op te merken, ruimtelijk van elkaar gescheiden: deze scheiding is volkomen illusoir als we het gevouwen blad beschouwen, maar het wordt voor onze zintuigen uitgedrukt als een som van vensters wanneer we vouw het blad open. Het is duidelijk dat het gevouwen vel papier de impliciete volgorde vertegenwoordigt, terwijl het ongevouwen vel papier de expliciete volgorde vertegenwoordigt.

Werkelijkheid "geïmpliceerd" en "uitgelegd".
Het tv-signaal en het scherm
De bron van het tv-signaal (niet zichtbaar) is de "realiteit geïmpliceerd".
De afbeelding op het scherm is de uitleg van het signaal opgepikt door de antenne.

"De impliciete bestelling" en "de expliciete bestelling".

Afbeelding 55 - De "uitgewerkte realiteit" is slechts een onwerkelijke interpretatie van de signalen die via de antenne van een externe bron worden ontvangen.

Realiteit "geïmpliceerd" en "geëxpliceerd".

Het tv-signaal en het scherm

a - De bron van het tv-signaal (niet zichtbaar) is de "impliciete realiteit".

B - De afbeelding op het scherm is de uitleg van het signaal opgepikt door de antenne.

Werkelijkheid "geïmpliceerd" en "uitgelegd". Het videospel

De gebeurtenissen die zich op het scherm ontwikkelen, zijn de 'realiteit uitgelegd'

De software die de gebeurtenissen begeleidt, is de 'betrokken realiteit'

Afbeelding 56 - Expliciete realiteit (wat je op het scherm ziet) is de weergave, aangepast aan onze zintuigen, van de geïmpliceerde realiteit, dat wil zeggen van de software die afkomstig is van de cartridge die in de console is geladen.

Realiteit "geïmpliceerd" en "geëxpliceerd". Het videospel

a - De gebeurtenissen die zich op het scherm ontwikkelen, zijn de "uitgewerkte realiteit"

b - De software die de gebeurtenissen begeleidt, is de "betrokken realiteit.

Bohm werkte graag metaforen uit om zijn argumenten te ondersteunen. Wat betreft de impliciete en expliciete orde, stelde hij zich een impliciete dimensie voor die de informatie van de werkelijkheid bevat in een vorm die niet begrijpelijk is voor onze zintuigen, maar die kan worden uitgedrukt in vormen en manieren die voor ons begrijpelijk zijn, zelfs als deze niet langer overeenkomt met realiteit.

In de metafoor van het tv-signaal (afb. 55) is de betrokken orde samengesteld uit voor ons onzichtbare en onbegrijpelijke radiofrequenties die zich uitstrekken tot in de ether en door een antenne kunnen worden opgepikt. Bij overdracht naar de ontvanger worden de radiofrequenties uitgedrukt zodat onze ogen en oren ze kunnen delen. Wat we op het scherm zien, is natuurlijk alleen de omzetting in vormen en kleuren van een anders niet te ontcijferen werkelijkheid.

Nog passender, indien mogelijk, is de metafoor van de videogame (afb. 56) waar een intelligentie die vreemd is aan onze omgeving en ons geweten, dat wil zeggen de software die afkomstig is van de cartridge die in de console is geplaatst, voor ons de illusie wekt van een fantastische wereld waarmee we kunnen omgaan alsof we er echt in ondergedompeld zijn, terwijl het in werkelijkheid pure illusie is.

Een andere metafoor geeft aan dat de twee bestellingen kunnen worden geïllustreerd door het apparaat in figuur 54 op te stellen, wat door Bohm zelf werd uitgelegd tijdens een interview met de site "oubliettemagazine.com"*:*

> "Terwijl ik nadacht over het 'geïmpliceerde universum', toonde een wetenschappelijk programma bij de BBC een apparaat dat het concept goed illustreert.
>
> Het bestaat uit twee concentrische glazen cilinders. Onder hen is een stroperige vloeistof, zoals glycerine. Als een onoplosbare inktdruppel in de glycerine wordt geplaatst en de buitenste cilinder langzaam wordt gedraaid, zal de inktdruppel een spoor vormen. Uitein-

delijk wordt het pad zo wijdverbreid dat het bijna onzichtbaar wordt. Op dat moment lijkt er geen huidige bestelling te zijn.

Als je de cilinder echter langzaam naar achteren draait, keert de glycerine terug naar zijn oorspronkelijke vorm en wordt plotseling de inktdruppel weer zichtbaar. De inktdruppel die in de glycerine was gedispergeerd, wordt dankzij de omgekeerde rotatie opnieuw samengesteld.."

We hebben twee concentrische glazen cilinders, waarvan er één langzaam kan draaien. De ruimte tussen de twee cilinders is gevuld met een stroperige vloeistof zoals glycerine. Wanneer een cilinder wordt gedraaid, wordt de nabijgelegen vloeistof meegesleept. Maar stel dat de beweegbare cilinder nu in de omgekeerde richting wordt gedraaid. Als de vloeistof erg stroperig is, zoals glycerine, en de cilinder niet te snel wordt gedraaid, zal het vloeistofelement precies op zijn stappen terugkeren en de oorspronkelijke inktdruppel opnieuw samenstellen.

Deze metafoor leert dat er zelfs in schijnbare chaos een verborgen orde is. Wanneer de vorm van de inktdruppel oplost totdat deze verdwijnt, wordt de volgorde niet vernietigd, maar blijft deze impliciet in de glycerine. Deze opgeloste inktdruppel vertegenwoordigt de geïmpliceerde orde, terwijl de hele druppel de geïmpliceerde orde vertegenwoordigt, dat wil zeggen de werkelijkheid zoals deze aan onze zintuigen verschijnt. De rotatie van de cilinder speelt een beslissende rol en vertegenwoordigt de dynamiek die de twee orden verenigt. In de Bohmiaanse uitwerking wordt deze dynamiek "holobeweging" genoemd.

Een gigantisch kosmisch hologram.

De term hologram identificeert in het algemeen driedimensionale afbeeldingen, en in het bijzonder stereoscopische afbeeldingen, dat wil zeggen afbeeldingen die verschijnen met verschillende perspectieven, afhankelijk van het observatiepunt. Daarom is een hologram een driedimensionale weergave van de werkelijkheid en zou het vergeleken kunnen worden met een normale foto, als de foto niet tweedimensionaal zou zijn. Door een object met klassieke methoden te fotograferen, kun je het vervolgens precies zien vanuit het oogpunt van de lens waarmee de foto is gemaakt. Als je een persoon voor je filmt, zie je altijd zijn gezicht, maar je zult nooit zijn nek kunnen zien. Omgekeerd geeft een hologram u het driedimensionale beeld van de scène die is opgenomen, waarbij objecten en mensen in het midden van een podium worden geplaatst.

Hologrammen worden verkregen met speciale technieken. Registratie vindt plaats via een laserstraal die zowel naar het te reproduceren object als naar een plaat van gevoelig materiaal wordt gestuurd.

Dankzij een spel van spiegels verstoort het licht dat van de bron komt met het licht dat door het object wordt gereflecteerd. Hierdoor ontstaan er lijnen op de plaat, interferentieranden genoemd. In eenvoudiger woorden, het beeld van het gefotografeerde object verschijnt niet op de plaat, maar een wirwar van lijnen die informatie over driedimensionaliteit bevatten.

Natuurlijk kan het opgenomen beeld met opmerkelijke precisie worden gereproduceerd, simpelweg door de plaat te verlichten met een andere laserstraal. Dit slaagt er in feite in om de informatie te decoderen door het driedimensionale beeld van het te fotograferen object te reconstrueren, dat voor de kijker lijkt alsof het fysiek aanwezig is. Dankzij technische verbeteringen en ontwikkelingen kunnen hologrammen nu ook zichtbaar zijn in "wit licht" of zonlicht.

Holografische informatie.
Elk deel bevat het geheel
Een magneet kan in veel onderdelen worden opgedeeld.
Elk onderdeel behoudt de positieve en negatieve polen

Afbeelding 57 - Een magneet kan een holografische realiteit vertegenwoordigen. Als de magneet in een willekeurig aantal delen wordt gesplitst, behoudt elk deel de kenmerken van het geheel.

Holografische informatie. Elk deel bevat het geheel

Een magneet kan in vele delen worden verdeeld. Elk deel behoudt de positieve en negatieve polen.

Tegenwoordig zijn er ook gedrukte hologrammen, waarbij het diffractierooster is weergegeven op een transparante plastic drager, die op zijn beurt op een zilverlaagje is geplaatst. Soortgelijke hologrammen kunnen we bijvoorbeeld op sommige creditcards zien.

Een hologram heeft een zeer interessante eigenaardigheid, die het duidelijk onderscheidt van een normale foto waarin de informatie op het papier is uitgekristalliseerd. Als je een foto in twee delen knipt en een deel weggooit, kan de informatie die erin staat als permanent verloren worden beschouwd. Je zult nooit in staat zijn om uit de overgebleven helft de inhoud van de ontbrekende te reconstrueren, zo niet door intuïtieve benadering.

Integendeel, een hologram kan in zoveel delen worden verdeeld als je wilt, en elk deel zal de totale informatie bevatten.

Bohm suggereert de metafoor van de magneet (fig. 57). Dit object, gewoonlijk een magneet genoemd, is een metalen lichaam dat een magnetisch veld genereert dat onzichtbaar is voor het menselijk oog en dat de algemeen bekende effecten produceert: het kan naast ijzerhoudende materialen ook andere magneten aantrekken of afstoten. De magneet heeft twee polen, noord en zuid genaamd. Als de magneet vrij kan draaien, is de noordpool degene die naar het noorden is gericht. Het is duidelijk dat aan de andere kant de zuidpool ligt.

Je zou kunnen denken dat je door de magneet in het midden te zagen twee delen krijgt, één met alleen de noordpool en de andere met alleen de zuidpool. Het is niet zo. Elk van de twee delen reconstrueert onmiddellijk de ontbrekende paal. Je kunt een magneet in zoveel delen verdelen als je wilt; in ieder geval, hoe klein het ook is, elk onderdeel zal worden uitgerust met een noordpool en een zuidpool, dat wil zeggen dat elk onderdeel alle informatie van de originele magneet waaruit het is verkregen intact zal houden.

Door een hologram in twee, tien, honderd of duizend delen te snijden, gebeurt hetzelfde. Elk onderdeel bevat alle informatie van de matrix waaruit het afkomstig is.

Bovendien heeft een hologram vanuit kwantitatief oogpunt een ongelooflijke opslagcapaciteit: verander gewoon de hoek waarmee twee laserstralen de film graveren om miljoenen miljarden informatie te verzamelen in een enkele kubieke centimeter ruimte.

De analogie met het "geïmpliceerde universum" is duidelijk: ook hier is elk deel onderling verbonden met alle andere die één ding vormen, en in dit netwerk van verbindingen bevat zelfs het kleinste deel, als een enkel deeltje, de globale informatie. .

Op hetzelfde moment waarop de informatie van de hele kosmos in het kleinste deeltje kan worden herkend, neemt de Bohmiaanse theorie holografische kenmerken aan en kan het universum, opgevat als een impliciete en expliciete orde, worden voorgesteld als een immens hologram.

Het holografische universum.

Het meest verbazingwekkende aan het holografische model was dat het plotseling een breed scala aan onbegrijpelijke fenomenen begreep, die bijvoorbeeld buiten de grenzen van de wetenschap moesten worden beschouwd. Deze omvatten telepathie, voorkennis, mystieke gevoelens van eenheid met het universum en zelfs psychokinese, of het vermogen van de geest om materiële objecten te verplaatsen zonder dat iemand ze aanraakt.
(Michael Talbot, "Alles is één")

Bohms intuïties namen al snel een precieze richting aan, die van een universum dat werd voorgesteld als een gigantisch hologram. Het was echter noodzakelijk rekening te houden met het feit dat het universum geen statische maar een dynamische realiteit is, een immense opeenvolging van vibrerende energieën en geagiteerde materie; in feite is niets in het subatomaire universum statisch, zoals we hebben gezien bij de beschrijving van het atoom.

Vandaar dat Bohm de nieuwe term holobeweging bedacht. Het universum is in de Bohmiaanse opvatting een immense holobeweging waarin elk deel, zelfs het kleinste, de hele geschiedenis en kosmische intelligentie bevat zoals ze zich in tijd en ruimte ontvouwen.

Juist omdat het betrokken universum in zichzelf alle fysieke universa en hun wording voor onze zintuigen omvat, kent het resulterende hologram niet eens het concept van stilte, maar vormt het een eeuwige beweging van "implicatie" en "explicatie".

De geïmpliceerde orde bevat in zichzelf elke tijd, verleden, heden en toekomst, en elke plaats. Tijd en plaats, die zich in de expliciete volgorde (dat wil zeggen, in onze ervaring en ons begrip) ontvouwen in afzonderlijke werkelijkheden, zijn één in de impliciete volgorde.

De holobeweging maakt het voor de impliciete orde mogelijk om alle diversiteiten van de expliciete orde te bevatten. In een interview legt Bohm de holobeweging uit met deze woorden:

> "Dezelfde impliciete volgorde is gedetecteerd in de complexe beweging van elektromagnetische velden in de vorm van lichtgolven. Een dergelijke beweging van lichtgolven is overal aanwezig en omvat het hele universum van ruimte en tijd in elke regio. Dit insluiten en ontvouwen vindt niet alleen plaats in de beweging van het elektromagnetische veld, maar ook in andere velden die gehoorzamen aan de wetten van de kwantummechanica die eigenschappen van discontinuïteit en niet-lokaliteit impliceren. De totaliteit van de sluitings-

en openingsbeweging kan veel verder gaan dan wat tijdens onze observaties werd gedetecteerd. We noemen dit totaliteit holobeweging".

In hetzelfde interview zegt Bohm opnieuw:

"Ik stel zoiets voor: stel je een zee van oneindige energie voor die lege ruimte vult, met golven die er doorheen bewegen, zich af en toe verzamelen en een intense pulsatie produceren. Laten we zeggen dat een bepaalde impuls zich verzamelt en uitbreidt, waardoor ons universum van ruimte-tijd en materie ontstaat. Er kunnen meer van deze impulsen optreden. Voor ons lijkt deze impuls op een oerknal; in een grotere context is het een kleine golf. Alles komt voort uit de inzet in de holobeweging en vouwt zich vervolgens terug in de impliciete volgorde. Ik noem het proces van vouwen "impliceren" en dat van ontvouwen "verklaren". Het impliciete en het explicate zijn één vloeiend en onverdeeld ding. "

Bohm voltooit vervolgens zijn visie op het universum op een voortreffelijk mystieke manier door zich, als in een matroesjka, zeer lange theorieën voor te stellen over betrokken werkelijkheden die ten grondslag liggen aan andere, totdat hij een "super-geïmpliceerde orde" bereikt, dat wil zeggen een "kosmische geest" die handelt door zelf creatief te experimenteren in de hogere orden. Ieder levend wezen neemt bewust deel aan het geheel door betekenis te geven aan het geheel. Zonder het bewustzijn van levende wezens zou het universum onvolledig zijn. Dankzij de deelname van elk levend wezen, rijpt de 'kosmische geest', in de expliciete orde, bewustzijn en kennis van zichzelf.

Karl Pribram

Karl Pribram werd in 1919 in Wenen geboren en keerde in 2015 terug naar de hemel. Hij was neurochirurg, hoogleraar psychiatrie en psychologie aan verschillende Amerikaanse universiteiten, waaronder de universiteiten van Stanford en Georgetown.

Zijn belangrijkste studies hebben betrekking op het menselijk brein en het zenuwstelsel: in het bijzonder hielp hij de aard van het limbische systeem te definiëren, en de relatie tussen het en de frontale cortex.

Het zal vreemd lijken dat we erover praten in deze context, voor de overgrote meerderheid opgedragen aan natuurkundigen of filosofen, maar er is een heel specifieke reden. Pribram staat inderdaad vooral bekend om de ontwikkeling, in samenwerking met David Bohm, van het zogenaamde "holonomische model van de hersenen", ook wel bekend als het "Pribram en Bohm holografische model" of het "holografische paradigma".

Met dit model theoretiseerde Pribram dat de informatie, en dus ook de herinneringen die in onze hersenen zijn opgeslagen, niet "geregistreerd" zijn in neuronen, maar het resultaat zijn van storende golfvormen (patronen), waarmee het vermogen van de hersenen om een enorme hoeveelheid op te slaan wordt verklaard. hoeveelheid informatie in een relatief kleine ruimte.

Pribram geloofde dat herinneringen werden opgeslagen in het netwerk van zenuwimpulsen die zich door de hersenen weven, net als de laserstralen die elkaar kruisen op de film met een holografisch beeld en, afhankelijk van de hoek, enorme hoeveelheden informatie onthullen.

In zijn neurochirurgische studies was Pribram, net als Bohm, tot de conclusie gekomen dat het functioneren van het geheugen begrijpelijker was door het als een holografische realiteit te beschouwen. Uiteraard ontwikkelden ze allebei hun overtuigingen langs absoluut verschillende paden. Bohm formuleerde zijn theorie na zijn studie kwantumfysica, terwijl Pribram overtuigd raakte van een holografische realiteit vanwege de vele moeilijkheden, soms onoverkomelijke, bij het verklaren van sommige neurofysiologische vragen.

Figuur 58 - Karl Pribram kwam, onafhankelijk van Bohm, het concept van de holografische geest uitwerken.

In de jaren zeventig onderzocht Pribram de hypothese van een holografische realiteit, uitgaande van het principe dat onze hersenen de signalen die door de ogen worden ontvangen, verwerken om een gemedieerde realiteit weer te geven, vergelijkbaar met een hologram.

Aangezien zijn zoon een natuurkundige was, dacht hij erover om zich tot hem te wenden om enkele ideeën te vergelijken, maar de zoon raadde hem onmiddellijk aan om contact op te nemen met David Bohm, die zeker de meest geschikte persoon was. Pribram deed dat en uit hun ontmoeting ontstond een identiteit van opvattingen, solide als een rots, over de mogelijkheid dat het universum een holografische realiteit was.

In zijn boek "Holographic universe: The Revolutionary Theory of Reality" beschrijft Michael Talbot de vruchten van de ontmoeting tussen de twee wetenschappers als volgt:

> “Samen zorgen de theorieën van Bohm en Pribram voor een nieuwe, diepgaande manier om naar de wereld te kijken. Onze hersenen construeren wiskundig objectieve realiteit, interpreteren frequenties die uiteindelijk projecties zijn van een andere dimensie, een diepere orde van bestaan voorbij ruimte en tijd: de hersenen zijn een hologram verborgen in een holografisch universum.
>
> Pribram stelt dat deze synthese hem ervan bewust heeft gemaakt dat de objectieve wereld niet bestaat, althans niet in de zin die we gewend zijn te geloven. Wat 'daarbuiten' bestaat, is een enorme oceaan van golven en frequenties en de realiteit lijkt ons alleen concreet omdat onze hersenen in staat zijn deze vage holografische vorm om te zetten in de basiselementen en bekende objecten waaruit onze wereld bestaat. (...)
>
> We hebben twee heel verschillende aspecten van de werkelijkheid. We kunnen onszelf zien als materiële lichamen die door de ruimte bewegen. Anders kunnen

we onszelf zien als een onduidelijk beeld van interferentiepatronen die verborgen zijn in het hele kosmische hologram.

Bohm is van mening dat dit tweede standpunt het meest correct is."

Bestaat de werkelijkheid niet??

Door Pribram's holografische hersenmodel te combineren met Bohm's theorie van holobeweging, wordt een verrassend resultaat verkregen. Als de werkelijkheid, in de concreetheid die we waarnemen, een illusie is, en alles wat bestaat niets anders is dan een massa vibrerende frequenties en energieën, wat blijft er dan over? Als de hersenen niets meer zijn dan een hologram dat de ontvangen frequenties decodeert en ze omzet in zintuiglijke waarnemingen, bestaat de objectieve realiteit dan echt?

Het antwoord zou moeten zijn: nee, 'objectieve realiteit' bestaat niet, waarmee wordt bevestigd wat altijd is gehandhaafd door oosterse filosofieën, volgens welke de wereld slechts een illusie is.

Niet alleen dat: met dit antwoord rehabiliteren we ook de theorieën, te snel bespot, van veel westerse filosofen, zoals George Berkeley, volgens welke alle objecten waarvan we denken dat ze bestaan, geen lichaam hebben. Objecten zijn slechts ideeën die onze zintuigen doorgeven aan de hersenen. In de hersenen zijn deze ideeën geconfigureerd en bekleed met een verkeerde indruk van materialiteit.

Pribram's holografische paradigma en Bohm's holobeweging leiden tot conclusies die velen betwisten, maar vele anderen geloven dat dit de meest nauwkeurige beschrijving van de werkelijkheid is die tot nu toe mogelijk is.

Waar gaan we naartoe.

"Je moet het hele leven begrijpen, niet slechts een deel ervan. Daarom moet je lezen, daarom moet je naar de lucht kijken, daarom moet je zingen en dansen, poëzie schrijven, lijden en begrijpen, want dit is allemaal leven."
(Jiddu Krishnamurti)

We leven in een bevoorrecht tijdperk waarin een synchroniciteit van kosmische dimensies ons naar onverwachte doelen leidt. Wanneer we deze doelen hebben bereikt, zal het gebeuren dat geest en materie, eindelijk met dezelfde waardigheid bekleed, de hele mensheid kunnen betrekken bij kennis en mogelijkheden die vandaag nog steeds onbegrijpelijk en onbereikbaar lijken. Deze synchroniciteit leidt ons in de overgang tussen het tijdperk van grijze materie en dat van de lichtgevende geest.

Een eerste belangrijke stap is al gezet met de nederlaag van het materialisme, ondanks het feit dat er zelfs vandaag de dag plaatsen, entiteiten en mensen zijn die er niet van afzien om het te beschouwen als de primaire veronderstelling van hun intellectuele oefening, waarschijnlijk om posities van bevoorrechte of interesse.

Inmiddels zijn de materialistische theorieën op de meest geavanceerde wetenschappelijke gebieden totaal achterhaald. We beginnen ons af te vragen of we echt alleen maar 'willekeurig samengestelde machines' zijn, of dat we geen 'bewustzijn' hebben dat in staat is het universum dat ons bevat te modelleren.

In deze context wordt een vraag die tot de vorige eeuw beperkt bleef tot het vage rijk van de metafysica, uiterst actueel en begint de geesten van de meest verlichte wetenschappers te achtervolgen: creëren we onze realiteit?

De studie van de ziel wordt onderdeel van de natuurkunde.

Tot de vorige eeuw was elke verhandeling over het bestaan van de ziel beperkt tot de theologische of filosofische sfeer. Nu, verrassend genoeg, is de vraag onderdeel geworden van de agenda van de theoretische fysica, stevig bovenaan de lijst van onopgeloste maar diepgaande onderwerpen geplaatst.

In het bijzonder voert natuurkundige Henry Pierce Stapp studies uit die met enige nadruk op het web worden gedeclameerd met titels die vergelijkbaar zijn met deze: "Henry Stapp wil het bestaan van de ziel bewijzen" (Henry Stapp wil het bestaan van de ziel bewijzen). In werkelijkheid wil Stapp niet zozeer het bestaan van de ziel aantonen, maar eerder dat deze, opgevat als het bewustzijn van het levende wezen, niet kan worden genegeerd en een actieve en invloedrijke variabele moet worden in de vergelijkingen en formules die de functioneren van het universum.

Stapp werd geboren in 1928 in Cleveland, Ohio, VS. Hij promoveerde in deeltjesfysica onder toezicht van Nobelprijswinnaars Emilio Segrè en Owen Chamberlain aan de University of California, Berkeley. Hij staat bekend om zijn werken in de kwantummechanica, in het bijzonder voor de ontwikkeling van de axiomatische S-matrixtheorie; hij heeft onder meer veel artikelen gepubliceerd die betrekking hebben op de niet-lokale aspecten van de kwantummechanica en op de stelling van Bell.

In 1958 werd hij door Wolfgang Pauli uitgenodigd op de ETH Zürich om persoonlijk met hem te werken aan fundamentele problemen in de kwantummechanica. Sinds 1969 is hij een directe medewerker van Werner Heisenberg aan het Max Planck Instituut in München. Vervolgens werkte hij vanaf 1976 samen met John Wheeler. Het is een academische carrière die altijd op het hoogste niveau wordt uitgevoerd.

Hendrik Stap. Kwantumtheorie en vrije wil.

In 2017 publiceerde Stapp het boek "Quantum Theory and Free Will. How Mental Intentions Translate into Body Actions".

Dit boek legt in eenvoudige maar precieze bewoordingen uit hoe de orthodoxe kwantummechanica werkt en laat zien hoe deze theorie, realistisch geïnterpreteerd, een belangrijke rol toekent aan onze bewuste en vrije keuzes. Stapp gaat uit van het principe dat de traditionele biologie en neurowetenschap nog steeds in wezen mislukte klassieke voorschriften ondersteunen, volgens welke mentale intenties het gedrag van materie niet beïnvloeden. Het laat zien hoe de kwantummechanica een rationele basis biedt voor een beter begrip van de verbanden tussen bewustzijn en gedrag, en ook een verklaring mogelijk maakt voor bepaalde fenomenen die momenteel als "paranormaal" worden beschouwd. Deze ideeën hebben belangrijke implicaties voor het begrijpen van onszelf en onze mentale processen, en dus ook voor de betekenis van ons leven.

In het boek pakt Stapp een van de meest netelige kwesties ooit aan, die van de vrije wil. Het is een concept dat de "Encyclopedia Treccani" als volgt definieert:

> Vrije wil. Expressie die wordt gebruikt om de vrijheid van de mens aan te duiden, wiens handelingen niet worden bepaald door overmacht (bovennatuurlijk of natuurlijk), maar voortkomen uit zijn autonome keuzes.
>
> De uitdrukking is geboren op grond van christelijke theologische discussies, met betrekking tot de verzoening tussen almacht en goddelijke alwetendheid en menselijke vrijheid. Om de stelling van de vrije wil met bijzondere warmte te ondersteunen, waren vooral de protagonisten van het humanisme en de renaissance.

Vanuit religieus oogpunt is het heel moeilijk om de vrije wil te verzoenen met het idee van een alwetende God: als God de toekomst al kent en dus weet hoe de mens zal handelen, kan de mens zich dan vrij voelen om keuzes te maken?

Laten we religie even opzij zetten, aangezien het een persoonlijk en niet-objectief concept is en zelfs gelovigen van verschillende religies er vaak over oneens zijn.

Zoals we weten, gaat de wetenschap door met haar methoden waarmee we doelen kunnen definiëren: ze voert experimenten uit, waaruit ze concrete conclusies trekt. Als de experimentele resultaten de hypothese definitief bevestigen, wordt dit een natuurkundige wet, anders kan het oordeel worden ontkend of opgeschort.

In het geval van vrije wil heeft niemand ooit kunnen beweren dat het een geldige wet is. Sterker nog, het is nooit mogelijk geweest om aan te tonen dat, door een bepaalde situatie meerdere keren te onderzoeken, het altijd hetzelfde resultaat geeft.

Uitgaande van deze wetenschappelijke basis kunnen we een bredere redenering formuleren, gekoppeld aan de zekerheid dat de mens bestaat uit atomen en deeltjes.

We weten dat atomen constant in beroering zijn, en we weten dat ze, als onderdeel van deze beweging, de neiging hebben om te aggregeren met andere atomen. Maar één ding weten we niet: waarom trekken atomen elkaar aan en aggregeren ze? Volgens welke stuwkracht komen drie atomen (twee van waterstof en één van zuurstof) samen om een watermolecuul te vormen? Is er een "geweten" dat hen ertoe brengt deze uiterst nuttige vorm van aggregatie uit te voeren, in plaats van de vele andere mogelijke?

In feite zou het atoom geen bewustzijn moeten hebben, dus het zou niet "bewust" moeten kunnen beslissen wat voor soort aggregatie het moet maken. Bovendien kan zelfs het watermolecuul niet als bewust worden gedefinieerd. Maar atomen kunnen ook op een complexere manier aggregeren, bijvoorbeeld om een biologisch 'levend' wezen te vormen, dat wil zeggen zeker begiftigd met bewustzijn, of op zijn minst instinct. Wonder boven wonder worden uit de opeenhoping van miljarden atomen zonder bewustzijn wezens geboren die met bewustzijn zijn begiftigd.

Omdat? Het is een echte puzzel. Wat kan de oplossing zijn? Ofwel hebben de atomen een bewustzijn, in tegenstelling tot wat vaak wordt gedacht, ofwel worden ze geleid door een bewustzijn buiten hen: in elk geval moet er in het aggregatieproces een 'pilootbewustzijn' bestaan.

Vanuit religieus oogpunt zou kunnen worden gezegd dat alles door God is voorbeschikt; het geweten waaruit alle gewetens en alle bewuste gedragingen voortkomen, is dat van God.

De wetenschap geeft zich echter niet over aan deze metafysische redeneringen en zet haar werk voort om te ontdekken wat de mechanismen zijn die de aggregatie van materie bepalen.

Begrijpen hoe en waarom atomen aggregeren, zou betekenen ontdekken hoe het geweten van levende wezens tot stand komt, allereerst dat van de mens, en men zou concluderen dat de vorming van bewustzijn plaatsvindt op basis van een duidelijk definieerbaar proces. Dit zou een overdraagbaar proces in een formule zijn.

Als dat zo is, zou de 'vorming' van bewustzijn deel uitmaken van een voorspelbaar en reproduceerbaar proces. Daarom zou men het bestaan van "standaard" gewetens kunnen veronderstellen. Onder deze omstandigheden zou het voor eens en altijd duidelijk zijn dat vrije wil niet bestaat.

De kwantumfysica ontwikkelt een totaal andere kijk, die Stapp in zijn boek onderzoekt. We kunnen een deeltje niet waarnemen door zijn positie en snelheid vast te stellen, of liever, we kunnen dit alleen op een probabilistische manier doen. Door de meting meerdere keren te herhalen met dezelfde gegevens, vinden we het deeltje op verschillende plaatsen. Niet alleen dat: door het deeltje te observeren, laten we de golffunctie die het bevat instorten, dus we beslissen waar het moet worden gevonden.

In feite wordt het deeltje in een vage toestand opgehangen totdat we, simpelweg door het te observeren, dat wil zeggen door ernaar te kijken, zelf beslissen waar we het moeten plaatsen.

Dit heeft onmetelijke ethische en filosofische consequenties. Als we, door ze te observeren, beslissen waar we de deeltjes moeten plaatsen, dat wil zeggen, als het aan ons is om de kenmerken van materie te kiezen, dan betekent dit dat er vrije wil bestaat. We zijn niet langer machines die gedomineerd worden door materie, maar wezens die in staat zijn om materie te domineren met onze wil.

In een van zijn vele interviews drukt Henry Stapp zich als volgt uit over zijn kwantumtheorie van bewustzijn:

> Het is belangrijk voor ons, als individuen en collectief, om het huidige wijdverbreide idee te corrigeren dat de wetenschap bewijst dat we mechanische automaten zijn. Dit idee is gebaseerd op klassieke mechanica, die nu empirisch ongeldig is verklaard. De opvolger daarvan, de kwantummechanica, stelt ons voor als psycho-fysieke wezens wiens bewuste bedoelingen niet worden bepaald door de fysieke aspecten van de natuur, maar die niettemin causaal het verloop van fysieke gebeurtenissen beïnvloeden (zij zijn de oorzaak, red.).
>
> De vraag die meteen opkomt is deze: "Wat is het verband tussen onze bewuste ervaringen en de fysiek beschreven wereld?".

De klassieke fysische theorieën die in de achttiende en negentiende eeuw in de wetenschap gangbaar waren, stelden dat elke fysieke eigenschap alleen wordt bepaald door eerdere fysieke eigenschappen, zonder toegevoegde "input" van het bewustzijn. Deze bewering zou, indien waar, impliceren dat ons leven zinloos is; het zou ieder van ons reduceren tot een in wezen hersenloze mechanische automaat, die niet in staat is het verloop van toekomstige fysieke gebeurtenissen te beïnvloeden, noch voor ons eigen voordeel, noch voor het voordeel van iemand anders:

Tegenwoordig is bekend dat klassieke fysieke technieken fundamenteel onjuist zijn. Deze verouderde theorieën zijn vervangen door de kwantummechanica. In deze theorie spelen onze bewuste 'vrije keuzes' een essentiële dynamische rol bij het bepalen van de toekomst. Deze keuzes worden "vrij" genoemd omdat ze niet gebonden zijn aan enig ander kenmerk van de theorie, statistisch of anderszins."

De energie van de Geest.

Ons vermogen om elementaire deeltjes waar te nemen bepaalt de realiteit van wat we waarnemen en getuigt daarom van onze vrije wil. Maar dan kunnen we ons afvragen: wie is het die onze deeltjes observeert om te bepalen dat ze precies ons lichaam moeten vormen, en dus ons bewustzijn? Wij, door wie worden we geobserveerd?

Is er een waarnemer die ons bepaalt? Of: is er een spel waarin we waarnemers en waargenomen, schepselen en scheppers zijn? Wie bestuurt dit spel? Of komt het spel misschien voort uit een "incipit" die onszelf vanaf het begin ziet als spelers en scheidsrechters?

Misschien is de werkelijkheid een gigantische Ouroboros, de mythische draak die in zijn eigen staart bijt en een cirkel vormt zonder begin of einde?

Blijkbaar onbeweeglijk, maar in eeuwige beweging, vertegenwoordigt de ouroboros de kracht die zichzelf verslindt en regenereert, de universele energie die constant wordt verbruikt en vernieuwd. Het symboliseert daarom de eenheid en heelheid van het geheel, oneindigheid, eeuwigheid, cyclische tijd, eeuwige terugkeer, onsterfelijkheid en perfectie.

Het is merkwaardig om op te merken hoe dit symbool aanwezig is in een verrassende veelheid van mystieke en filosofische tradities van elke tijd en plaats.

Het feit dat alle materie gestalte krijgt door waarneming bevat een dwingende noodzaak: we moeten geobserveerd worden.

Het motto van George Berkeley is weer verhelderend: "Esse est percipi" (zijn betekent waargenomen worden).

Vanuit dit perspectief worden ook de woorden van de psalmist begrijpelijk, die zich tot God wendt om hem te bedanken dat er naar hem wordt gekeken, inderdaad, omdat hij niet aan zijn blik kan ontsnappen. Niet alleen dat: hij erkent dat God naar hem heeft gekeken sinds hij werd gevormd in de baarmoeder van zijn moeder, hij geeft toe dat die blik hem perfect maakte "als een wonder".

Waarschijnlijk heeft David Bohm, die de zoon was van een assistent van een rabbijn, in zijn jeugd vele malen gebeden met de woorden van Psalm 138

> "Heer, u onderzoekt mij en kent mij,
> je weet wanneer ik zit en wanneer ik opsta.
> Dring mijn gedachten van ver binnen,
> je onderzoekt me als ik loop en als ik rust.
> Waar kun je weggaan van je geest, waar te ontsnappen aan je aanwezigheid?
> Je ogen hebben mijn gezicht toen ik nog vormeloos was "

In de laatste jaren van zijn leven raakte Bohm gefascineerd door de theorieën van de in 1895 in India geboren filosoof Jiddu Krishnamurti. Hij bouwde een cultureel en spiritueel partnerschap met hem op, zozeer zelfs dat ze samen het boek "Waar de tijd eindigt" schreven.

In de loop van deze vriendschap kwam Bohm heel dicht bij de oosterse mystiek en transformeerde hij zijn jeugdige verlangen om een meer rechtvaardige samenleving op te bouwen (een verlangen dat was bedorven door het Sovjet-materialisme) in een streven dat naar hetzelfde doel neigde, maar via het pad van groei. geestelijk.

Als onderdeel van dit culturele en spirituele partnerschap werkte Bohm de gedachte uit die hij verwoordde in dit citaat uit het boek "Bohm. De fysica van oneindigheid "door Massimo Teodorani:

> “Het veld van het eindige is alles wat we kunnen zien, horen, aanraken, onthouden en beschrijven. Dit veld is in wezen wat manifest of tastbaar is. De essentiële kwaliteit van oneindigheid, van contrast, is zijn ongrijpbaarheid. Deze kwaliteit wordt overgebracht in het woord Geest, waarvan de oorspronkelijke betekenis "wind, adem" is.
>
> Dit suggereert het bestaan van een onzichtbare maar doordringende energie, waarop de gemanifesteerde wereld van het eindige reageert. Deze energie, of geest, doordringt alle levende wezens, en zonder deze zou elk organisme uiteenvallen in zijn samenstellende elementen. Wat echt leeft in het levende wezen is deze energie van de Geest, en het is nooit geboren en zal nooit sterven."

Bohm verwees naar de geest die wordt opgevat als de Ziel van de wereld, een supergeïmpliceerde orde die ten grondslag ligt aan en levend maakt van elke volgende implicatie en verklaring, geplaatst op het niveau van opperste vrijheid en als zodanig vrij van elke filosofische of dogmatische connotatie.

Beïnvloed, maar niet geconditioneerd door de bijbelse afdruk die hij in zijn jeugd ontving, zou Bohm zich de geest hebben voorgesteld als een symbool van grote vrijheid, zoals beschreven in Genesis: "De aarde was vormloos en verlaten en duisternis bedekte de afgrond en de geest van God zweefde over de wateren".

Zoals blijkt uit zijn leven, beschouwde Bohm vrijheid als een groot goed en streefde hij ernaar om het in zijn absoluutheid te veroveren om het te kunnen delen. Hij stierf aan een hartaanval op 27 oktober 1992 in Londen, en liet een grote leegte achter in de wetenschappelijke gemeenschap en een enorme erfenis van ideeën die wachtten om zowel wetenschappelijk als filosofisch ontwikkeld te worden.

Bibliografie.

Amir Dan Aczel, Entanglement. Il più grande mistero della fisica. Raffaello Cortina Editore.

Barbour Julian, La fine del tempo. Einaudi.

Barrow John David, Da zero a infinito. La grande storia del nulla. Oscar Mondadori.

Barrow John David, I numeri dell'universo, Oscar Mondadori

Barrow John David, Perché il mondo è matematico? Laterza

Barrow John David, Tipler Frank, Il principio antropico. Adelphi.

Beitman Bernard, I messaggi delle coincidenze. Sperling & Kupfer.

Cambray Joseph, Sincronicità. Natura e psiche in un universo interconnesso. Edizioni Fattore Umano

Cantalupi Tiziano, Santarcangelo Donato, Psiche e realtà. Tecniche Nuove.

Capra Fritjof, Il Tao della fisica. Adelphi.

Cederquist John, Le coincidenze non esistono. Rizzoli.

Cesati Cassin Marco, Non siamo qui per caso. Il potere delle coincidenze. Sperling & Kupfer.

Chandrasekhar Subrahmanyan, Verità e bellezza. Le ragioni dell'estetica nella scienza. Garzanti

Chinnici Giorgio, Guarda caso. I meccanismi segreti del mondo quantistico, Hoepli

Chopra Deepak, Le coincidenze. Sperling & Kupfer.

Ford Kenneth, Il mondo dei quanti. La fisica quantistica per tutti. Bollati Boringhieri.
Gamow George, Le avventure di mr. Tompkins. Edizioni Dedalo
Gamow George, Nuovo Mondo di mr. Tompkins. Zanichelli
Goswami Arneb, Guida quantica all'illuminazione. Edizioni Mediterranee
Greene Brian, La trama del cosmo. Spazio, tempo, realtà. Einaudi.
Greene Brian, La realtà nascosta – universi paralleli e leggi profonde del cosmo. Einaudi
Greene Brian, L' universo elegante. Superstringhe, dimensioni nascoste e la ricerca della teoria ultima. Einaudi.
Hawking Stephen, L'universo in un guscio di noce. Oscar Saggi Mondadori.
Hawking Stephen, La teoria del tutto. Origine e destino dell'universo. Mondadori. +
Hawking Stephen, La grande storia del tempo. Mondadori
Hawking Stephen, Dal Big Bang ai buchi neri. Breve storia dell'universo. Mondadori
Hawking Stephen, Mlodinov Leonard, Il grande disegno. Mondadori.
Heckler, Richard, Coincidenze. Lyra Libri.
Hopke Robert, Nulla succede per caso. Oscar Mondadori
Joseph Frank, Il potere delle coincidenze. Il punto d'incontro.
Jung Carl, L'analisi dei sogni. Gli archetipi dell'inconscio. La sincronicità. Bollati Boringhieri.
Jung Carl, Ricordi, sogni, riflessioni. Rizzoli

Kane Gordon, Il giardino delle particelle elementari. Longanesi
Kumar Manjit, Quantum. Da Einstein a Bohr, la teoria dei quanti, una nuova idea della realtà. Mondadori.
Kung Hans, Cristianesimo e religiosità cinese. Arnoldo Mondadori editore.
Lederman Leon, Hill Christopher, Fisica quantistica per poeti, Bollati Boringhieri.
Licata Ignazio, Osservando la Sfinge. Di Renzo Editore.
Motterlini Matteo, Trappole mentali. Rizzoli
Peat David, Sincronicità. Un connubio tra materia e psiche. Edizioni Magi
Popper Karl, L'Io e il suo cervello. Armando Editore.
Radin Dean, Menti interconnesse. I fenomeni psichici spiegati dalla fisica quantistica. Edizioni Mediterranee.
Rhine Louisa, Psicocinesi. La mente domina la materia. Golem Libri.
Schumacher Ernst, Una guida per i perplessi, Edizioni Piano B.
Sheldrake Rupert, Le illusioni della scienza. Urra.
Sheldrake Rupert, La mente estesa. Urra.
Smith Michael, Jung e lo sciamanesimo. Edizioni Amrita
Sparzani e Panepucci. (curatori)**,** Jung e Pauli. Il carteggio originale: l'incontro tra Psiche e Materia. Moretti & Vitali.
Stapp Henry, Quantum Theory and Free Will. Springer International Publishing.
Tagliagambe Silvano e Malinconico Angelo, Pauli e Jung. Un confronto su materia e psiche. Raffaello Cortina Editore.
Tagliagambe Silvano e Malinconico Angelo, Jung e il libro rosso: il Sé e il sacrificio dell'Io. Moretti & Vitali.

Talbot Michael, Tutto è uno. Feltrinelli
Teodorani Massimo, Bohm. La fisica dell'infinito. Macro Edizioni
Teodorani Massimo, La mente creatrice. Dall'universo fisico alla vita intelligente. Macro Edizioni.
Teodorani Massimo, Entanglement. L'intreccio nel mondo quantistico: dalle particelle alla coscienza. Macro Edizioni.
Teodorani Massimo, Sincronicità. Il legame tra fisica e psiche. Da Pauli a Jung a Chopra. Macro Edizioni.
Teodorani Massimo, L'atomo e le particelle elementari. Macro Edizioni
Tipler Frank, The physics of immortality. Doubleday.
White John, L'incontro tra scienza e spirito. Pratiche Editrice.
Widmann Claudio, Sincronicità e coincidenze significative. Edizioni Magi.
Widmann Claudio, Introduzione alla sincronicità. Edizioni Magi.

Bruno Del Medico, blogger, schrijver, redacteur, gespecialiseerd in de verspreiding van kwesties die verband houden met sociale actualiteit en de nieuwe grenzen van de wetenschap. Hij is de auteur van vele teksten over de recente pandemie en van een gespecialiseerde serie over kwantumfysica en metafysica.

www.ingramcontent.com/pod-product-compliance
Lightning Source LLC
LaVergne TN
LVHW090227051026
849517LV00001B/212